Oliver Hurtig

Techno-ökonomischer Vergleich des Einsatzes von Strom, SNG und FT-Diesel aus Waldrestholz im Pkw-Bereich

AF289668

Techno-ökonomischer Vergleich des Einsatzes von Strom, SNG und FT-Diesel aus Waldrestholz im Pkw-Bereich

von
Oliver Hurtig

Dissertation, Karlsruher Institut für Technologie (KIT)
Fakultät für Maschinenbau, 2013
Tag der mündlichen Prüfung: 15. Oktober 2013

Impressum

Scientific
Publishing

Karlsruher Institut für Technologie (KIT)
KIT Scientific Publishing
Straße am Forum 2
D-76131 Karlsruhe

KIT Scientific Publishing is a registered trademark of Karlsruhe
Institute of Technology. Reprint using the book cover is not allowed.

www.ksp.kit.edu

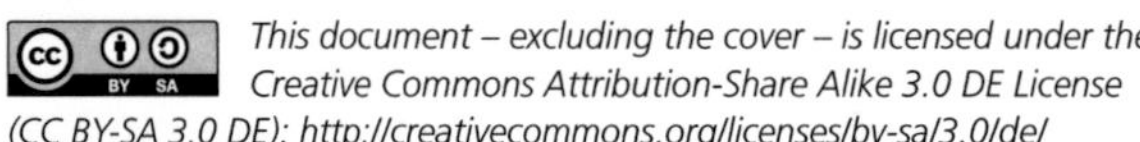

*This document – excluding the cover – is licensed under the
Creative Commons Attribution-Share Alike 3.0 DE License
(CC BY-SA 3.0 DE): http://creativecommons.org/licenses/by-sa/3.0/de/*

*The cover page is licensed under the Creative Commons
Attribution-No Derivatives 3.0 DE License (CC BY-ND 3.0 DE):
http://creativecommons.org/licenses/by-nd/3.0/de/*

Print on Demand 2014

ISBN 978-3-7315-0151-0

ZUSAMMENFASSUNG

Der Straßenverkehr in Deutschland verursacht nennenswerte Mengen an Treibhausgasen und verbraucht die endliche Ressource Erdöl. Um die Emissionen und den Erdölverbrauch zu verringern, werden seit einiger Zeit biogene Kraftstoffe eingesetzt, die jedoch aktuell nahezu ausschließlich aus hierfür angebauten Energiepflanzen erzeugt werden und somit in Konkurrenz zur Nahrungsmittelproduktion stehen. Daher werden inzwischen Kraftstoffe erforscht, die aus (biogenen) Reststoffen wie z. B. Waldrestholz erzeugt werden können.

In der vorliegenden Arbeit wurde der Fragestellung nachgegangen, wie Waldrestholz im Pkw-Bereich technisch, ökonomisch und umweltrelevant möglichst effizient als Kraftstoff genutzt werden kann.

Zu diesem Zweck wurden drei Sekundärenergieträger aus Waldrestholz betrachtet: (Bio-)Strom, Substitute Natural Gas (SNG) und Fischer-Tropsch (FT)-Diesel. Jeder dieser Energieträger hat die gleichen Eigenschaften wie seine fossile Referenz (Strom, Erdgas und Diesel) und kann daher jeweils im gleichen Pkw verwendet werden.

Zur Beantwortung der Fragestellung wurde ein Modell entwickelt, das die maßgeblichen technischen, ökonomischen und umweltrelevanten Kennwerte ableitet und verknüpft. Damit können die verschiedenen Nutzungsformen von Waldrestholz konsistent und übersichtlich verglichen und einer Bewertung zugeführt werden.

Die verwendeten methodischen Grundlagen für das Modell sind in Abbildung Z-1 zusammengefasst. Um die technische Effizienz, die Kosten und die Umweltauswirkungen berechnen zu können, wurde das Mobilitätsverhalten untersucht und in die Modellierungen anhand von zwei verschiedenen Pkw-Nutzungsverhalten und Pkw-Typen (Pendlerauto, Allzweckauto) einbezogen. In dieser Arbeit wurden anhand einer Szenario-Modellierung drei mögliche zukünftige Entwicklungen für die Jahre 2020 und 2035 untersucht, um die Bandbreite möglicher Entwicklungen zumindest teilweise abzudecken: „Trend" als Fortschreibung heutiger Gegebenheiten, „Gaszeitalter" als Umschwung auf Pkw mit Gasmotor und „Elektromobilität" als Durchbruch der Elektroautos.

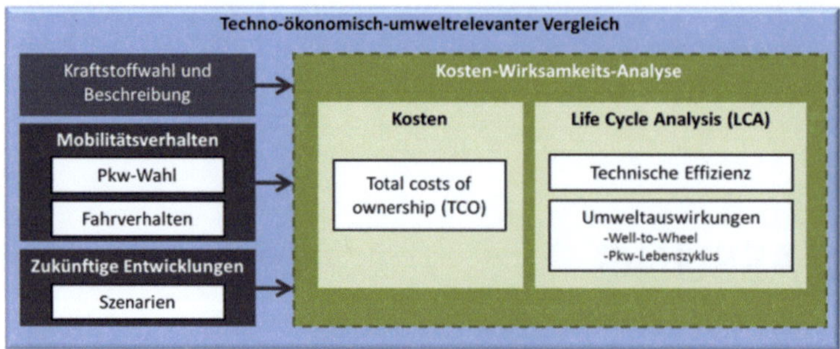

Abbildung Z-1:   Verwendete methodische Grundlagen

Mit dieser Arbeit wird die Lücke gefüllt, zwischen Untersuchungen, die detailliert verschiedene Kraftstoffe vergleichen, und solchen, die den Pkw-Lebenszyklus untersuchen (jeweils sowohl ökonomisch als auch umweltbezogen) sowie Untersuchungen zur zukünftigen Mobilität.

Um die Fragestellung der möglichst effizienten Nutzung zu beantworten, wurden anhand der technischen (Einsatz an Waldrestholz pro gefahrenem Personenkilometer), ökonomischen (Mehrkosten gegenüber fossilem Kraftstoff pro Pkm) und umweltrelevanten (Emissionseinsparungen pro Pkm) Effizienz die ökonomisch-umweltrelevante Effizienz (Kosten pro eingesparten Emissionen, im Folgenden auch Minderungskosten genannt) sowie die technisch-umweltrelevante Effizienz (Emissionseinsparungen pro kg Waldrestholz) untersucht.

Diese Ergebnisse wurden sowohl für die Kraftstoffsubstitution (1 kWh biogener Kraftstoff ersetzt 1 kWh fossilen Kraftstoff) als auch für die Substitution eines Dieselfahrzeugs (1 Pkm mit biogenem Kraftstoff ersetzt 1 Pkm im Diesel-Pkw mit fossilem Diesel) dargestellt.

Es zeigt sich, dass bei der Kraftstoffsubstitution (ohne Betrachtung des Pkw-Lebenszyklus) biogener Strom aus Waldrestholz hohe Minderungen in den meisten Umweltauswirkungen zu geringen Preisen und bei einer hohen technischen Effizienz erreichen kann, da er fossilen Strom ersetzt, der deutlich höhere Umweltauswirkungen verursacht, aber nur geringfügig billiger ist.

Betrachtet man allerdings die Substitution eines Diesel-Pkw durch einen Pkw mit biogenem Kraftstoff, dann beeinflussen das zugrunde gelegte *Mobilitätsverhalten* (Pkw-Größe und Fahrverhalten), der *Untersuchungszeitpunkt*, die angenommenen *zukünftigen Entwicklungen* aber auch die *gewählten Effizienzkriterien* und die *Substitutionsansätze* die Ergebnisse der betrachteten Alternativen sehr stark. Biogener Strom erzielt nur in kleinen Pkw mit hohem Kurzstreckenanteil („Pendlerautos"), und erst ab dem Jahr 2030 (bei Verwirklichung der unterstellten technologischen Entwicklungen) gute

Ergebnisse. In größeren Pkw sind je nach Annahmen SNG oder FT-Diesel zu bevorzugen, wobei SNG in naher Zukunft deutliche Vorteile aufweist. Dabei ist mit Treibhausgas-Minderungskosten von ca. 50 €/t CO_2-Äq im Optimalfall zu rechnen, im Schnitt werden Minderungskosten von 100 €/t CO_2-Äq und mehr erwartet.

Neben Treibhausgasen wurden auch andere Umweltauswirkungen berücksichtigt, allerdings weniger detailliert und mit höheren Unsicherheiten. Hier zeigt sich, dass jeder biogene Kraftstoff in mindestens einer Kategorie höhere Umweltauswirkungen aufweist, als Diesel. Dies liegt beim Biostrom an der Traktionsbatterieherstellung, bei SNG und FT-Diesel an der Kraftstoffherstellung. Hier gilt es, bei der Weiterentwicklung dieser Technologien auf die jeweiligen Umweltauswirkungen zu achten, um diese möglichst gering zu halten. Bei einer (subjektiv gewichteten) Zusammenfassung aller Umweltauswirkungen durch den ReCiPe Total Single Score hat SNG Vorteile gegenüber FT-Diesel.

Am Rande untersuchte Gas-Elektro-Hybridfahrzeuge (und analog auch andere Hybrid-Pkw) scheinen nur dann ökonomisch und umweltrelevant sinnvoll, wenn in größeren Pkw neben Langstrecken auch ein großer Anteil an Kurzstrecken zurückgelegt wird und der Pkw für diese Strecken mit Biostrom elektrisch aufgeladen wird.

Wie bei allen Untersuchungen dieser Art spielen Unsicherheiten und nicht verfügbare Daten eine große Rolle. In dieser Studie sind insbesondere große Unsicherheiten bei den Kosten und Umweltauswirkungen der Herstellung sowohl der biogenen Kraftstoffe als auch der Elektroauto-Batterie vorhanden.

Insgesamt ist Waldrestholz ein klimafreundlicher und bei richtigem Einsatz auch kosteneffizienter Ausgangsstoff für biogene Kraftstoffe. Der zu bevorzugende Einsatz im Pkw hängt neben den hier genannten Effizienzkriterien zu einem großen Teil auch an den Erwartungen der Nutzer an den Pkw. So ist der effiziente Einsatz als biogener Strom in Pendlerautos nur bei deutlichen Verhaltensänderungen im Individualverkehr und geringeren Erwartungen an die Reichweite möglich. Die Marktdurchdringung von Gasautos ist stark von den Sicherheitsängsten der Nutzer abhängig.

Das Waldrestholz-Aufkommen in Deutschland kann den Bedarf an Pkw-Kraftstoffen sicher nicht alleine decken, sollte aber als zusätzliche Quelle erneuerbarer Kraftstoffe berücksichtigt werden. Es bleibt zu vergleichen, ob dieser Einsatz ökonomisch und umweltrelevant effizienter ist, als der Einsatz z. B. im Strom- bzw. Wärmemarkt. Der große Vorteil, flüssigen oder gasförmigen Kraftstoff herstellen zu können, muss abgewogen werden gegen die vermutlich geringeren THG-Minderungskosten im Strom- und Wärmesektor.

ABSTRACT

Road traffic in Germany produces meaningful greenhouse gas (GHG) emissions and expends non-renewable resources. Biogenic fuels – *biofuels* – are considered to be renewable and have significantly lower GHG emissions. Today, nearly all biofuels are produced from energy crops that compete directly with agricultural land used for food production. In addition, depending on the growing conditions, biofuel crops can have even higher GHG emissions than crude oil based fuels. In an effort to locate alternative biofuel candidates, "second generation" biofuels produced from forest residues are investigated here.

We chose to compare the potential of three different candidate forest residue biofuels for passenger cars: biogenic electricity, substitute natural gas (SNG) and Fischer-Tropsch (FT) diesel. Each has nearly the same properties as its non-renewable reference (*i.e.* electricity mix, natural gas and diesel) and, therefore, can be used (and was modeled in this study) in the same vehicle. We developed a model to calculate and compare the technical, economic and environmental impacts, as well as technical and economic efficiency in reducing environmental impacts of these three fuels. This work helps to fill the gap between studies that compare different fuels in detail, and those that examine the car's life cycle (economically as well as environmentally) as well as studies considering future mobility.

The model is summarized in *Figure Z-2*. We chose two mobility patterns, focusing on vehicle types (commuter vs. all-purpose car) and driving pattern characteristics (speed profile, annual driving distance, occupancy). Using the scenario methodology (see e.g. Wilms [2006]) helps to cope with uncertainties arising from the comparison in the future by modeling different possible developments. We defined three scenarios for future developments: *business as usual, gaseous fuel age* and *e-mobility age*.

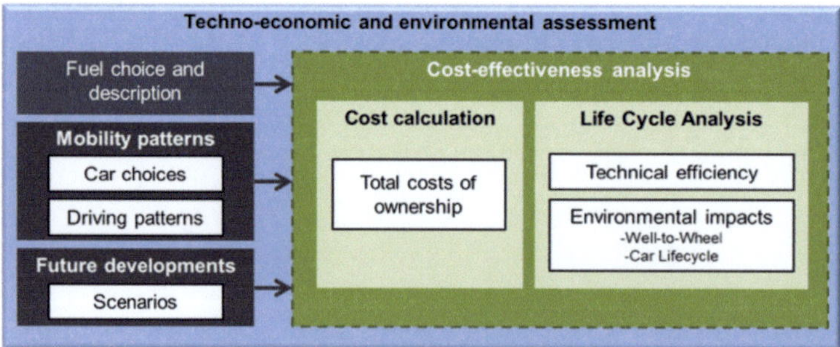

Figure Z-2:   Used methods to model technical, economic and environmental performance of biofuels

In a first step, we modeled technical efficiency (driven passenger kilometers (pkm) per kilogram (kg) forest residue), economic (cost/pkm) and environmental (emissions/pkm) impacts. From this we derived possible emission reductions per kg forest residue, as well as costs for emission reductions. These values were calculated both for a fossil fuel substitution (1 pkm driven with biogenic fuel replaces 1 pkm driven with fossil fuel in the same car) and for a diesel car substitution (1 pkm in a biogenic fuel powered car replaces 1 pkm in a diesel car).

For the fossil fuel substitution, biogenic electricity from forest residues had high technical efficiency and environmental benefits and low extra costs relative to the German electricity mix. Car and battery production were unaccounted for in these calculations.

For the diesel car substitution, results were strongly dependent on parameters such as mobility pattern, assumed future developments, and point in time. No biofuel is the most efficient in all analyzed criteria (technical, economic, environmental or combined efficiency). Biogenic electricity only performed well in commuter cars, from the year 2030+, under the assumption that technological progress in batteries takes place. FT diesel was in most cases a better performer in regards to costs and most environmental impacts. In bigger all-purpose cars, SNG and FT diesel exhibited similar GHG mitigation costs of ~100 €/t CO_2-Eq (50 in the best case), with a preference for SNG in the near future.

Each biogenic fuel produced significantly higher emissions than the diesel car (during fuel production for SNG and FT diesel and during battery production for biogenic electricity) in at least one environmental category. As the production facilities do not exist yet, our calculations are based on data from existing research facilities for SNG and FT diesel, and on consumer battery plants for lithium ion batteries. When combining all environmental impacts with the ReCiPe Total Score, the SNG score was better than FT diesel.

We also performed limited analysis on a gaseous fuel / electric plugin hybrid all-purpose car. Here we found that economic and environmental efficiency were good only when short trips were fueled using biogenic electricity using the plugin functionality.

As for all such studies, uncertainties and data availability are a main problem. Information about costs, biogenic fuel and battery production were the biggest knowledge gaps.

In conclusion, forest residues can lower GHG emissions and are – if used in the right way – a cost effective renewable resource as biogenic fuels. Besides criteria such as mobility patterns, substitution approach and efficiency criteria (technical, economic, environmental or combined), the preferred biogenic fuel also strongly depends on the user's expectations. In order to use biogenic electricity in commuter cars, users have to change their behavior and lower expectations regarding car range. Fear of explosions might pose a barrier to the use of SNG.

In any case, available forest residues alone are unlikely to meet the German fuel demand, but should be considered as addition to other renewable fuels. It still remains unclear if their use as biogenic fuel is preferable over use in heat or electricity production sectors. The considerable advantage of producing liquid or gaseous fuels needs to be weighed against GHG mitigation costs in these markets.

INHALTSVERZEICHNIS

ABKÜRZUNGSVERZEICHNIS

<table>
<tr><td>Anmerkung:</td><td>Maßeinheiten (t, kg, g, mg, h, s, kWh, Wh, MW, kW, MJ usw.), chemische Formeln (CO_2, CO, NO_x, CH_4 usw.) sowie allgemein gebräuchliche Abkürzungen (vgl., s., S., z. B., u.a., ca., d.h., usw.) sind nicht gesondert aufgeführt.</td></tr>
</table>

$€_{2011}$	Inflationsbereinigte Euro, bezogen auf das Jahr 2011
Äq.	Äquivalente. Verschiedene Emissionen werden über Äquivalenzfaktoren zu Umweltauswirkungen zusammengefasst.
ARTEMIS	assessment and reliability of transport emission models and inventory systems. Von der Europäischen Kommission finanziertes Projekt zur Emissionsmessung und -berechnung von Fahrzeugen
BJ	Bezugsjahr (Anschaffungsjahr des Pkw, auf das alle Kosten diskontiert werden)
CADC	Common ARTEMIS Driving Cycle, alternativer Fahrzyklus zur Messung von Pkw-Emissionen, vgl. ARTEMIS
CDTI	Common Rail Diesel Turbo Injection, Einspritz- und Aufladetechnik von Dieselmotoren bei Opel
CFC	Chlorofluorocarbon, vgl. FCKW
CH	ISO-3166-Kürzel für Schweiz
CML	LCIA-Methode zur Berechnung von Umweltauswirkungen; erstellt am Institute of Environmental Sciences (CML) der Universität Leiden (Niederlande)
CNG	Compressed natural gas, komprimiertes Erdgas
COM	Component Object Model, Software-Schnittstelle zur Interprozesskommunikation
CTU	Comparative Toxic Units, Einheit zur Messung der Toxizität. Der Index h steht für „human" (Einfluss auf den Menschen), e für „ecosystem" (Ökotoxizität)
DE	ISO-3166-Kürzel für Deutschland
DIN	Deutsches Institut für Normung; erstellt verbindliche Normen
DME	Dimethylether
E	Elektromobilität, Name einer Entwicklungslinie
E10	10 %-ige Beimischung von Ethanol zu fossilem Benzin
EDIP	Environmental Development of Industrial Products, LCIA-Methode zur Berechnung von Umweltauswirkungen
EDW	Einwohnerdurchschnittswerte
EE	Erneuerbare Energien
EEG	Erneuerbare Energien Gesetz
EEX	European Energy Exchange, europäische Energiebörse
el	elektrisch
EM	Elektromotor

EURO	Normen-Gruppe, die die Emission bestimmter Stoffe aus dem Pkw limitiert. Aktuell gültig ist die EURO-5 Norm.
FCKW	Fluorchlorkohlenwasserstoffe
FEP	freshwater eutrophication potential, Frischwasser-Überdüngungspotential
Fkm	Fahrzeugkilometer
FT	Fischer-Tropsch (Verfahren zur Verflüssigung meist fester Energieträger wie Waldrestholz oder Kohle über den Zwischenschritt von Synthesegas)
G	Gaszeitalter, Name einer Entwicklungslinie
GFK	Glasfaserverstärkter Kunststoff
GWP100	Global Warming Potential, 100 years, das Treibhauspotential (d.h. potentielle Erwärmungswirkung) über einen Zeitraum von 100 Jahren
HC	Kohlenwasserstoffe
ICE	Internal combustion engine (s. VM)
IPCC	Intergovernmental Panel on Climate Change
IT	Informationstechnik
JFL	Jahresfahrleistung
K	Kosten
KSLSK	Variable, bezeichnet die Anzahl neu gebauter Ladesäulen pro Elektroauto-Pkm
LCA	Life Cycle Assessment, vgl. Ökobilanz (in Begriffsdefinitionen)
LCIA	Life Cycle Impact Assessment, Berechnung von Umweltauswirkungen aus Stoffströmen
M	Menge (Produktionsmenge)
MK	Minderungskosten
NEFZ	Neuer Europäischer Fahrzyklus, in Europa vorgeschriebener Fahrzyklus zur Messung von Pkw-Emissionen
NMHC	Nicht-Methan-Kohlenwasserstoffe
NMVOC	non-methane volatile organic compounds, flüchtige organische Verbindungen mit Ausnahme von Methan
ODP	Ozone Depletion Potential, Ozonabbaupotential
PAH	Polycyclic Aromatic Hydrocarbons, Polycyclische aromatische Kohlenwasserstoffe
Pkm	Personenkilometer (Dienstleistung des Transports einer Person über einen Kilometer)
Pkw	Personenkraftwagen
PM	Particulate Matter, Partikel, i.A. Feinstaubpartikel
PMFP	Particulate Matter Formation Potential, Feinstaubbildungspotential
r	Lernrate
ReCiPe	LCIA-Methode zur Berechnung von Umweltauswirkungen
RER	*ecoinvent*-Code für Europa
RESH	Reststoffe aus Auto-Shredderanlagen
RL	Richtlinie
SNG	Substitute natural gas (Erdgassubstitut, in dieser Arbeit aus Waldrestholz hergestellt)

T	Trend, Name einer Entwicklungslinie
TCO	Total cost of ownership, Gesamtkosten für den Besitz und die Nutzung eines Pkw
TDI	Turbocharged Direct / Diesel Injection, Einspritz- und Aufladetechnik von Dieselmotoren bei VW
th	thermisch
THG	Treibhausgas(e)
TM	Trockenmasse
TSI	Turbocharged / Twincharged Stratified Injection, Einspritz- und Aufladetechnik von Ottomotoren bei VW
UA	Umweltauswirkungen
UES	Unprotected ecosystem, Bezeichnung der von Eutrophierung betroffener Bodenfläche
UK	United Kingdom
US	ISO-3166-Kürzel für USA
USETox	Modell und LCIA-Methode zur Berechnung von Toxizität
UV	Ultraviolett
vba	Visual Basic for Applications, Skriptsprache der Microsoft Office Programme
VM	Verbrennungsmotor
VO	Verordnung
WJ	Wechseljahr (Jahr, in dem die Traktionsbatterie im Pkw gewechselt wird)
WtW	Well-to-Wheel

Im Text zitierte Institutionen

ADAC	Allgemeiner Deutscher Automobil-Club e.V.
AMS	auto motor und sport
BMU	Bundesumweltministerium
BMWI	Bundesministeriums für Wirtschaft und Technologie
DLR	Deutsches Zentrum für Luft- und Raumfahrt
DVGW	Deutscher Verein des Gas- und Wasserfaches
EEFA	Energy Environment Forecast Analysis
EMPA	Eidg. Materialprüfungs- und Versuchsanstalt für Industrie, Bauwesen und Gewerbe
EWI	Energiewirtschaftliches Institut an der Universität zu Köln
GM	General Motors
IANGV	International Association for Natural Gas Vehicles
IEA	International Energy Agency
IFEU	Institut für Energie- und Umweltforschung Heidelberg GmbH
IIRM	Institut für Infrastruktur und Ressourcenmanagement, Universität Leipzig
JEC	Kollaboration aus Joint Research Centre of the European Commission, EUCAR, the European Council for Automotive R&D und CONCAWE (Oil Companies' European Organisation for Environment, Health and Safety)
JRC	Joint Research Centre of the European Commission
KBA	Kraftfahrtbundesamt
LBST	Ludwig Bölkow Systemtechnik
METI	Ministry of Economy, Trade and Industry, Japan
NTNU	Norges teknisk-naturvitenskapelige universitet i Trondheim, Norwegen
PIK	Potsdam-Institut für Klimafolgenforschung
TNO	Nederlandse Organisatie voor Toegepast Natuurwetenschappelijk Onderzoek, Niederlande
TU	Technische Universität
VW	Volkswagen
WBCSD	World Business Council for Sustainable Development

BEGRIFFSDEFINITIONEN

Allzweckauto	Größeres Auto, das alle Bedürfnisse von kurzen Pendlerfahrten bis zu langen Ferienreisen befriedigen kann.
Besetzungsgrad	Anzahl der Personen pro Pkw. Gemittelte Besetzungsgrade sind über die Streckenlänge gemittelt.
Biogene Kraftstoffe	Alle Sekundärenergieträger, die aus Biomasse produziert wurden. Wenn nicht anders angegeben, sind damit in dieser Arbeit Strom, SNG und FT-Diesel aus Waldrestholz gemeint.
Biostrom	In einem Biomassekraftwerk erzeugte Elektrizität aus Waldrestholz.
bivalent	Auslegung von Gas-Pkw, bei der neben einem Gastank ein Benzin-Reservetank vorhanden ist, und bei der der Motor mit beiden Kraftstoffen betrieben werden kann.
CO-Shift	Reaktion zur Erhöhung des Wasserstoff-Anteils im Synthesegas, auch Wassergas-Shift-Reaktion genannt [Rhodes et al. 1995].
Elektromobilität	Entwicklungslinie, die von einem Durchbruch bei Elektroautos und daher stark steigenden Zulassungszahlen von Elektroautos ausgeht.
Endpoint	In der Wirkungsabschätzungs-Phase einer Ökobilanz bezeichnet Endpoint die Tatsache, dass die Umweltauswirkungen aggregiert dargestellt werden, entweder auf Ebene der Auswirkungen auf die menschliche Gesundheit, die Ökosysteme und Ressourcen, oder als eine Werte-abhängige Gesamt-Umweltauswirkung. Vgl. Midpoint.
Energieverbrauch / Energiebedarf	Energie kann im thermodynamischen Sinn nicht verbraucht werden. In dieser Arbeit wird bei elektrischer Energie daher von Energiebedarf gesprochen. Da man aber von Kraftstoffverbrauch redet, kommt es an einigen Stellen vor, dass von Verbrauch gesprochen wird, obwohl die Einheit energetisch (kWh) ist. Hier ist immer ein Energiebedarf gemeint.
Entwicklungslinie	Mögliche zukünftige Entwicklung der Modellparameter, es werden drei plausibel erscheinende Entwicklungslinien in dieser Arbeit benutzt, um die Bandbreite der möglichen zukünftigen Entwicklungen darzustellen.
Fahrverhalten	Beschreibt das Verhalten eines Pkw-Fahrers hinsichtlich Häufigkeit der Nutzung, Streckenlänge, Geschwindigkeitsprofil und Anzahl der Mitfahrer. Überbegriff: Mobilitätsverhalten.
Gasauto, Gasantrieb	Pkw mit einem Verbrennungsmotor, der mit gasförmigem Kraftstoff (hier: SNG oder Erdgas) betrieben wird.
Gaszeitalter	Entwicklungslinie, die von einer stärkeren Durchsetzung von Gasautos in der Zukunft ausgeht.
Glider	Pkw ohne Antriebsstrang und Energiespeicher (Tank, Batterie).
Ladesäule	Öffentliche Vorrichtung zum Laden von Elektroautos. Beinhaltet ein Abrechnungssystem und einen oder mehrere Ladestecker und ist häufig an Parkplätzen installiert.
Lerneffekte	Effekte, die auftreten, wenn ein Produkt längere Zeit produziert wird, die bewirken, dass aufgrund von Optimierungen der Herstellungspreis sinkt.
Midpoint	In der Wirkungsabschätzungs-Phase einer Ökobilanz bezeichnet Midpoint die Tatsache, dass die Umweltauswirkungen auf Ebene der einzelnen Problemfelder (wie z. B. Klimawandel) betrachtet werden und als Menge an Äquivalent-Emissionen angegeben werden. Vgl. Endpoint.
Minderungskosten	Kosten, die zu zahlen sind, um Umweltauswirkungen zu reduzieren. Am Beispiel des Klimawandels wären dies die Kosten, um eine Tonne Treibhausgase (CO_2-Äquivalente) einzusparen.

Mobilitätsverhalten	Überbegriff, der das Verhalten von mobilen Personen zusammenfasst. Beinhaltet die Verkehrsmittelwahl, die Wahl des Pkw bei dessen Kauf, die zurückgelegten Strecken, das Geschwindigkeits- und Beschleunigungsprofil und ähnliche Aspekte. Wird hier in der Regel auf die Pkw-Mobilität bezogen. Vgl. Fahrverhalten.
Ökobilanz	Bilanzierung der über den Lebenszyklus eines Produkts oder einer Dienstleistung anfallenden Umweltauswirkungen. Genormt in Norm DIN EN ISO 14040 [2009].
Pendlerauto	Kleineres Auto, das hauptsächlich für Fahrten von und zur Arbeit und zum Einkaufen genutzt wird.
Pkw-Typ	In dieser Arbeit werden zwei Beispiel-Pkw-Typen untersucht: Pendlerauto und Allzweckauto.
Range Extender	Spezieller Hybrid-Pkw, der auf das elektrische Fahren optimiert ist und den Verbrennungsmotor nur zur Reichweitenverlängerung (über Laden der Batterie) nutzt.
Rebound-Effekt	Die Tatsache, dass Effizienzsteigerungen zumindest teilweise kompensiert werden durch einen Anstieg der Nachfrage durch Verbilligung der Nutzung. Vgl. z. B. Sorrell [2007].
Rekuperation	Zurückgewinnung von Bremsenergie.
Scale-Up	Bezeichnet bei Produktionsanlagen die Vergrößerung der Anlagenkapazität gegenüber vorhandenen Anlagen.
Skaleneffekte	Bei Vergrößerung der Produktionsanlagen auftretende Effekte, die bewirken, dass aufgrund von geringerem Materialeinsatz oder besserer Auslastung der Herstellungspreis sinkt.
Stoffstromanalyse	Untersuchung eines technischen Systems anhand der Stoffströme. Häufig werden zusätzlich auch Energien einbezogen und eine Stoff- und Energiebilanz für jedes betrachtete Teilsystem erstellt. Wird als erster Schritt einer Ökobilanz benötigt, da aus der Stoffstromanalyse die verbrauchten Ressourcen und verursachten Emissionen entnommen werden können.
Strommix	Elektrizität, die aus einem Mix an Kraftwerken und Energieträgern erzeugt wurde. Es wird zwischen verschiedenen Strommixen unterschieden, vgl. Kap. 3.3.2.
Trend	Entwicklungslinie, die von einer Fortsetzung aktueller Trends ausgeht, insbesondere von einem hohen Marktanteil an Benzin- und Diesel-Pkw.
Untersuchungszeitpunkt	Zeitpunkt, zu dem die Anschaffung eines Pkw angenommen wurde. In dieser Arbeit wurden drei Zeitpunkte untersucht: 2011, 2020 und 2035 (für die heutige Situation sowie die kurz- und mittelfristige Entwicklung).
Vorkette	Bezeichnet alle vorgelagerten Prozesse, die nötig sind, um ein Produkt herzustellen. Für das Fahren im Pkw sind z. B. die zwei großen Vorketten Pkw-Lebenszyklus und Kraftstoffbereitstellung nötig, die jeweils wieder Vorketten benötigen.
Well-to-Wheel	Betrachtungsweise, die alle Schritte von der Primärenergieträgerförderung (Quelle) bis zum angetriebenen Rad im Pkw berücksichtigt. Wird meist in Verbindung mit Ökobilanz (LCA) verwendet.

"A life cycle assessment of modal emissions in the UK was undertaken using the food-energy emissions intensities estimated. Car travel was found to have the highest emissions intensity, followed by bus travel, cycling and walking. Car, and to a lesser extent, bus emissions are dominated by operational fuel use. Cycling and, to a greater extent, walking emissions are significantly affected by food-energy emissions, accounting for 22% and 56% of modal emissions. Walking results in the lowest overall emissions."
[Duffy & Crawford 2013:18]

1 EINLEITUNG

1.1 KRAFTSTOFFE UND PKW

Seit der Erfindung des Anlassers im Jahr 1911 [Kettering 1915] dominieren Erdöl-basierte Kraftstoffe im Verbrennungsmotor den Pkw-Verkehr[1]. So wurden im Januar 2012 rund 99,8 % der in Deutschland zugelassenen Pkw mit Erdöl-basierten Kraftstoffen betrieben, 0,2 % mit Erdgas. Diese Dominanz wird auch die nächsten Jahrzehnte anhalten [Gielen & Unander 2005:3].

Um einerseits die Abhängigkeit von fossilen Ressourcen (insbesondere von Erdöl) zu mindern und andererseits die negativen Umweltauswirkungen – wie z. B. Treibhausgas (THG)-Emissionen, die zur Klimaerwärmung beitragen [IPCC 2007] – des Verkehrs bei vermutlich steigendem Verkehrsaufkommen zu reduzieren, müssen alternative Kraftstoffe und Antriebe eingesetzt werden. Die Europäische Union hat z. B. das Ziel, 10 % der eingesetzten Energie im Verkehrsbereich aus erneuerbaren Quellen zu produzieren. Dabei bezeichnet die entsprechende Richtlinie als „Energie aus erneuerbaren Quellen" „Energie aus erneuerbaren, nichtfossilen Energiequellen, das heißt Wind, Sonne, aerothermische, geothermische, hydrothermische Energie, Meeresenergie, Wasserkraft, Biomasse, Deponiegas, Klärgas und Biogas" [RL 2009/28/EG 2009].

Zur Nutzung dieser Energie im Pkw kommen hauptsächlich zwei Motoren in Frage: der Verbrennungsmotor (VM, im Englischen häufig auch Internal Combustion Engine, ICE) und der Elektromotor.

Der Verbrennungsmotor kann mit flüssigen und gasförmigen Brennstoffen betrieben werden, die aus einer Vielzahl an Primärenergieträgern wie Erdöl, Erdgas, Biomasse, Kohle oder aber auch Strom (vgl. Power-to-Gas) erzeugt werden können.

Für den Elektromotor ist eine Bereitstellung von Strom nötig, der entweder an Bord erzeugt werden kann (vgl. Brennstoffzelle, Serieller Hybrid) oder extern aus einem beliebigen Energieträger erzeugt und in einem Stromspeicher (Batterie, Kondensator)

---

[1] Das manuelle Anlassen des Motors war bis zu diesem Zeitpunkt umständlich, weshalb Elektroautos beliebt waren.

gespeichert wird. In diesem Fall kann der Strom auch aus den oben genannten erneuerbaren Quellen erzeugt werden.

Als Kraftstoffe aus erneuerbaren Quellen (Biokraftstoffe) kommen heutzutage im Pkw-Bereich fast ausschließlich flüssige Biokraftstoffe der sogenannten „ersten Generation" zum Einsatz. Als solche bezeichnet man allgemein Kraftstoffe, die aus Energiepflanzen erzeugt werden, wie Biodiesel, Dimethylether oder Ethanol (vgl. E10). Diese Kraftstoffe sind jedoch aufgrund der Konkurrenz zur Nahrungsmittelproduktion sowie ihrer zweifelhaften Umweltbilanz und dem geringen Nettoenergiegewinn [Hill et al. 2006; Lechon et al. 2011; Fargione et al. 2008; Baka & Roland-Holst 2009; Burkink & Marquardt 2009; Poganietz 2009; Humpenöder et al. 2011] kritisch zu sehen. Energiepflanzen sind zudem deutlich weniger flächeneffizient als z. B. Fotovoltaik [Graebig et al. 2010].

Als „zweite" Generation der Biokraftstoffe bezeichnet man häufig solche Kraftstoffe, die aus Biomasse gewonnen werden, die nicht zur Nahrungsmittelproduktion geeignet ist, insbesondere lignocellulosehaltige Reststoffe wie Waldrestholz oder Stroh. Hier befinden sich zahlreiche Verfahren in der Forschung, wie z. B. *synthetic natural gas* (SNG, ein Erdgasersatz) [Kappler et al. 2012], Fischer-Tropsch (FT)-Diesel und -Benzin sowie Dimethylether (DME) [Leible et al. 2007; Trippe et al. 2013] oder Ligno-Zellulose-Ethanol [Sarkar et al. 2012; Demìrbas 2005; Poganietz 2012]. Eine weitere Möglichkeit ist die Erzeugung von Strom durch Biomasseverbrennung mit anschließendem Einsatz im Elektroauto.

1.2   WISSENSCHAFTLICHES UMFELD

Inzwischen gibt es eine Vielzahl an Untersuchungen und ganze Forschungszentren, die sich mit dem Thema alternative Kraftstoffe und Antriebe beschäftigen. Einzig einige sozialwissenschaftliche Betrachtungsweisen scheinen nach Schwanen et al. [2011] noch zu fehlen.

Bei einem so komplexen Thema wie der Mobilität ergeben sich zahlreiche Problemstellungen, Betrachtungsweisen und methodische Herangehensweisen.

So vergleichen Bottom-Up-Analysen [JEC et al. 2007; LBST & GM 2002; Ecmt & IEA 2005; Elgowainy et al. 2010; Svensson et al. 2007; MacLean & Lave 2003a] einzelne Technologien, um die interessantesten alternativen Technologien im Pkw-Bereich herauszufiltern. Meistens wird hierbei die sogenannte Well-To-Wheel (WtW) -Methodik verwendet [LBST & GM 2002; JEC et al. 2003]; d.h. alle Umweltauswirkungen, die von der Gewinnung des Rohstoffs bis zur Bewegung des Rads auf der Straße auftreten, werden untersucht.

Immer häufiger findet man auch techno-ökonomische Studien, die die technischen Aspekte und Umweltauswirkungen mit ökonomischen Analysen verknüpfen [Offer et al. 2011; Rönsch et al. 2009; Trippe et al. 2013].

Top-Down-Ansätze [Bishop et al. 2012; Grahn et al. 2009; Bandivadekar et al. 2008] und Übergangsanalysen [Köhler et al. 2009] treffen dagegen Aussagen darüber, welche Maßnahmen umgesetzt werden können oder müssen, um bestimmte Ziele zu erreichen, aufbauend auf den Technologievergleichen aus Bottom-Up-Studien.

Sozialwissenschaftliche Untersuchungen beschäftigen sich wiederum mit der Kundenakzeptanz und dem Nutzungsverhalten [Götz et al. 2011]. Hier zeigt sich immer wieder, dass Kunden oft nicht bereit sind, Einschränkungen hinzunehmen, um ihre Mobilität umweltfreundlicher zu gestalten [Flamm & Agrawal 2012; Ewing & Sarigöllü 2000] oder sich die Mehrkosten nicht leisten können [Black 2000].

Diese Dissertation reiht sich ein in eine Vielzahl an Untersuchungen, die die Kraftstoffherstellung, den Pkw-Lebenszyklus und die Kraftstoffnutzung im Pkw untersuchen. Als große Studien, die auch als Ausgangspunkt dieser Arbeit genutzt wurden, sind unter anderem zu nennen: die Arbeiten der International Energy Agency [IEA 1999; Ecmt & IEA 2005], die GM Well-to-Wheel Studien [GM & ANL 2001; LBST & GM 2002], die Well-to-Wheel Studien des Joint Research Centre der Europäischen Union [JEC et al. 2003; JEC et al. 2007] und die Arbeiten von MacLean und Lave [MacLean & Lave 2003a; Lave et al. 2000; MacLean & Lave 2003b; MacLean & Lave 2000]. Zusätzlich wurden auf dem Gebiet einige wichtige Dissertationen verfasst, wie z. B. eine ökonomische und umweltbezogene WtW-Studie zu SNG aus Holz [Felder 2007], eine Kosten-Nutzen-Analyse verschiedener Antriebe [Kolke 2004] und eine ökonomisch-umweltbezogene Bilanzierung der Fahrzeugherstellung und verschiedener fossiler Kraftstoffe [Eberle 2000]. Auf aggregierter Ebene sei noch die Szenariostudie zu CO_2-Emissionen von Kraftfahrzeugen genannt [Mock 2011].

Es scheint aber noch keine Bottom-Up-Studie zu geben, die auf WtW- und Pkw-Lebenszyklus-Ebene technische, ökonomische und umweltrelevante Daten für Kraftstoffe aus fester Biomasse (insbesondere Waldrestholz) betrachtet. Zusätzlich fehlt in den klassischen Ökobilanz-Studien häufig der prospektive Charakter mit Blick auf zukünftige technologische Entwicklungen. Diese Lücke soll mit der vorliegenden Dissertation geschlossen werden.

1.3 PROBLEMSTELLUNG

Die vorliegende Dissertation befasst sich mit der Fragestellung, wie die energetische Nutzung von Waldrestholz im Pkw-Bereich in Deutschland möglichst effizient umgesetzt werden kann. Als Effizienzkriterien werden in diesem Fall die technische Effizienz (möglichst hohe Umwandlungseffizienz), die ökonomische Effizienz (möglichst geringe Kosten) und die umweltrelevante Effizienz (möglichst geringe Umweltauswirkungen[2]) verwendet.

Eine solche Untersuchung mit mehreren Zielkriterien wird häufig auch multikriterielle Analyse genannt, hier wird allerdings die präzisere Formulierung techno-ökonomisch-umweltrelevanter Vergleich oder kurz auch techno-ökonomischer Vergleich bevorzugt verwendet.

Die Betrachtung wurde auf drei biogene Sekundärenergieträger beschränkt: (Bio-) Strom, SNG und FT-Diesel. Jeder dieser Energieträger kann aus Waldrestholz hergestellt werden und hat vergleichbare Eigenschaften wie sein fossiler Vergleichsenergieträger (Strom, Erdgas und Diesel) und kann daher mit diesem als Referenzenergieträger verglichen werden. Für die Auswahl der Sekundärenergieträger (im Folgenden auch biogene Kraftstoffe genannt) war die direkte Ersetzbarkeit des fossilen Kraftstoffs im Pkw ausschlaggebend.

Die Beschränkung auf Waldrestholz als Ausgangs-Biomasse stellt dabei sicher, dass die genutzte Biomasse nicht in Konkurrenz zur Nahrungsmittelproduktion steht und Landnutzungsänderungen vermieden werden, die nach neueren Abschätzungen die THG-Einsparungen von Biokraftstoffen aus Energiepflanzen zumindest teilweise zunichtemachen [Humpenöder et al. 2011]. Die Wahl von Waldrestholz ermöglicht zudem die Verwendung von detaillierten Analysen zur Kraftstoffherstellung aus Waldrestholz [Leible et al. 2007; Kappler 2008; Leible et al. 2012; Kappler et al. 2012].

In Abbildung 1-1 sind ausgewählte Bereitstellungs- und Nutzungspfade der hier betrachteten biogenen und fossilen Kraftstoffe schematisch dargestellt. Der biochemische Konversionspfad über anaeroben Abbau wird aufgrund der in Kap. 1.1 beschriebenen Probleme in dieser Arbeit nicht betrachtet (siehe z. B. Power & Murphy [2009]; Stenull [2010]; Vogt [2008] für Details zu diesem Umwandlungspfad).

Die drei betrachteten Herstellungsprozesse beinhalten „Verbrennung im Biomassekraftwerk", „Vergasung und Methanisierung" sowie „Vergasung und FT-Synthese" (jeweils mit zusätzlichen Zwischenschritten).

Ab der Einspeisung in das jeweilige Verteilernetz besteht kein Unterschied mehr zwischen dem biogenen und dem fossilen Kraftstoff. Daher können diese von dort an gemeinsam modelliert werden. Nach der Verteilung über das jeweilige Netz müssen die

---

2 Bei den Umweltauswirkungen sollen insbesondere die THG-Emissionen betrachtet werden, da sie ein Hauptbeweggrund für den Einsatz von Waldrestholz im Pkw-Bereich sind.

Energieträger (Kraftstoffe) in den Pkw übertragen werden, wofür die jeweilige Infrastruktur (Tankstelle bzw. Ladesäule) von Bedeutung ist.

Schließlich wird die Verwendung des Kraftstoffs im Pkw betrachtet. Ein entscheidender Punkt bei techno-ökonomischen Analysen von Pkw-Kraftstoffen ist die Berücksichtigung des Pkw-Nutzungsverhalten, bestehend aus der Art und Größe der Pkws und dem Fahrprofil (Streckenlänge, Geschwindigkeitsprofil, usw.). Es ist also wichtig, aufbauend auf dem tatsächlichen Nutzungsverhalten, realistische Pkw und Fahrprofile für die Untersuchungen zu verwenden.

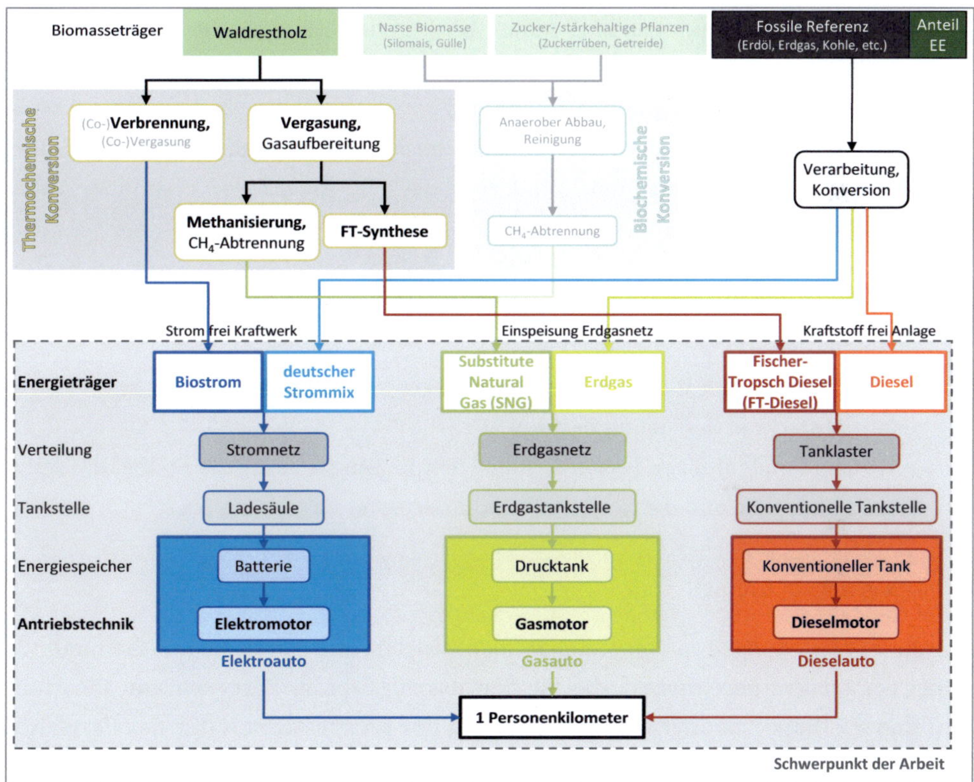

Abbildung 1-1:   Bereitstellungs- und Nutzungspfade der biogenen und fossilen Sekundärenergieträger

Bei einem Vergleich von Technologien in sehr unterschiedlichen Entwicklungsstadien und für Arbeiten mit dem Ziel der Politikberatung ist es wichtig, zukünftige technische und ökonomische Entwicklungen zu berücksichtigen. Die Einführung und großtechnische Verbreitung eines neuen Pkw-Kraftstoffs benötigt viele Jahre, daher sollte der Vergleich neuer Kraftstoffe zu einem Zeitpunkt stattfinden, bei dem die Einführung aller Kraftstoffe realistischerweise schon erfolgt sein könnte.

Aufgrund der geschilderten Zusammenhänge lassen sich folgende zentrale Fragen für die Arbeit ableiten:

- Wie sieht das Pkw-Nutzungsverhalten in Deutschland aus und wie kann es modelliert werden, um verschiedene Kraftstoffe angemessen miteinander vergleichen zu können?
- Wie viel Waldrestholz wird benötigt, um die Transportdienstleistung in einem Pkw über Strom, SNG und FT-Diesel bereitzustellen?
- Welche Kosten entstehen durch die Verwendung dieser Kraftstoffe im Pkw, verglichen mit ihrer fossilen Referenz?
- Welche THG-Emissionen und andere Umweltauswirkungen verursacht die Herstellung und Nutzung der Kraftstoffe und ihrer Referenz sowie die Pkw-Herstellung, -Wartung und -Entsorgung?
- Welcher biogene Kraftstoff ermöglicht besonders effizient (technisch, ökonomisch, umweltrelevant) eine Minderung der THG-Emissionen gegenüber seiner fossilen Referenz?
- Welche Kraftstoff-Pkw-Kombination ermöglicht besonders effizient (technisch, ökonomisch, umweltrelevant) eine Minderung der THG-Emissionen gegenüber einem Diesel-Pkw?
- Wie könnten sich die untersuchten Aspekte zukünftig entwickeln, wie viel Potential steckt in den neuen Technologien?
- Welche Empfehlungen lassen sich aus den Ergebnissen für die Politik, die Automobilindustrie und die Kraftstoff- und Energieversorger ableiten?

1.4 AUFBAU DER ARBEIT

Um die Fragestellungen aus Kap. 1.3 zu beantworten, werden in Kap. 2 die methodischen Grundlagen beschrieben, die für den durchgeführten Vergleich von Biostrom, SNG und FT-Diesel benötigt werden. Aufgrund der prospektiven Natur des Vergleichs wird zuerst die Methodik zum Umgang mit in der Zukunft liegenden Untersuchungszeitpunkten beschrieben. Anschließend wird dargelegt, wie die verwendeten Daten ausgewählt wurden und schließlich die Systemgrenzen und der Aufbau des Modells dargestellt.

In Kap. 3 (S. 27) werden die Eingangsdaten für das erstellte Modell zusammengefasst. Dabei werden zuerst die derzeitigen Rahmenbedingungen in Deutschland beschrieben, die immer die Grundlage für zukünftige Entwicklungen bilden. Anschließend werden drei Entwicklungslinien definiert, die mögliche zukünftige Entwicklungen abbilden, und danach die Datengrundlage geschildert, die für die Modellierung der Kraftstoffkette, des Pkw-Lebenszyklus und der Nutzungsphase verwendet wurde.

Kap. 4 (S. 73) stellt die Ergebnisse der Modellierung dar, einerseits bei Substitution des jeweiligen fossilen Referenzenergieträgers und andererseits bei Substitution eines Diesel-Pkws. Hier werden die Fragestellungen dieser Arbeit beantwortet.

Kap. 5 (S. 119) schließlich zeigt Grenzen und Möglichkeiten der durchgeführten Untersuchung auf und ordnet die Ergebnisse in den Kontext ein.

2 METHODIK DER MODELLIERUNG

Zur Beantwortung der Fragestellung, welcher biogene Kraftstoff am effizientesten zur Minderung der Umweltauswirkungen beitragen kann, wurde ein Modell entlang der drei biogenen (Biostrom, SNG, FT-Diesel) und der drei fossilen (Strommix, Erdgas, Diesel) Referenzpfade (vgl. Abbildung 1-1, S. 5) erstellt.

Um biogene und fossile Sekundärenergieträger („Kraftstoffe") vergleichen zu können, muss ein für alle Alternativen gleicher Nutzen definiert werden. Im Rahmen der Ökobilanz wird ein solcher „quantifizierter Nutzen eines Produktsystems für die Verwendung als Vergleichseinheit" „funktionelle Einheit" genannt [Norm DIN EN ISO 14040 2009:10]. Dieser Nutzen wird im Pkw-Bereich in der Regel festgelegt als die Fortbewegung entweder eines Fahrzeugs oder einer Person um einen Kilometer, wobei die beiden Größen über den Besetzungsgrad[3] verknüpft sind. In der vorliegenden Arbeit wurde als funktionelle Einheit ein Personenkilometer gewählt, um auch verschiedene Fahrzeugtypen mit unterschiedlichen Besetzungsgraden untereinander vergleichen zu können.

Der Nutzen eines Pkw beschränkt sich allerdings nicht auf die reine Fortbewegung einer Person, vielmehr müssen auch zahlreiche Nebenbedingungen wie Reichweite, Platzangebot, Klimatisierungsmöglichkeit und eventuell sogar Fahrspaß erfüllt sein, um einen vergleichbaren Nutzen zu erhalten. Um dies zu gewährleisten, wurden diese Anforderungen der funktionellen Einheit hinzugefügt, so dass diese sich wie folgt definieren lässt:

<u>Funktionelle Einheit</u>: Fortbewegung einer Person um einen Kilometer (1 Pkm) unter Gewährleistung folgender Nebenbedingungen: ausreichende Reichweite, Platzangebot, Geschwindigkeit, Beschleunigung, Sicherheit und Klimatisierungsmöglichkeiten (Komfort) für die jeweilige Fahrzeugklasse.

Weitere Details zur funktionellen Einheit finden sich bei der Definition der verwendeten Fahrzeuge in den Kap. 3.4.1 und 3.4.2 (ab S. 51). Alle Ergebnisse der Modellierung

---

[3] Durchschnittliche Anzahl an Insassen in diesem Pkw.

werden immer auf die angeführte funktionelle Einheit bezogen, so dass sie untereinander vergleichbar sind.

Das Modell berechnet anhand der technischen, ökonomischen und umweltrelevanten Kenndaten die technische (nötiges Waldrestholz pro Pkm), ökonomische (Kosten pro Pkm) und umweltrelevante (Emissionen pro Pkm) Effizienz der Kraftstoffe. Daraus werden die technisch-umweltrelevante Effizienz (Emissionsminderung pro kg Waldrestholz) sowie die ökonomisch-umweltrelevante Effizienz (Kosten der Emissionsminderung) abgeleitet; diese Berechnung wird auch Kosten-Wirksamkeits-Analyse oder *cost-effectiveness analysis* genannt [Kok et al. 2011; Carlsson & Johansson-Stenman 2003; Wang 1997]. Das Modell untergliedert sich in vier Teile (hellblau in Abbildung 2-1):

- eine Datenbank, die alle zugrunde gelegten Daten aus Literaturquellen (wo möglich Fachliteratur, aufgrund der schlechten Datenlage und der schnellen Fortschritte auf einigen Gebieten aber auch graue Literatur, Fachzeitschriften, Internetquellen und persönliche Kommunikationen) enthält (vgl. Kap. 2.2);
- einen Modellteil „Kosten" (vgl. Kap. 2.3.1), der die Kosten der betrachteten Alternativen kalkuliert;
- einen Modellteil „Stoffströme" (vgl. Kap. 2.3.3), der anhand von Stoffströmen aller beteiligter Prozesse die relevanten Umweltauswirkungen ermittelt; und
- ein Modul, das die Ergebnisse der beiden Modellteile „Kosten" und „Stoffströme" verknüpft und einen techno-ökonomisch-umweltrelevanten Vergleich ermöglicht (vgl. Kap. 2.3.4).

Mit diesem Modell wurden verschiedene Fälle simuliert, die der Tatsache Rechnung tragen, dass bei einem so komplexen Untersuchungsgegenstand wie der zukünftigen Pkw-Nutzung viele unterschiedliche Nutzungsszenarien und zukünftige Entwicklungen möglich sind. Dafür wurden die getroffenen Annahmen für die verschiedenen Fälle in drei Kategorien eingeteilt:

- den Zeitpunkt des Vergleichs (3 „Untersuchungszeitpunkte": *2011, 2020, 2035*, vgl. Kap. 2.1);
- die zukünftigen techno-ökonomischen Entwicklungen (3 „Entwicklungslinien": *Trend, Gaszeitalter, Elektromobilität*, vgl. Kap. 2.1); und
- den Pkw-Typ, in dem der Kraftstoff genutzt wird und zugehöriges Fahrverhalten (2 Typen: *Pendlerauto, Allzweckauto*, vgl. Kap. 3.4.1 und 3.4.2 ab S. 51).

Die Kombination {Entwicklungslinie, Untersuchungszeitpunkt} wird im Folgenden auch „Szenario" genannt. Für jedes Szenario wurden alle für das Modell benötigten

Parameter aus den Datenbankwerten und Annahmen abgeleitet und als Parameterset gespeichert.

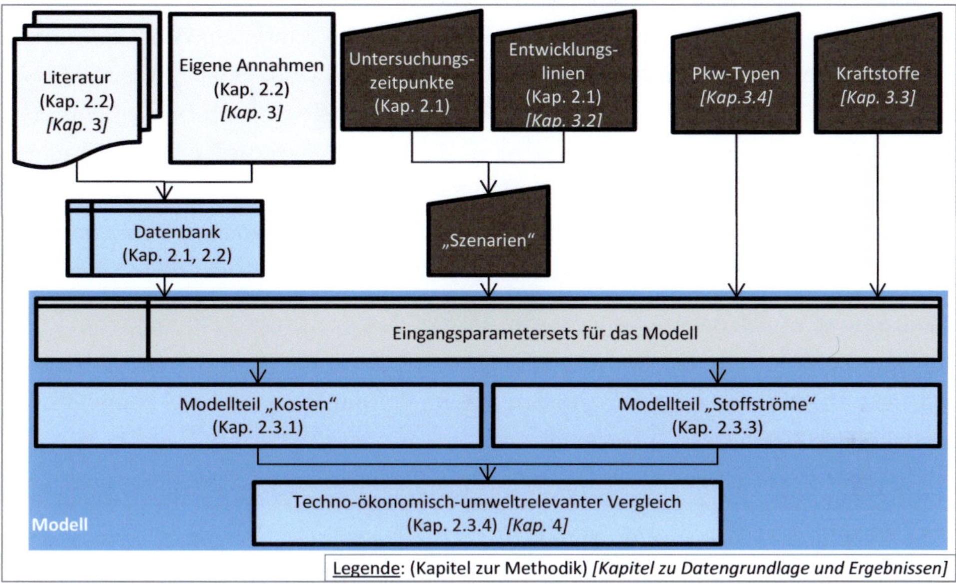

Abbildung 2-1:   Schema der Vorgehensweise bei der Modellierung und Bezug zu den weiterführenden Kapiteln

In den folgenden Unterkapiteln werden die methodischen Aspekte der Modellierung näher erläutert. In Kap. 2.1 wird zunächst beschrieben, welcher Zeitrahmen für den Vergleich gewählt wurde und wie hierbei ungewisse zukünftige Entwicklungen berücksichtigt wurden. Kap. 2.2 erläutert das Vorgehen bei der Recherche und Auswahl der zugrunde gelegten Daten. Kap. 2.3 konzentriert sich auf die Methodik der Modellerstellung sowie auf die gezogenen Systemgrenzen.

2.1   UNTERSUCHUNGSZEITPUNKTE UND ZUKÜNFTIGE ENTWICKLUNGEN

Für den Vergleich derzeit im Markt noch nicht existierender Optionen ist es nötig, einen Zeitpunkt zugrunde zu legen, zu dem alle in der Analyse betrachteten Optionen im kommerziellen Maßstab zur Verfügung stehen könnten. Je weiter der Untersuchungszeitraum aber in der Zukunft liegt, desto unsicherer werden die hierfür veranschlagten Rahmenbedingungen. Für die Analyse wurden daher drei Zeitpunkte ausgewählt, zu denen der Vergleich erfolgte: das Jahr 2011 (Referenzzeitpunkt), zu dem alle benötigten Daten zur Verfügung standen, so dass für dieses Jahr alle Parameter bestimmt werden konnten, sowie die Jahre 2020 und 2035, in denen eine kommerzielle Nutzung der untersuchten Technologien möglich erscheint.

Die Lebensdauer[4] einer Pkw-Baureihe ist in den letzten Jahrzehnten von ca. neun auf ca. fünf Jahre gesunken (vgl. Kuder [2004:138] sowie die Baureihen von VW Golf und Opel Corsa). Der Abstand zwischen dem Referenzjahr und 2020 entspricht also in etwa einer bis zwei und der Abstand zwischen 2020 und 2035 grob drei Pkw-Baureihen. Folglich kann davon ausgegangen werden, dass einerseits technische Verbesserungen zwischen den untersuchten Zeitpunkten umgesetzt werden können, und andererseits die Unsicherheiten der technischen Parameter nicht so weit anwachsen, dass aussagekräftige Ergebnisse unmöglich erscheinen.

In dem Modell wurde davon ausgegangen, dass zu den drei ausgewählten Jahren 2011, 2020 und 2035 jeweils ein Neuwagen angeschafft wird, der dem Stand der Technik entspricht. Die Modellierung erfolgte von diesem Zeitpunkt an über die komplette Lebensdauer des Pkw bis zur Entsorgung.

> <u>Untersuchungszeitpunkte</u>: Als Untersuchungszeitpunkte werden die drei Zeitpunkte 2011, 2020 und 2035 bezeichnet. Im Modell wird davon ausgegangen, dass zu diesen Untersuchungszeitpunkten ein zu diesem Zeitpunkt aktueller Neuwagen angeschafft und anschließend über die gesamte Lebensdauer genutzt wird.

Während einige zukünftige Entwicklungen relativ gut vorhersagbar sind (z. B. mögliche Wirkungsgradverbesserungen von Dieselmotoren), herrscht für andere Parameter teilweise große Unsicherheit (z. B. Zulassungszahlen von Erdgas-Pkw). Eine Möglichkeit, mit diesen Unsicherheiten umzugehen, bietet die Szenariotechnik (vgl. z. B. Wilms [2006]), in der verschiedene mögliche Entwicklungen abgebildet werden, um eine Art Möglichkeitsraum aufzuspannen. So können z. B. Aussagen getroffen werden, indem unterschiedliche Extremszenarien miteinander verglichen werden oder gezeigt wird, dass gewisse Entwicklungen in keinem untersuchten Szenario zu erwarten sind (vgl. z. B. Eberle [2000:48]). Allerdings stellen die meisten Szenario-Experten folgende Mindestanforderungen an Szenarien:

> *„Im Unterschied zu einem Zukunftsbild, das lediglich einen hypothetischen zukünftigen Zustand darstellt, beschreibt ein Szenario auch die Entwicklungen, Dynamiken und treibenden Kräfte, aus denen ein bestimmtes Zukunftsbild resultiert (vgl. u.a. Greeuw et al. 2000, 7; Gausemeier 1996, 90; Götze 1993, 36)."* [5] *[Kosow & Gaßner 2008:10]*

---

4   Im Zusammenhang mit Pkw-Baureihen ist mit dem Begriff „Lebensdauer" die Dauer der Serienproduktion gemeint. Zum Beispiel wurde der VW Golf III von 1991 bis 1997 gebaut [VW 2011c:Steckbrief] und hatte somit eine Lebensdauer von ungefähr sieben Jahren.

5   Die im Originaldokument zitierten Quellen sind:

"Because environmental policies cause prices and incentives to change, there are feed-back effects on behavior and associated environmental effects. Ideally, these should all be taken into account in the analysis, but often they are not." [Harrington & McConnel 2003:31][6]

In dieser Arbeit lag der Schwerpunkt nicht auf der Erstellung von Szenarien, deshalb konnten diese Anforderungen nicht komplett erfüllt werden. Daher wurden die hier dargestellten möglichen zukünftigen Entwicklungen nicht Szenarien, sondern „Entwicklungslinien" genannt, womit angedeutet werden soll, dass für jeden Parameter eine Entwicklung vom heutigen Wert (Referenzjahr 2011) aus zugrunde gelegt wurde, während die Dynamiken, gegenseitigen Beeinflussungen und treibenden Kräfte nicht im Detail abgebildet und diskutiert wurden. Das Hauptanliegen war vielmehr, jede Entwicklungslinie in sich schlüssig zu gestalten. Die Entwicklungslinien wurden „Trend", „Gaszeitalter" und „Elektromobilität" genannt.

Entwicklungslinien: Unter Entwicklungslinien werden mögliche zukünftige Entwicklungen verstanden. In jeder Entwicklungslinie werden die Modell-Eingangsparameter vom Referenzjahr 2011 bis zum Ende des Untersuchungszeitraums (2035) abgebildet, basierend auf Grundannahmen zur Marktdurchdringung der drei untersuchten Antriebskonzepte. Die Entwicklungslinien wurden aus der in Kap. 2.2 beschriebenen Datengrundlage abgeleitet.

Szenario: Als Szenarien werden die Kombinationen von Untersuchungszeitpunkten und Entwicklungslinien bezeichnet. So ist z. B. Trend 2020 ein Szenario. In diesem Fall wird der Zeitpunkt 2020 als Pkw-Anschaffungsjahr betrachtet und die mögliche zukünftige Entwicklung „Trend", die davon ausgeht, dass heutige Trends sich fortsetzen.

Für die Kosten der Kraftstoffe Biostrom, Strommix, SNG, Erdgas, FT-Diesel und Diesel wurden bis ins Jahr 2050 Werte abgeleitet, da der im Jahr 2035 angeschaffte Pkw bis zum Ende seiner Lebensdauer mit diesen Kraftstoffen betrieben werden muss.

Zur Erstellung der Entwicklungslinien wurden in einem ersten Schritt Literaturangaben für die heutigen Werte und die möglichen zukünftigen Entwicklungen der techni-

---

Greeuw, Sandra C.H. et al. (2000): Cloudy Crystal Balls. An assessment of recent European and global Scenario studies and Models, in: Environmental issues series no 17, November 2000, European Environment Agency.
Gausemeier, Jürgen /Alexander Fink /Oliver Schlake (1996): Szenario-Management: Planen und Führen nach Szenarien. 2., neu bearbeitete Auflage, München, Wien.
Götze, Uwe (1993): Szenario-Technik in der strategischen Unternehmensplanung. 2., aktualisierte Auflage. Wiesbaden.

6 Freie Übersetzung: „Da Umweltpolitiken Preis- und Anreizänderungen bewirken, entstehen Rückkopplungseffekte auf das Verhalten und die verbundenen Umweltauswirkungen. Idealerweise sollten diese alle in der Analyse berücksichtigt werden, werden es aber häufig nicht."

schen und ökonomischen Parameter recherchiert und in der Datenbank gespeichert (vgl. Kap. 2.2). Durch Analyse der zugrunde liegenden Annahmen in den Literaturquellen sowie der Vertrauenswürdigkeit dieser Quellen wurde anschließend aus diesen Daten für jeden Untersuchungszeitpunkt eine plausible Spanne an Werten definiert. Aus diesen Spannen wurde schließlich für jede Entwicklungslinie der Wert gewählt, der den Annahmen der Entwicklungslinie am besten entsprach. Dieses zweistufige Vorgehen wird in Abbildung 2-2 anhand der Energiedichte einer Batterie für Elektroautos verdeutlicht.

In der Datenbank (vgl. Abbildung 2-1, S. 11) wurden somit die Werte aus der Literatur gespeichert, während die daraus abgeleiteten Parameter für jedes der untersuchten Szenarien (Entwicklungslinie-Zeithorizont-Kombination: 2011, Trend 2020, Gaszeitalter 2020, Elektromobilität 2020, Trend 2035, Gaszeitalter 2035, Elektromobilität 2035, für Details siehe Kap. 3.2, S. 36) zu einem Parameterset zusammengefasst, im Modell gespeichert und an die beiden Modellteile „Kosten" und „Stoffströme" übergeben wird.

In diesem Zusammenhang sei auf die Studie „Zukunft der Mobilität - Szenarien für das Jahr 2030" [Institut für Mobilitätsforschung 2010] hingewiesen, die teilweise als Hintergrundinformation bei der Erstellung der Entwicklungslinien genutzt wurde, da sie umfangreiche Szenarien zur zukünftigen Mobilität beschreibt.

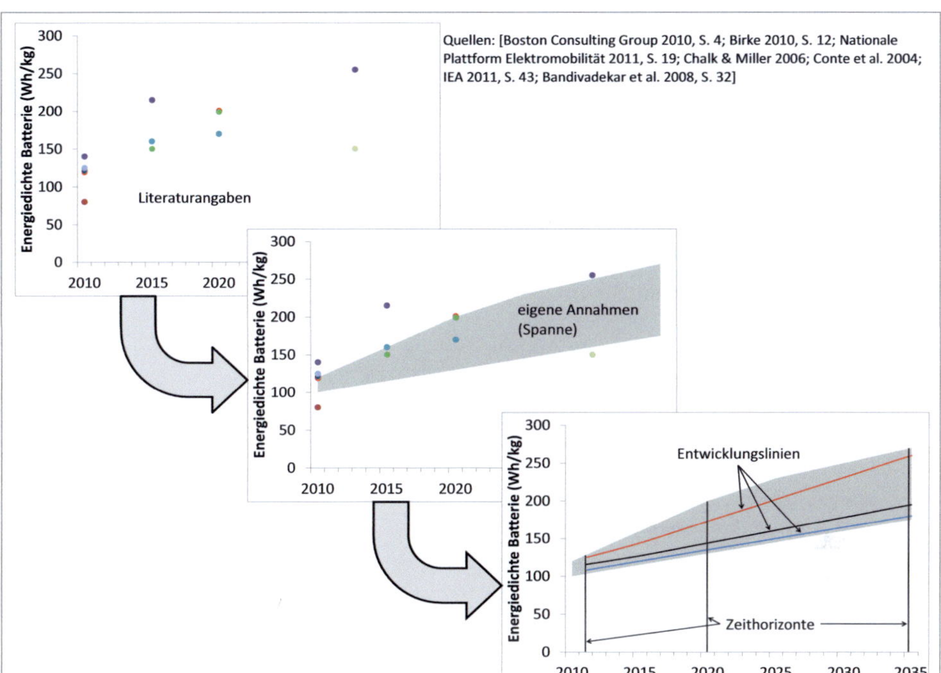

Abbildung 2-2: Schema der Vorgehensweise bei der Erstellung der Entwicklungslinien: Beispiel Energiedichte in der Elektroauto-Batterie

2.2 DATENGRUNDLAGE UND LERNKURVEN

Wie in den vorangegangenen Kapiteln beschrieben, wurden die im Modell verwendeten Parameter aus Literaturwerten abgeleitet. Dazu wurde in einer ausgiebigen Literaturrecherche versucht, möglichst verlässliche Quellen zu nutzen. Neben einer Überprüfung der zugrunde liegenden Annahmen wurde daher auch überprüft, ob die Autoren ein Interesse an einer einseitigen Darstellung haben könnten. Wo möglich, kam Fachliteratur von unabhängigen Forschern zum Einsatz, zur Ergänzung aber auch graue Literatur, Herstellerangaben, Fachzeitschriften und, wo nötig, Internetquellen. Ein ähnliches Vorgehen wurde z. B. in El-Houjeiri & Field [2012] für die Erstellung einer *Well-to-Wheel* Studie beschrieben, die anhand der gängigen Modelle in diesem Bereich die Umweltauswirkungen verschiedener Biokraftstoffe vergleicht.

Nach der Recherche von heutigen (2011) Werten wurden anschließend Studien analysiert, die für die zukünftige Entwicklung der benötigten Parameter Werte angeben. Dies waren im Allgemeinen Szenariostudien und Prognosen sowie politische Ziele und Zusagen. Für einige Parameter waren hier die möglichen Spannen besonders groß, daher wurden für die wichtigsten Parameter eigene Lernkurven und Größendegressionen erstellt, um die Plausibilität der Angaben zu überprüfen.

Lernkurven beschreiben im Produktionssystem auftretende Kostensenkungen bei Erhöhung der Ausbringungsmenge durch besseres Verständnis des Produktionsprozesses. Eine Vielzahl an Studien ermittelte dabei den empirischen Zusammenhang, dass bei jeder Verdopplung der Ausbringungsmenge die Kosten um einen konstanten Faktor sinken [Boston Consulting Group 1968; Wright 1936]. Folgende Formeln haben sich für die Beschreibung dieses Zusammenhangs etabliert (vgl. z. B. Nemet [2006]):

$$k_2 = k_1 \times \left(\frac{M_2}{M_1}\right)^{-b} \tag{1}$$

$$r = 2^{-b} \tag{2}$$

k_1 = Produktionskosten bei kumulierter Produktionsmenge M_1
k_2 = Produktionskosten bei kumulierter Produktionsmenge M_2
M_1 = kumulierte Produktionsmenge 1
M_2 = kumulierte Produktionsmenge 2
b   = Steigungsparameter der Lernkurve
r   = Lernrate

Eine Lernrate r = 0,8 bedeutet bei dieser Definition, dass durch Verdopplung der Ausbringungsmenge die Stückkosten auf 80 % der anfänglichen Kosten sinken.

Größendegressionen treten im Unterschied zur Kostensenkung durch Lerneffekte bei größerer Anlagenkapazität oder einer Erhöhung der Produktionsmenge auf. Wichtige Gründe sind unterproportional steigende Investitions-, Personal-, Material- und Energiekosten bei steigender Anlagengröße. Für Details zu Größendegressionen und Lernkurven sei auf Lange [2007:52–64] verwiesen; eine weitere interessante Betrachtung von Lernkurven findet sich z. B. in Mayer et al. [2012]. In der vorliegenden Arbeit wurden Größendegressionen nicht explizit betrachtet. Vielmehr wurde versucht, diese Effekte in den Lernkurven mit zu berücksichtigen, da eine Erhöhung der Ausbringungsmenge in der Regel auch mit einer größeren Anlagenkapazität verbunden ist.

Für die Anwendung der Lernkurven ist Wissen über die kumulierten Produktionsmengen und Lernraten nötig. Die kumulierten Produktionsmengen wurden aus den Annahmen der Entwicklungslinien abgeleitet (vgl. Kap. 2.1), die Lernraten wurden durch Literaturrecherche ermittelt.

2.3   MODELL UND SYSTEMGRENZEN

Nachdem die vorangegangenen Kapitel darstellten, wie die Parameter für die Modellierung ermittelt wurden, beschreibt dieses Kapitel den konzeptionellen Aufbau des

Modells. In Kap. 2.3.1 werden die Systemgrenzen des Modells begründet. Anschließend werden die Modellteile „Kosten" (Kap. 2.3.1) und „Stoffströme" (Kap. 2.3.3) sowie der Verknüpfung der Ergebnisse dieser Modellteile im Teil „techno-ökonomisch-umwelt-relevanter Vergleich" (Kap 2.3.4) beschrieben.

2.3.1 SYSTEMGRENZEN UND ANNAHMEN

Bei der Modellierung war es nötig, Entscheidungen zu den Systemgrenzen und dem Untersuchungsrahmen zu treffen; diese werden nachfolgend dargestellt und begründet.

Die Systemgrenzen wurden um das System Kraftstoffherstellung, Kraftstoffbereitstellung, Pkw-Herstellung, Pkw-Wartung, Pkw-Nutzung und Pkw-Entsorgung gelegt. Dies bedeutet, dass nicht alle Wechselwirkungen zwischen dem System und der technischen, ökonomischen, sozialen und ökologischen Umwelt im Modell betrachtet wurden. Es wurde aber versucht, ihnen bei der Erstellung der Entwicklungslinien (s. Kap. 3.2, S. 36) Rechnung zu tragen.

Bei der Kraftstoffherstellung wurden nur die in Abbildung 1-1 (S. 5) beschriebenen Pfade und als biogener Primärenergieträger nur Waldrestholz (inkl. Schwachholz[7]) untersucht. Daher entstehen keine Landnutzungsänderungen (inklusive indirekter Landnutzungsänderungen) und Konflikte mit der Nahrungsmittelproduktion. Allerdings muss ein Augenmerk auf das verfügbare Aufkommen an Waldrestholz gelegt werden. Daher wird in dieser Arbeit angegeben, welcher Anteil der Fahrleistung insgesamt durch die biogenen Energieträger abgedeckt werden kann, wobei sich in diesem Fall die Aufkommensabschätzung zu Waldrestholz (vgl. Kappler [2008]; Leible et al. [2008]) und die Fahrleistung auf Baden-Württemberg beziehen.

In den Kap. 3.4.1 und 3.4.2 (ab S. 51) sind die zugrunde gelegten Fahrzeuge beschrieben. Dort wird auf die Beschreibung der zahlreichen möglichen Hybridkonzepte verzichtet, da dies den Rahmen dieser Arbeit sprengen würde. Da sich die aufwändige und gewichtsintensive Technik nur bei größeren Pkw lohnt, wurde hier als Exkurs in Kap. 4.4 (S. 111) ein hocheffizienter Gas-Hybrid-Pkw der Mittel- bis Oberklasse für das Jahr 2035 untersucht, um das Potential von Hybridfahrzeugen aufzuzeigen.

Wegen des steigenden Anteils der schwankenden erneuerbaren Stromproduktion wird häufig davon gesprochen, Elektrofahrzeuge zur Zwischenspeicherung der elektrischen Energie zu nutzen [Hill et al. 2012; Lund & Kempton 2008]. Dies ist mit mehreren Problemen verbunden. Zum Beispiel kann davon ausgegangen werden, dass die Lebensdau-

---

[7] Für eine Begriffsdefinition siehe [Kappler 2008:15]. Nachfolgend wird nur noch von Waldrestholz gesprochen, obgleich auch Schwachholz enthalten ist.

er der Batterie unter den häufigeren Lade- und Entladezyklen leidet [Hill et al. 2012]. Außerdem gibt es Untersuchungen, die darauf hindeuten, dass eine Netzstabilisierung zumindest kurzfristig eine Erhöhung des Braunkohleanteils an der Stromerzeugung und damit eine Erhöhung der Gesamtemissionen verursachen würde [Szczechowicz 2011; Öko-Institut & ISOE 2011:19 ff]. Zudem fehlt noch eine geeignete Infrastruktur, die eine solche Steuerung ermöglichen würde. Aus diesen Gründen wird eine Rückspeisung ins Netz bei Elektroautos („Vehicle to grid") nicht berücksichtigt. Die zeitliche Optimierung des Ladevorgangs (*demand side management*) scheint dagegen vielversprechender [Finn et al. 2012]. Aufgrund der gewählten Methodik wird sie hier nicht explizit untersucht, aber in den zukünftigen Entwicklungen zumindest teilweise unterstellt.

Neue Mobilitätskonzepte – wie z. B. Carsharing, Batterieleasing und Ähnliches – liegen ebenfalls außerhalb der Systemgrenzen, da sie – mit Ausnahme einer höheren Fahrleistung der Pkw bei Carsharing – nur eine geringe Auswirkung auf die hier untersuchten Kosten und Umweltauswirkungen haben.

Kosten für CO_2-Zertifikate werden nicht berücksichtigt, da diese ein politisches Steuerinstrument und vergleichbar mit Steuern sind. Im Gegenteil war es auch Ziel der Arbeit, die Grundlagen zu erstellen, auf deren Basis die Effizienz solcher Steuerinstrumente untersucht werden kann.

Es gibt Ansätze, Umweltauswirkungen als externe Kosten zu monetisieren [ExternE 2005], um die Gesamtkosten einschließlich der verursachten Schäden zu berechnen. Darauf wird in dieser Arbeit verzichtet, da die Fragestellung unter anderem lautet, zu welchen Kosten welche Menge THG (und andere Umweltauswirkungen) eingespart werden können. Diese Frage könnte mit der Berechnung von externen Kosten nicht beantwortet werden. Zudem ist die Zuweisung von Kosten für Umweltschäden problematisch, wie z. B. Geldermann [2006:26 ff] aufzeigt.

Des Weiteren wird eine Aggregation aller Umweltauswirkungen auf einen Wert (auch *Endpoint*-Berechnung genannt, vgl. Goedkoop et al. [2009:3]) anhand des *ReCiPe Total Score* zwar durchgeführt, aber nur als Zusatzinformation dargestellt. Eine kritische Auseinandersetzung mit der Gewichtung findet sich z. B. in Bengtsson & Steen [2000], das Problem, dass unterschiedliche *Endpoint*-Indikatoren unterschiedliche Ergebnisse erzeugen, wird z. B. in Cavalett et al. [2012] behandelt. Ein interessanter neuer Ansatz der Gewichtung der Auswirkungen wird in Tuomisto et al. [2012] vorgestellt, dieser Ansatz könnte angewandt werden, sobald er fertiggestellt ist. Für die Ausrichtung der vorliegenden Arbeit wurde beschlossen, die Priorität auf die THG zu legen und daneben einige wichtige Umweltauswirkungen sowie den ReCiPe Total Score als Zusatzinformation mit geringerer Zuverlässigkeit darzustellen.

2.3.2 MODELLTEIL „KOSTEN"

Im Modellteil „Kosten" werden aus dem Eingangs-Parameterset die Gesamtkosten vor Steuern und ohne Subventionen („Kosten für die Gesellschaft") für die Beförderung einer Person um einen Kilometer berechnet. Dazu werden die anfallenden Kosten über die Lebensdauer eines Pkw ermittelt und in die Kategorien Pkw-Anschaffung, Fixkosten und Kraftstoffkosten aufgeteilt; der Restwert am Ende der Pkw-Lebensdauer wird mit 0 € angenommen. Die Fixkosten enthalten dabei alle Kosten, die nicht direkt proportional zur Fahrleistung sind, nämlich Versicherung, Reparaturen und Wartung. Ein solches Vorgehen wird häufig „Total Cost of Ownership" (TCO) genannt, und die Methodik stimmt in großen Teilen mit der in Nationale Plattform Elektromobilität [2011:25 f.] überein. An einigen Stellen der Analyse werden zusätzlich die Kraftstoffsteuer, Kraftfahrzeugsteuer und Mehrwertsteuer mit aufgeführt, um mögliche politische Stellschrauben zur kosteneffizienten Förderung umweltfreundlicher Kraftstoffalternativen aufzuzeigen.

Da es praktisch unmöglich ist, für Pkw und fossile Kraftstoffe Herstellungskosten zu ermitteln, wird hier mit Kosten bzw. Preisen für den Endkunden gerechnet. Dieses Vorgehen wird auch von Wang [1997:44] für die Erstellung von Kosten-Wirksamkeits-Analysen empfohlen.

Die so ermittelten Kosten werden mithilfe der Kapitalwertmethode (vgl. Götze [2008:71f]) auf das Jahr der Pkw-Anschaffung bezogen (diskontiert) und zu den Gesamtkosten der Nutzung eines Pkw aufsummiert; anschließend werden die Gesamtkosten durch die gesamte Fahrleistung während der Lebensdauer des Pkw und durch den durchschnittlichen Besetzungsgrad geteilt und somit die Kosten pro Personenkilometer (Pkm) errechnet:

$$TCO_i = \sum_{t=t_0}^{T} \frac{k_t}{(1+z)^{(t-t_0)}} \tag{3}$$

$$TCO_e = TCO_i - \sum_{t=t_0}^{T} \frac{k_{S,t}}{(1+z)^{(t-t_0)}} \tag{4}$$

$$K_p = \frac{TCO_e}{(T-t_0) \times JFL \times B} \tag{5}$$

TCO= Gesamtkosten der Nutzung eines Pkw, englisch *total cost of ownership* (in €/Pkw)
i   = inklusive Steuern und Subventionen
t   = Jahr
t_0 = Jahr der Pkw-Anschaffung
T   = Jahr des Endes der Pkw-Lebensdauer
k_t = Kosten im Jahr t (in €/(Pkw*Jahr))
z   = Diskontierungsfaktor
e   = exklusive Steuern und Subventionen
$k_{S,t}$ = Steuern und Subventionen im Jahr t (in €/(Pkw*Jahr))
K_p = Kosten (exklusive Steuern und Subventionen) pro Pkm (in €/Pkm)
JFL = Jahresfahrleistung (in km/Jahr)
B   = durchschnittlicher Besetzungsgrad des Pkw-Typs (in P/Pkw)

Als Diskontierungsfaktor wird in dieser Arbeit durchgängig ein Wert von 6 % zugrunde gelegt. Wenn einzelne Kosten schon auf das Anschaffungsjahr diskontiert wurden, wird dies durch den Index „BJ" (Bezugsjahr) deutlich gemacht. Alle angegebenen Kosten in dieser Arbeit sind zudem inflationsbereinigt als €$_{2011}$ angegeben. Gesamtkosten, wie z. B. im Ergebnisteil (Kap. 4) dargestellt, sind immer als diskontierte €$_{2011,BJ}$ zu verstehen. Eine Übersicht des Unterschieds zwischen dem hier verwendeten Kapitalwert und tatsächlich anfallenden Kosten findet sich in Anhang G (S. XXXI).

In den Kap. 3.3 bis 3.6 sind die Kosten aufgeführt, auf denen die Berechnungen basieren. Die Ergebnisse des Modellteils sind die Kosten pro Pkm in Abhängigkeit des Eingangs-Parametersets.

2.3.3   MODELLTEIL „STOFFSTRÖME" (UMWELTAUSWIRKUNGEN)

Der zweite Modellteil berechnet anhand einer Stoffstromanalyse die Umweltauswirkungen aller Prozessschritte, die durch die Bereitstellung der funktionellen Einheit (1 Pkm) verursacht werden. Unter Stoffstromanalyse wird dabei die Ermittlung aller Stoff- und Energieströme verstanden, die durch die Bereitstellung eines bestimmten Gutes verursacht werden. Sie kann wie folgt definiert werden:

„Die Stoffstromanalyse dient zur produkt- und branchenübergreifenden Darstellung der Stoff- und Energieströme sowie deren Umwelteffekte [...]. Die Stoffstromanalyse setzt bei der Nachfrage an und verfolgt die Stoffströme zurück bis zur Ressourcenentnahme. [...] Mit Hilfe der Stoffstromanalyse lässt sich bestimmen, welche Stoffströme und Umweltbelastungen durch die Nachfrage nach bestimmten Produkten und Dienstleistungen unter der Annahme bestimmter Produktionsprozesse ausgelöst werden.“ [Fritsche et al. 2004:3 f]

Als Grundlage für die Stoffstromanalyse diente die Datenbank *ecoinvent 2.2* [Hischier et al. 2010], in der für zahlreiche Prozesse Stoffstromdaten hinterlegt sind. Diese Daten wurden anhand von Angaben aus der Literatur überprüft und vervollständigt, wenn die jeweiligen Prozesse in *ecoinvent 2.2* ungenügend oder nicht abgebildet waren oder ihr Beitrag zu den Umweltauswirkungen besonders hoch und deshalb überprüfenswert war. Dies ist ein iteratives Vorgehen, da erst nach einer ersten Modellierung deutlich wird, welche Prozesse hohe Umweltauswirkungen verursachen. Eine ähnliche Studie, in der detailliert auf die Methodik der Ökobilanz und der Stoffstrom- und Umweltmodellierung von Pkw eingegangen wird, ist Althaus & Gauch [2010]. Sie wurde genutzt, um die Methodik und die Ergebnisse zu überprüfen.

Der Schritt von den Stoffströmen (auch Sachbilanz genannt) zu den Umweltbelastungen geschieht über die Definition von Umweltproblemfeldern oder „Wirkungskategorien“. Eine der bekanntesten Wirkungskategorien ist die Klimaerwärmung, anhand derer die Schritte einer Wirkungsabschätzung kurz beschrieben werden sollen. Das Umweltproblem ist in diesem Fall die Erhöhung der globalen Durchschnittstemperatur, welche verschiedene Ursachen hat, insbesondere aber die Treibhauswirkung der sogenannten Treibhausgase (THG), wie z. B. Kohlendioxid (CO_2), Methan (CH_4) und Distickstoffoxid (N_2O)[8]. Um die tatsächliche Auswirkung der Emission eines dieser Gase auf die globale Erwärmung zu berechnen, werden Modelle benötigt, die anhand der durchschnittlichen Verweilzeit in der Atmosphäre, der Strahlungsbeeinflussung und ähnlicher Parameter berechnen, in welchem Ausmaß die Erhöhung der Konzentration eines solchen Gases zur Klimaerwärmung beiträgt. Aus solchen Modellen können dann Äquivalenzfaktoren zwischen den verschiedenen Gasen für einen bestimmten Zeithorizont berechnet werden (man könnte sagen: „Die Emission einer Tonne CH_4 leistet potentiell den gleichen Beitrag zur globalen Erwärmung der nächsten 100 Jahre wie die Emission von x Tonnen CO_2“). Mithilfe dieser Äquivalenzfaktoren können anschließend alle Emissionen von THG zusammengefasst werden („Die gesamten Emissionen tragen potentiell so viel zur globalen Erwärmung der nächsten 100 Jahre bei wie y Tonnen CO_2“).

---

[8] Für eine detaillierte Beschreibung des Klimawandels sei auf den aktuellen Bericht des *Intergovernmental Panel on Climate Change* [IPCC 2007] verwiesen.

Der so ermittelte Wert mit der Einheit „Tonnen CO_2-Äquivalente" (t CO_2-Äq) ist also ein Maß für die Umweltbelastung in der Wirkungskategorie Klimaerwärmung.

Die CO_2-Emissionen des Motors bei Betrieb mit biogenen Kraftstoffen wurden als biogene Emissionen gezählt. Es entsteht ein geschlossener Kohlenstoff-Kreislauf durch CO_2-Aufnahme der Pflanzen, so dass die biogenen CO_2-Emissionen nicht die Treibhausgaskonzentration in der Atmosphäre erhöhen. Da dieser Kreislauf zeitlich nicht geschlossen ist, berücksichtigen Cherubini et al. [2011] die Verweilzeit in der Atmosphäre und Klimamodelle, um die tatsächliche Auswirkung biogener CO_2-Emissionen zu ermitteln und kommen auf eine Klimawirksamkeit von ca. einem Hundertstel (bei einem Umtrieb[9] von einem Jahr) bis einem Fünftel (bei einem Umtrieb von 50 Jahren) der Wirksamkeit fossiler Emissionen. Hier wurde davon ausgegangen, dass der Beitrag biogener CO_2-Emissionen zu den THG-Emissionen sehr gering ist, und daher vernachlässigt werden kann.

Der Analyse und Quantifizierung der THG-Emissionen wird hierbei ein besonderes Augenmerk gewidmet, da hier von den biogen basierten Antriebskonzepten merkliche Entlastungseffekte erwartet werden. Neben der Klimaerwärmung wurden durch Literaturrecherche und vorläufige Stoffstromanalysen die folgenden anerkannten und häufig genutzten Wirkungskategorien als relevant für den Vergleich von Kraftstoffen im Pkw-Bereich eingestuft:

- Feinstaub,
- Ionisierende Strahlung,
- Photochemische Oxidation,
- Ozonabbau,
- Versauerung,
- Überdüngung (Eutrophierung),
- Ökotoxizität und
- Humantoxizität.

Eine Beschreibung dieser Wirkungskategorien findet sich z. B. bei [Goedkoop et al. 2009], ein kurzer Überblick wird in Anhang A gegeben.

Das *Joint Research Centre* der europäischen Kommission hat untersucht, welche Berechnungsmethoden die zugrundeliegenden Mechanismen der einzelnen Umweltproblemfelder realitätsnah modellieren und daher die aussagekräftigsten Ergebnisse liefern [JRC 2011; Sala et al. 2010]. Basierend auf den dort gegebenen Empfehlungen

---

[9]   Zeitraum des Pflanzenwachstums bis zur Ernte.

werden im Modellteil „Stoffströme" die in der zweiten Spalte von Tabelle 2-1 aufgeführten Berechnungsmethoden verwendet.

Um ein Gefühl für die relative Bedeutung der so ermittelten Werte zu erhalten, können diese z. B. auf die durchschnittlichen von einer Person pro Jahr verursachten Auswirkungen bezogen werden; dies wird Normalisierung genannt. An den Stellen in dieser Arbeit, an denen eine solche Normalisierung vorgenommen wird, werden die in der letzten Spalte von Tabelle 2-1 aufgeführten Werte für die europaweiten Schadstofemissionen aus der Literatur zugrunde gelegt. Die durch diese Gesamtemissionen normalisierten Ergebnisse geben an, welchen Anteil an den jährlichen Emissionen eines „Durchschnittseuropäers" das Fahren eines Pkw während eines Jahres hat.

Zusätzlich können die Umweltkategorien über eine Wertung untereinander noch zusammengefasst werden [Bengtsson et al. 2010]. Die aktuellste Wertungsmethode ist dafür die ReCiPe Total Single Score-Methode, die in dieser Arbeit verwendet wurde, um einen Eindruck für die insgesamt verursachten Umweltauswirkungen zu bekommen. Die Wertung der einzelnen Umweltauswirkung erfolgt über sogenannte Persönlichkeitstypen, hier wurde der Typ „Hedonist" gewählt. Die THG-Emissionen spielen im ReCiPe Total eine wichtige Rolle.

Als Modellierungssoftware kam *umberto* zum Einsatz, erweitert durch eine *Excel*-Schnittstelle anhand von *vba* und der *COM*-Schnittstelle von *umberto* für das Datenmanagement (Parameterverwaltung der Szenarien, Ergebnisauswertung) und zur Erweiterung der Modellierungsmöglichkeiten.

Die Ergebnisse dieses Modellteils sind die pro Pkm verursachten Umweltauswirkungen in den ausgewählten Wirkungskategorien in Abhängigkeit des Eingangs-Parametersets. Neben dem Klimawandel (THG-Emissionen) werden nur diejenigen Wirkungskategorien dargestellt, bei denen signifikante Unterschiede zwischen den untersuchten Kraftstoffalternativen festzustellen sind oder die aufgrund ihrer relativen Wichtigkeit im Vergleich zu den Emissionen pro Durchschnittseuropäer herausragen.

Tabelle 2-1: Berücksichtigte Wirkungskategorien, verwendete Berechnungsmethoden und angenommene jährliche Emissionen eines Durchschnittseuropäers in diesen Wirkungskategorien

Wirkungskategorie	Berechnungsmethode	Jährliche Verursachungen eines Durchschnitteuropäers (Bezugsjahr [a])
THG (Klimawandel, GWP100)		$11{,}2 \cdot 10^3$ kg CO_2-Äq. (2000) [1]
Feinstaub [b]		17,5 kg PM_{10}-Äq. (2000) [1]
Ionisierende Strahlung	ReCiPe Midpoint (H) [Goedkoop et al. 2009]	$6{,}24 \cdot 10^3$ kg U-235-Äq. (2000) [1]
Photochemische Oxidation		60,2 kg NMVOC-Äq. (2000) [1]
Frischwasser-Überdüngung		0,747 kg P-Äq. (2000) [1]
Salzwasser-Überdüngung		12,7 kg N-Äq. (2000) [1]
Boden-Überdüngung [c]	EDIP2003 [Hauschild & Potting 2004]	$1{,}37 \cdot 10^3$ m²UES (2004) [2],[d]
Ozonabbau (ODP total)		$1{,}46 \cdot 10^{-2}$ kg FCKW11-Äq. (2000) [1]
Ökotoxizität	USETox [Querini et al. 2011; Rosenbaum et al. 2008]	$8{,}72 \cdot 10^3$ CTU_e (2004) [3]
Humantoxizität [e]		$8{,}47 \cdot 10^{-4}$ CTU_h (2004) [3]
Versauerung [c]	CML2001 [Guinée et al. 2002]	50,8 kg SO_2-Äq. (2000) [1]
ReCiPe Total	ReCiPe Endpoint (H,A) [Heijungs et al. 2003]	

1) [Sleeswijk et al. 2008:232], Bevölkerung EU25+3 im Jahr 2000: 465·Mio. Einwohner
2) [Laurent, Olsen, et al. 2011:404]
3) [Laurent, Lautier, et al. 2011:732]
a) Jahr, für das die europäischen Emissionen gemessen wurden.
b) Die empfohlenen Berechnungsmethoden [JRC 2011:39 ff.] waren nicht verfügbar, daher wurde die erste verfügbare Methode in der Liste des JRC verwendet.
c) Das JRC empfiehlt hier die „Accumulated Exceedance" Methode, die jedoch nicht verfügbar war. Daher wurden die Ergebnisse mit der zweitplatzierten Methode CML2001 berechnet.
d) Die Einheit, „Quadratmeter ungeschütztes Ökosystem", bildet ab, welche Fläche durch die verursachten Emissionen nicht mehr geschützt – also überdüngt – ist. Die Wertung der einzelnen Emissionen bezieht sich auf Europa.
e) Summe aus krebserregender und nicht krebserregender Humantoxizität.

2.3.4 TECHNO-ÖKONOMISCH-UMWELTRELEVANTER VERGLEICH

Nachdem durch die Modellteile „Kosten" und „Stoffströme" für ein bestimmtes Parameterset die Kosten und Umweltauswirkungen berechnet werden können, dient der letzte Modellteil „techno-ökonomisch-umweltrelevanter Vergleich" dazu, diese Ergebnisse zusammenzufassen und vergleichend auszuwerten.

Als Referenz wird einerseits der jeweilige Vergleichskraftstoff (deutscher Strommix für biogenen Strom, Erdgas für SNG und Diesel für FT-Diesel) herangezogen. Andererseits wird die Substitution eines Diesel-Pkw durch einen durch biogenen Kraftstoff angetriebenen Pkw betrachtet. Im zweiten Fall wird dadurch der Pkw-Lebenszyklus berücksichtigt, im ersten Fall nicht.

In einem ersten Schritt werden die technische, ökonomische und umweltrelevante Effizienz der sechs Kraftstoffe (inklusive oder exklusive Pkw-Lebenszyklus, je nach Betrachtungsweise) zur Bereitstellung eines Pkm berechnet und dargestellt.

In einem zweiten Schritt werden daraus die technisch-umweltrelevante Effizienz (mögliche Emissionsminderung gegenüber der Referenz pro kg Waldrestholz) und die ökonomisch-umweltrelevante Effizienz (Emissions-Minderungskosten) berechnet.

Minderungskosten können allerdings nur für Alternativen berechnet werden, deren Kosten höher und deren Umweltauswirkungen niedriger sind als die der Referenz, da die Höhe negativer Minderungskosten ohne Angabe der möglichen Minderung keine Aussagekraft besitzt. Daher wurde bei geringeren Kosten und Umweltauswirkungen im Vergleich zur Referenz das Produkt aus Kosten- und Umweltauswirkungsdifferenz gebildet. Dies stellt keine Minderungskosten dar, kann aber als Maß für den Nutzen der Alternative angesehen werden. Bei höheren Umweltauswirkungen im Vergleich zur Referenz gibt es keine Minderungskosten, daher wurden diese als nicht definiert dargestellt, um eine Reihenfolge der Alternativen bilden zu können. Diese Vorgehensweise wird durch folgende Formeln beschrieben:

$$
MK_{UA,A,R} = \begin{cases} \dfrac{K_{p,A} - K_{p,R}}{UA_{p,R} - UA_{p,A}} & ; \ wenn \ \begin{cases} K_{p,A} - K_{p,R} > 0 \\ UA_{p,R} - UA_{p,A} > 0 \end{cases} \\[2ex] (K_{p,A} - K_{p,R}) \times (UA_{p,R} - UA_{p,A}) & ; \ wenn \ \begin{cases} K_{P,A} - K_{P,R} < 0 \\ UA_{p,R} - UA_{p,A} > 0 \end{cases} \\[2ex] nicht\ definiert & ; \ wenn \ \ UA_{p,R} - UA_{p,A} < 0 \end{cases} \tag{6}
$$

$MK_{UA,A,R}$ = Minderungskosten der Umweltauswirkung UA der betrachteten Alternative A
  gegenüber der Referenz R (in €/Einheit der Umweltauswirkung)

$K_{p,A}$ = Kosten pro Pkm der Alternative A

$K_{p,R}$ = Kosten pro Pkm der Referenz R

$UA_{p,R}$ = Umweltauswirkungen pro Pkm der Referenz R

$UA_{p,A}$ = Umweltauswirkungen pro Pkm der Alternative A

Da diese Darstellung in Fällen von Kostenersparnissen nicht sehr eingänglich ist, negative Minderungskosten von der Wahl der funktionalen Einheit abhängig sind und bei dieser Darstellung die Höhe der möglichen Einsparungen verloren geht, wird in dieser Arbeit häufig anstelle der Minderungskosten ein Kostendifferenz-Emissionsdifferenz-Diagramm dargestellt, das ebenfalls die ökonomisch-umweltrelevante Effizienz abbildet, ohne die Probleme der Minderungskosten.

Der Modellteil „techno-ökonomisch-umweltrelevanter Vergleich" beinhaltet zusätzlich die Funktionalität, die Ergebnisse der verschiedenen Parametersets untereinander zu vergleichen. Somit können auch Sensitivitätsanalysen durchgeführt und Fragen der Art „Wie hoch muss der Ölpreis sein, damit Alternative 1 und die Referenz gleich teuer sind?" beantwortet werden.

2.3.5 BESONDERHEITEN DES MODELLS

Anhand der beschriebenen Methodik wurde daher ein Modell erstellt, das folgende Anforderungen berücksichtigt:

- Szenarien können einfach (in einer Excel-Tabelle) definiert werden, z. B. in Form von Entwicklungslinien, Untersuchungszeiträumen, oder um Sensitivitäten zu analysieren.
- In einem einzigen Programm können sowohl alle technischen, ökonomischen und umweltrelevanten Parameter für alle Szenarien eingegeben als auch die Ergebnisse der jeweiligen Szenarien abgelesen werden.
- Dopplungen und damit Fehler durch Mehrfacheingabe werden vermieden [Gromzik et al. 2010:196], und damit die Datenbasis übersichtlich gehalten.

Das Modell verknüpft Excel über die Excel-Programmiersprache vba mit Umberto, um eine einheitliche Benutzereingabe zu ermöglichen, die Simulation durchzuführen und die Ergebnisse gruppiert und flexibel darzustellen. Das Modell ist in Anhang E im Detail beschrieben.

3 MODELLPARAMETER

Für die Modellierung der Kraftstoff- und Pkw-Herstellung sowie der Kraftstoffnutzung im Pkw sind zahlreiche Parameter zu berücksichtigen. In diesem Kapitel werden die verwendeten Parameter beschrieben. Die deutschen Rahmenbedingungen 2011 aus Kap. 3.1 werden zugrunde gelegt, um in Kap. 3.2 (S. 36) mögliche zukünftige Entwicklungen zu definieren. In den Kap. 3.3 bis 3.6 (ab S. 39) werden die getroffenen Annahmen zu den Daten der Kraftstoffherstellung, des Pkw-Lebenszyklus und der Nutzungsphase erläutert.

In Abbildung 3-1 sind zusammenfassend entlang der Kraftstoffkette die wichtigsten verwendeten Literaturquellen dargestellt.

3.1 RAHMENBEDINGUNGEN: STATUS QUO IN DEUTSCHLAND

Zur Einführung eines neuen Energieträgers im Pkw-Bereich müssen zahlreiche Rahmenbedingungen berücksichtigt werden. Sowohl für die Fahrzeuge als auch für Tankstellen werden entsprechende Technologien benötigt, die modernen Sicherheitsanforderungen und Umweltbestimmungen genügen. Zusätzlich muss der Energieträger auf längere Sicht am Markt konkurrenzfähig sein. Schließlich spielt das Nutzerverhalten (Pkw-Wahl und Fahrverhalten) eine entscheidende Rolle bei der Effizienz des Energieträgers. In diesem Kapitel werden die für die Themenstellung wichtigsten aktuellen (2011) Rahmenbedingungen in Deutschland dargestellt. Diese umfassen das existierende Tankstellennetz (Kap. 3.1.1), die in Serie verfügbaren Pkw (Kap. 3.1.2, S. 29) und das Fahrverhalten deutscher Pkw-Nutzer (Kap. 3.1.3, S. 31).

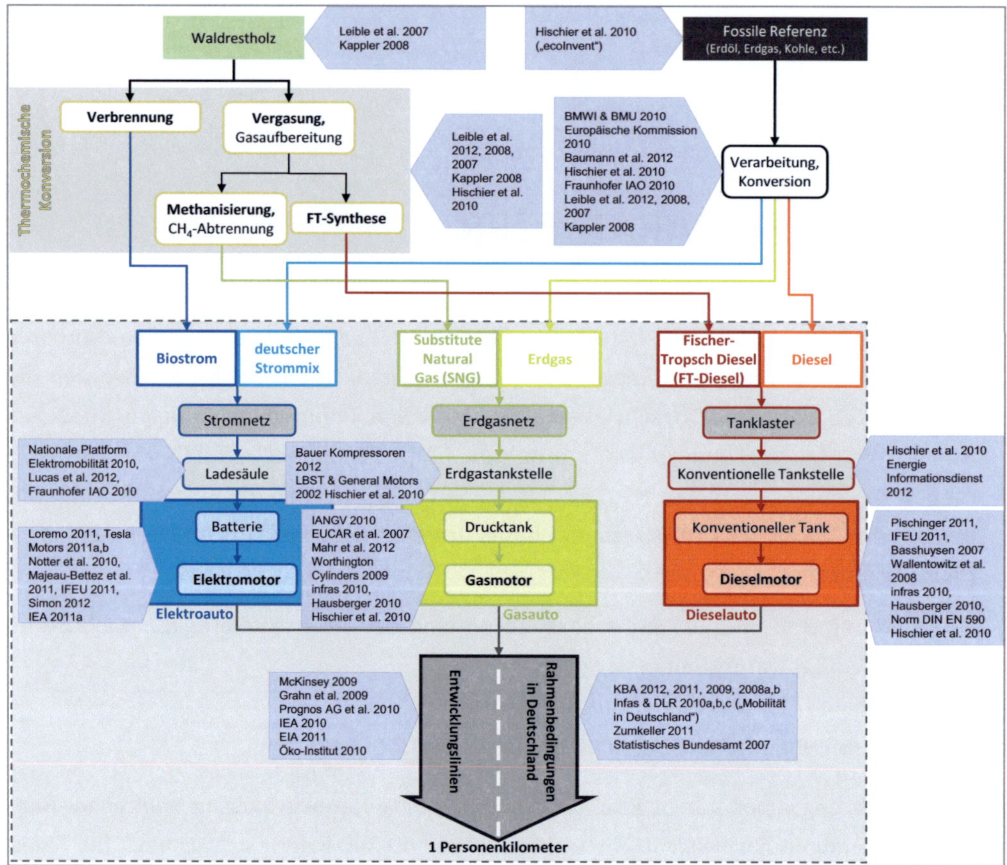

Abbildung 3-1:   Wichtigste verwendete Literaturquellen entlang der Kraftstoffnutzungskette

3.1.1   TANKSTELLENNETZ

Autofahrer erwarten, dass grenzüberschreitend ein ausreichendes Tankstellennetz für den in ihrem Pkw benötigten Kraftstoff verfügbar ist. Daher muss ein solches zur Einführung eines neuen Kraftstoffs engagiert aufgebaut werden. Bei Nischenanwendungen, wie z. B. Kleinfahrzeugen für den Stadtverkehr, sind lokale Lösungen denkbar, für die meisten Fahrzeuge ist aber ein europaweites Angebot des Kraftstoffs notwendig.

Der Vorteil der untersuchten Energieträger Strom, Erdgas bzw. SNG und Diesel bzw. FT-Diesel liegt in der in großen Teilen bereits verfügbaren Infrastruktur. Stromanschlüsse sind vorhanden, so dass sich die Infrastruktur auf Steckdosen und – im Falle von öffentlichen Ladesäulen – Abrechnungssysteme beschränkt. Das Erdgasnetz ist ebenfalls gut ausgebaut und Dieseltankstellen sind in ausreichendem Maße verfügbar. In Abbildung 3-2 ist die Entwicklung der Anzahl von Ladesäulen sowie Erdgas- und Diesel-Tankstellen in Deutschland seit 1995 dargestellt. Jede konventionelle Tankstelle verkauft Dieselkraftstoff, und ein Großteil der Erdgastankstellen ist in konventionellen Tankstellen integriert. Trotz einer Abnahme der Anzahl konventioneller Tankstellen (1969 gab es noch über 46.000 Tankstellen) und einer Zunahme von Ladesäulen und Erdgastankstellen gibt es noch ungefähr zehnmal mehr Tankstellen, die Diesel verkaufen, als Ladesäulen und 16-mal mehr als Erdgastankstellen. Bei Strom ist allerdings zu beachten, dass neben den öffentlichen Ladesäulen noch eine große Anzahl privater „Steckdosen" sowie ein schnell wachsendes Netz an nicht-kommerziellen öffentlich zugänglichen Anschlüssen zum Laden von Elektroautos genutzt werden können [Rettig 2010].

Insgesamt werden daher keine Probleme beim Ausbau der Infrastruktur erwartet, die basierend auf diesen Zahlen in dem Modell berücksichtigt wurde.

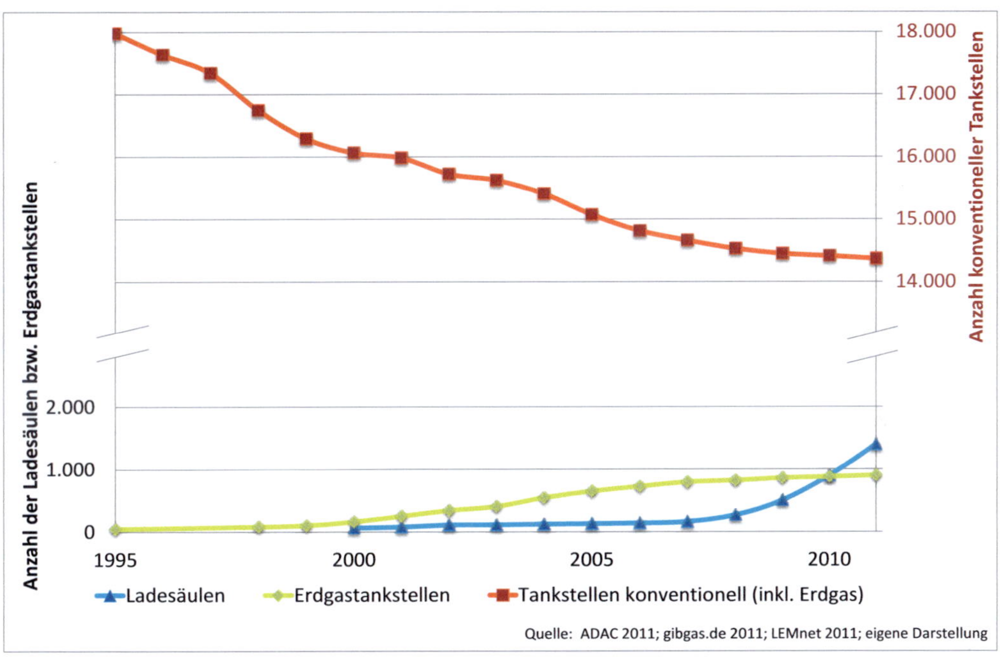

Abbildung 3-2:   Anzahl der Ladesäulen sowie der Erdgas- und konventionellen Tankstellen in Deutschland – Entwicklung seit 1995

3.1.2   FAHRZEUGVERFÜGBARKEIT UND -KAUFVERHALTEN

Anhand der Anzahl der Pkw-Modelle und der Zulassungsstatistik (Abbildung 3-3) wird die aktuelle Dominanz der Kraftstoffe Benzin und Diesel ersichtlich. Weniger als 0,4 % der in Deutschland zugelassenen Autos sind mit einem Erdgasantrieb ausgestattet, mit aktuell fallender Tendenz [KBA 2008:7; KBA 2012]. Im Jahr 2011 waren 17 Serienmodelle mit Erdgasantrieb[10] auf dem Markt verfügbar [MeinAuto.de 2011]; außerdem können Benzin-Pkw auf den Erdgasbetrieb umgerüstet werden.

Elektroautos sind noch stärkere Exoten. Auch wenn viele Hersteller Prototypen und Kleinserien mit Elektroantrieb bauen, sind nur kleine Stadtwagen wie *CityEL* oder *Twike* und Sportwagen in Kleinstserie wie *Tesla Roadster* oder *Lightning GT* kommerziell verfügbar. In Deutschland wurden 2011 nur 2.154 Elektroautos zugelassen, davon ca. 100 an Privatpersonen. Die Zulassungszahlen von Hybrid-Pkw nehmen hingegen stark zu und liegen inzwischen doppelt so hoch wie die von Erdgasfahrzeugen.

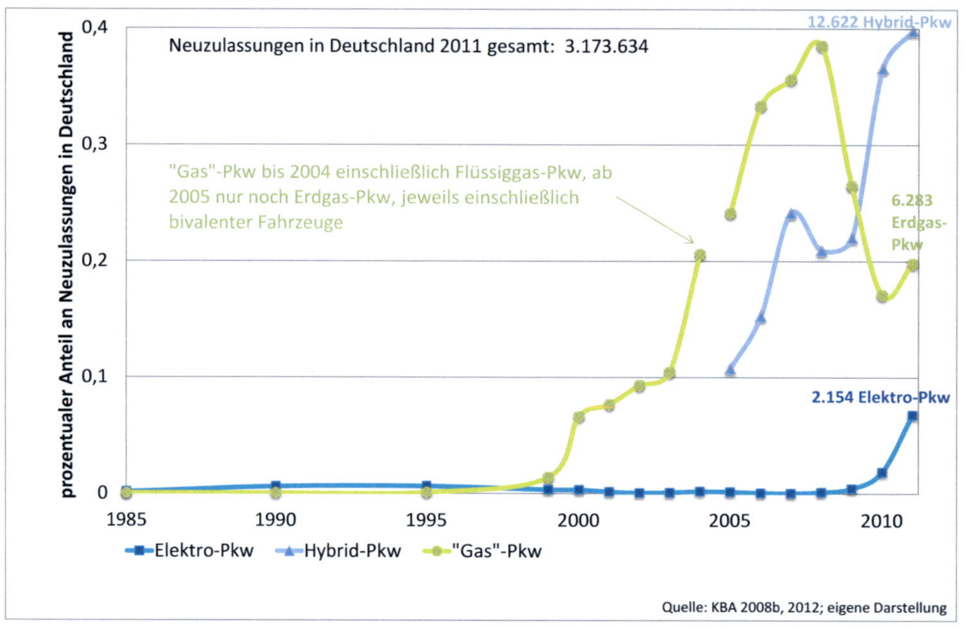

Abbildung 3-3:   Prozentualer Anteil an Neuzulassungen von Elektro-, Hybrid- und Gas- Pkw in Deutschland – Entwicklung seit 1985 sowie absoluter Wert im Jahr 2011

In diesem Zusammenhang kann davon ausgegangen werden, dass insbesondere beim Elektroauto, in geringerem Umfang auch beim Erdgas-Pkw, noch deutliche Lern- und Skaleneffekte zu erwarten sind, falls diese Technologien sich in größerer Anzahl durchsetzen sollten. Dies hat sowohl Auswirkungen auf die Kosten als auch auf die technischen Parameter. Daher wurde in dieser Arbeit ein besonderes Augenmerk auf die zukünftige Entwicklung des Elektroautos gelegt und Optimierungspotentiale von Erdgasautos untersucht (vgl. Kap. 2.2 und 3.4).

---

[10] Alle aktuell verfügbaren Erdgas-Serien-Pkw sind bivalent ausgelegt. Das bedeutet, dass sie neben dem Erdgasdrucktank zusätzlich einen Benzintank besitzen. Sobald der Erdgastank leer ist, wird der Motor mit Benzin betrieben.

Heutige Pkw werden normalerweise in folgende Segmente eingeteilt: Mini, Kleinwagen, Kompaktklasse, Mittelklasse, Obere Mittelklasse, Oberklasse, Geländewagen, Sportwagen, Mini-Vans, Großraum-Vans, Utilities und Sonstige (vgl. z. B. KBA [2009]). Die Anteile der Segmente an den Neuzulassungen ist in Abbildung A-4 (S. IV, Anhang B) dargestellt. Wenn man die Segmente grob in kleinere (Mini, Kleinwagen, Teil der Kompaktklasse) und größere (Teil der Kompaktklasse, Mittelklasse, Obere Mittelklasse, Oberklasse) Pkw einteilt, betragen die Neuzulassungen über die Jahre 2008-2011 in jeder Kategorie ca. 40 %. Im Folgenden wird gezeigt, dass eine solche Einteilung zwei unterschiedliche Fahrverhalten zu Tage fördert, die zu der Definition der zwei untersuchten Pkw „Pendlerauto" und „Allzweckauto" führen.

3.1.3 FAHRVERHALTEN

Durch den Einsatz der hier untersuchten biogenen Energieträger entstehen neue Vorteile, aber auch Einschränkungen für den Nutzer. Wenn man das Fahrverhalten der Nutzer kennt, kann man die neuen Pkw so auslegen, dass die Einschränkungen möglichst gering sind. Dazu wird in diesem Kapitel untersucht, wie Pkw in Deutschland genutzt werden.

Für die Analyse des Fahrverhaltens wird hauptsächlich die Studie „Mobilität in Deutschland 2008" [infas & DLR 2010b] zugrunde gelegt; ähnliche Studien, wie z. B. das „deutsche Mobilitätspanel" [Zumkeller 2011], kommen jedoch zu vergleichbaren Ergebnissen.

Merkmale zur Beschreibung des Fahrverhaltens sind insbesondere die Gründe der Pkw-Nutzung, die zurückgelegte Strecke pro Fahrt, die Fahrten pro Tag, das Geschwindigkeitsprofil, die Jahresfahrleistung sowie der Besetzungsgrad.

Mehr als die Hälfte der Fahrten wird für den Weg zur Arbeit oder für Einkäufe und Erledigungen getätigt und könnten auch „Pendlerfahrten" genannt werden. Ein weiterer wichtiger Grund ist die Freizeit mit fast 22 % aller Fahrten [infas & DLR 2010c:W.3].

Abbildung 3-4 zeigt den Anteil der Fahrten und die anteilig gefahrenen Kilometer in Abhängigkeit der Fahrtenlänge. Eine Fahrt hat eine durchschnittliche Länge von 14,7 km und die Hälfte aller Fahrten ist kürzer als 6 km [infas & DLR 2010a]. Im Schnitt legt jede mobile Person am Tag 3,4 Wege zurück, davon 43 % als Fahrer im motorisierten Individualverkehr [infas & DLR 2010b:24–25]. Wenn ein Auto an einem bestimmten Tag bewegt wird, legt es durchschnittlich 67 km an diesem Tag zurück [infas & DLR 2010a]. Zusätzlich machen ca. 50 % der Personen in Deutschland nur zwei Reisen pro Jahr, die länger als 100 km sind [Chlond 2012].

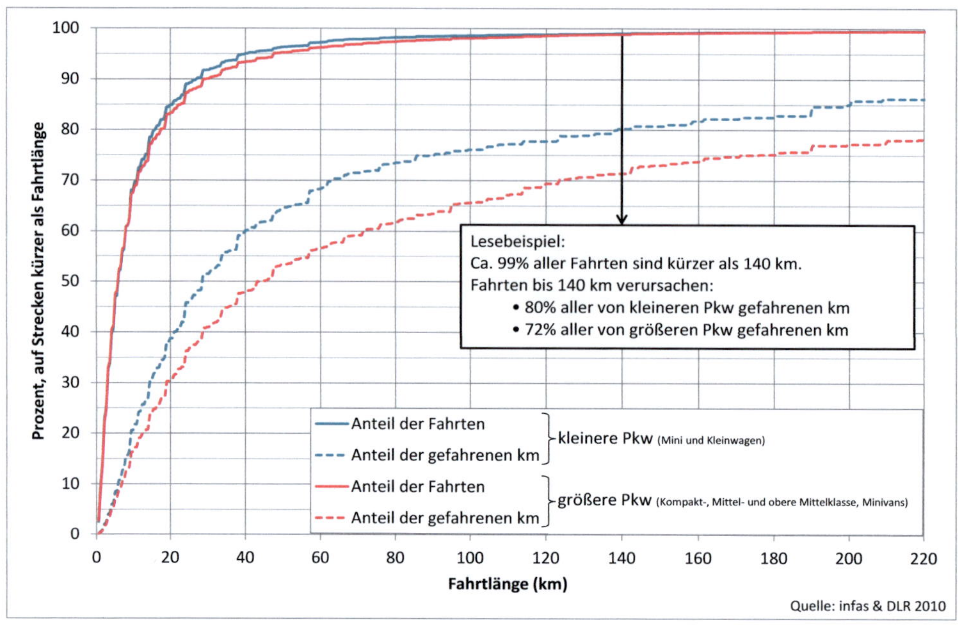

Abbildung 3-4:   Fahrverhalten – Verteilung der Fahrtenlänge in Deutschland im Jahr 2008

Das Geschwindigkeitsprofil hängt unter anderem von der Siedlungsdichte ab. Die Tagesstrecke pro Person nimmt mit zunehmender Siedlungsdichte ab, während die Unterwegzeit zunimmt [infas & DLR 2010b:42]. Dies ist vor allem auf eine höhere Anzahl an Kreuzungen und Ampeln zurückzuführen. Ferner ergibt sich in Städten ein dynamischeres Geschwindigkeitsprofil als in ländlichen Gegenden.

Ein weiterer wichtiger Faktor ist die Jahresfahrleistung eines Pkw. In Abbildung 3-5 ist zu sehen, dass diese sowohl mit steigender Pkw-Leistung als auch mit größerem Fahrzeugsegment zunimmt. Ein möglicher Grund hierfür ist, dass kleine Wagen häufiger als Zweitwagen genutzt werden. Die durchschnittliche Jahresfahrleistung variiert je nach Pkw-Leistung und Segment zwischen ca. 11.000 (Wagen bis 50 kW und Kleinwagen) und 18.000 km (Wagen mit über 100 kW) und betrug 2008 im gesamtdeutschen Schnitt 14.359 km.

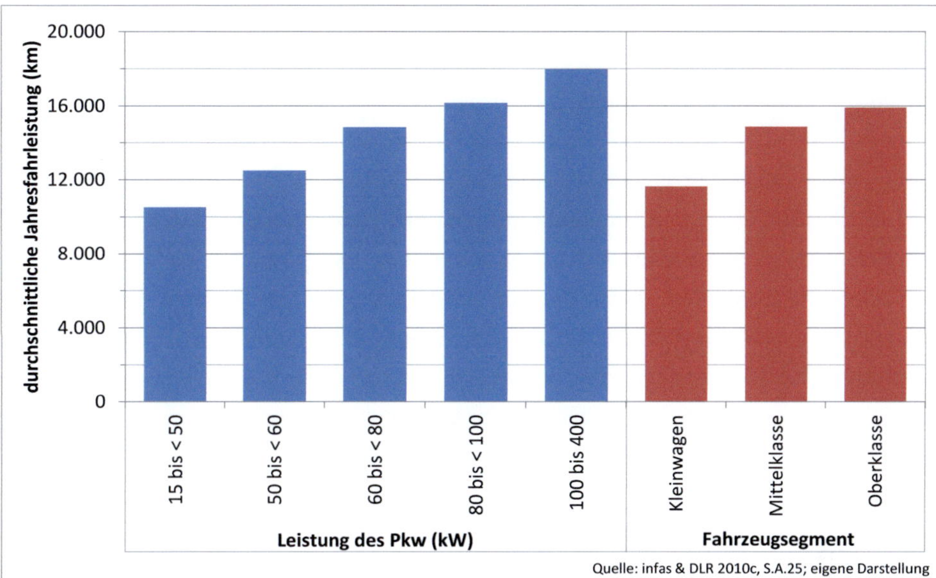

Abbildung 3-5:   Fahrverhalten – Durchschnittliche Jahresfahrleistung von Pkw nach Leistungsklassen und Segmenten in Deutschland im Jahr 2008

Eine weitere interessante Größe zur Beschreibung des Fahrverhaltens ist der Besetzungsgrad, der stark vom Fahrtzweck, der Pkw-Größe und der Fahrtenlänge abhängt (vgl. Abbildung A-5 in Anhang B, S. V) und zwischen 1,2 und 1,9 schwankt.

Weitere Details zum Fahrverhalten finden sich im Anhang B (S. III).

Für das durchschnittliche Pkw-basierte Mobilitätsverhalten in Deutschland lässt sich somit vereinfachend folgendes festhalten: ein großer Teil der zurückgelegten Fahrten ist kürzer als 140 km und dient dem Weg zur Arbeit oder dem Einkauf, mit einem dynamischen Geschwindigkeitsprofil überwiegend im Bereich unter 100 km/h, während ein weiterer wichtiger Teil Langstreckenfahrten mit höheren Geschwindigkeiten sind. Die Anzahl an Langstrecken mit mehr als 140 km ist zwar gering, sie machen aber trotzdem 20 % der gefahrenen Kilometer aus. Die Fahrtenlänge, Durchschnittsgeschwindigkeit, Jahresfahrleistung und der Besetzungsgrad nehmen mit der Fahrzeuggröße zu.

3.1.4   FAHRZYKLEN ZUR ENERGIEBEDARFS- UND EMISSIONSBESTIMMUNG

Bei Untersuchungen von Pkw mit Verbrennungsmotor hat sich gezeigt, dass mindestens 60 % (in der Regel über 80 %) der gesamten verursachten THG-Emissionen (über die Kraftstoffbereitstellungs- und -nutzungskette sowie den Pkw-Lebenszyklus) durch die Kraftstoffnutzung im Pkw verursacht werden [VW 2010:20]. Somit kommt dem

Verbrauch sowie den Emissionen des Pkw eine besondere Bedeutung zu. Deren Messung erfolgt über Fahrzyklen, die das tatsächliche Fahrverhalten möglichst gut repräsentieren sollen. In Europa ist der *Neue Europäische Fahrzyklus* (NEFZ, siehe Abbildung 3-6 und RL 70/220/EWG [1970:71 ff.]) zur Verbrauchs- und Emissionsbestimmung gesetzlich vorgeschrieben, allerdings sind die dort angewandten Testbedingungen unrealistisch, da die langsamen Beschleunigungen und niedrigen Geschwindigkeiten das reale Fahrverhalten nicht nachbilden [Europäische Union 2008]. So werden insbesondere die Betriebspunkte mit besonders hohen Emissionen (starke Beschleunigungen, schnelle Lastwechsel, hohe Dauerlast) ausgeblendet. Daher wurden in der Vergangenheit mehrere alternative Fahrzyklen entwickelt, die das reale Fahrverhalten besser abbilden, wie z. B. der *Common ARTEMIS Driving cycle* (CADC, siehe Abbildung 3-6), der *ADAC EcoTest* oder die Normrunde von *Auto Motor und Sport*. Der WLTP soll ab dem Jahr 2017 weltweit eingeführt werden und den NEFZ ersetzen. Die Vorteile des CADC bestehen darin, dass dieser anhand wissenschaftlicher Kriterien erstellt wurde, öffentlich verfügbar ist und drei verschiedene Messungen für Stadtfahrten, Landstraße und Autobahn durchgeführt werden. Darauf aufbauend kann man diese drei Teilzyklen je nach Bedarf unterschiedlich gewichten.

Soweit dies möglich war, wurden in dieser Arbeit der Verbrauch und die Emissionen der Fahrzeuge mit dem CADC ermittelt, und dies bei laufenden Zusatzverbrauchern wie Klimaanlage und Radio. Aufgrund des (in Kap. 3.1.3 beschriebenen) unterschiedlichen Fahrverhaltens in verschiedenen Nutzungsszenarien wurden die Teilzyklen Stadt, Landstraße und Autobahn unterschiedlich gewichtet. Falls die Verbrauchs- und Emissionswerte im CADC nicht von den Fahrzeugherstellern zur Verfügung gestellt werden konnten, wurde mit den vorhandenen Werten aus dem NEFZ und einem Anpassungsfaktor gerechnet [Johansson 2003], der je nach Antriebstyp und Pkw-Größe zwischen 1,05 und 1,25 für den Verbrauch liegt[11]. Die Emissionen und deren Faktoren werden im Kap. 3.6 (S. 69) genauer beschrieben.

---

[11] Dieser Faktor ist seit 2003 vermutlich noch angestiegen, wie Realverbräuche zeigen [Spritmonitor.de 2013].

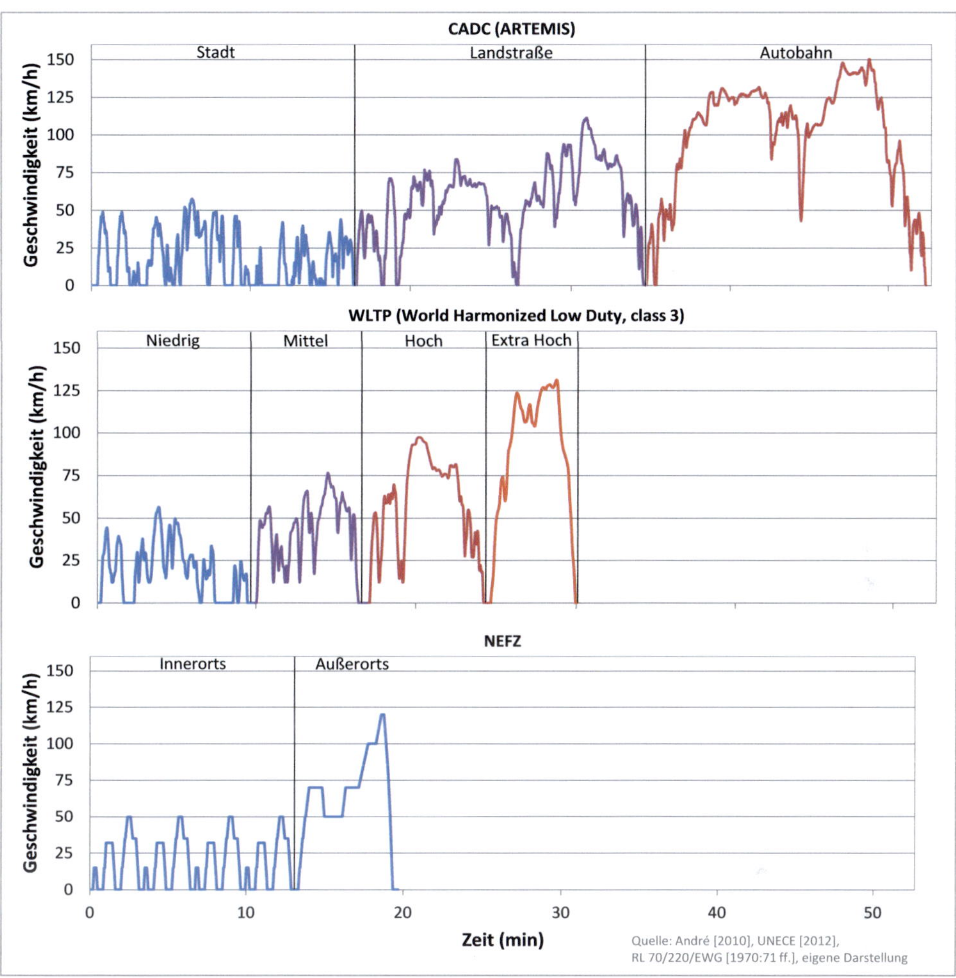

Abbildung 3-6:   Vergleich der Geschwindigkeitsprofile des CADC, des WLTP und des NEFZ

Da für Elektroautos kontroverse Abschätzungen des Energiebedarfs pro 100 km vorlagen[12], wurde ein Modell entwickelt, das den Energiebedarf der in dieser Arbeit verwendeten Elektroautos berechnet. Dieses Modell berücksichtigt die Fahrzeugmasse, alle Wirkungsgrade und die Zusatzverbraucher wie Klimaanlage und Licht und simuliert die Fahrt in den drei Teilen des CADC. Das Modell ist im Anhang C.2 detailliert beschrieben.

---

[12] vgl. Tabelle 3-8 auf S. 48: der Bedarf des Tesla Roadsters wird von unterschiedlichen Interessengruppen mit 14-20 (anfänglich sogar mit 12,7) kWh angegeben. Ähnliche Bandbreiten finden sich auch bei anderen Elektroautos.

3.2 ZUKÜNFTIGE ENTWICKLUNGEN: DREI MÖGLICHE ENTWICKLUNGSLINIEN

Ausgehend von der beschriebenen Situation im Jahr 2011 sind viele zukünftige Entwicklungen denkbar. Eine Vielzahl nur schwer einschätzbarer Einflussfaktoren kann die Pkw-Nutzung, die Energie- und Rohstoffkosten oder auch politische Rahmenbedingungen verändern. Die Erstellung der drei Entwicklungslinien in diesem Kapitel soll dieser Unsicherheit Rechnung tragen, wobei in jeder Entwicklungslinie optimistische Annahmen für einen der drei biogenen Kraftstoffe gebündelt wurden.

In der ersten Entwicklungslinie „**Trend**" (T) werden die Entwicklungen der letzten Jahre in die Zukunft fortgeschrieben. Dazu gehört die Dominanz der flüssigen Kraftstoffe aufgrund fehlender Anreize für alternative Kraftstoffe sowie ein ähnliches Kundenverhalten wie 2011 in Bezug auf Pkw-Kauf und Fahrverhalten.

Die zweite Entwicklungslinie „**Elektromobilität**" (E) geht davon aus, dass aufgrund schneller Fortschritte in der Batterietechnologie sowie dem positiven Image von Elektroautos diese schnell an Bedeutung gewinnen und in größeren Stückzahlen verkauft werden (anfangs insbesondere kleinere Pkw, später auch größere), während sich die gasförmigen Kraftstoffe nicht durchsetzen können. Dies entspricht den Zielen der Bundesregierung, das Elektroauto zu forcieren und bis 2020 eine Million Elektroautos auf deutsche Straßen zu bringen [Bundesregierung 2009].

Im Gegensatz dazu geht die Entwicklungslinie „**Gaszeitalter**" (G) von der Prämisse aus, dass die Vorteile des Gas-Pkw – niedrigere CO_2-Emissionen im Vergleich zu Benzin und Diesel bei ansonsten vergleichbaren Eigenschaften wie großer Reichweite und kurzer Betankzeit – diesem in der nahen Zukunft zu einem Durchbruch verhelfen. Für diese Annahme sprechen einerseits die aktuellen Gesetzgebungen vieler Länder, die Strafen für zu hohen CO_2-Ausstoß vorsehen bzw. die CO_2-Emissionen limitieren, und andererseits die Tatsache, dass auf europäischer Ebene beraten wird, ob die Steuerbegünstigung für Erdgas bis 2030 fortgeführt werden soll [mobility2.0 2012:5]. Die starke Zunahme an Gasautos bewirkt, dass diese monovalent[13] ausgelegt werden können, da durch konsequenten Zubau genug Tankstellen zur Verfügung stehen[14]. Monovalente Gasmotoren ermöglichen einen niedrigeren Verbrauch des Gasautos.

Bei diesen Entwicklungen der Pkw-Zulassungen handelt es sich um weltweite Trends, da nationale Trends nur einen geringen Einfluss auf die Kosten der Pkw-Herstellung

---

[13] D.h. nur mit Gas betrieben (heutige Gasautos haben im Gegensatz dazu nahezu alle einen Benzin-Ersatztank und sind daher bivalent).

[14] Eine Initiative aus Fahrzeugherstellern und Teilen der Energiewirtschaft will z. B. das Angebot an Erdgasfahrzeugen und -tankstellen ausweiten [dena 2011].

haben. Allerdings wird davon ausgegangen, dass Deutschland eine gewisse Vorreiterrolle einnimmt, u.a. durch die Bereitstellung der Lade- bzw. Tankinfrastruktur.

Allen Entwicklungslinien gemein ist (s. Abbildung 3-7), dass von einer globalen jährlichen Pkw-Produktion von ca. 50 Mio. Pkw im Jahr 2011, ca. 78 Mio. im Jahr 2020 und von ca. 93 Mio. im Jahr 2035 ausgegangen wird [McKinsey 2009:7; McKinsey 2011:9; Grahn et al. 2009].

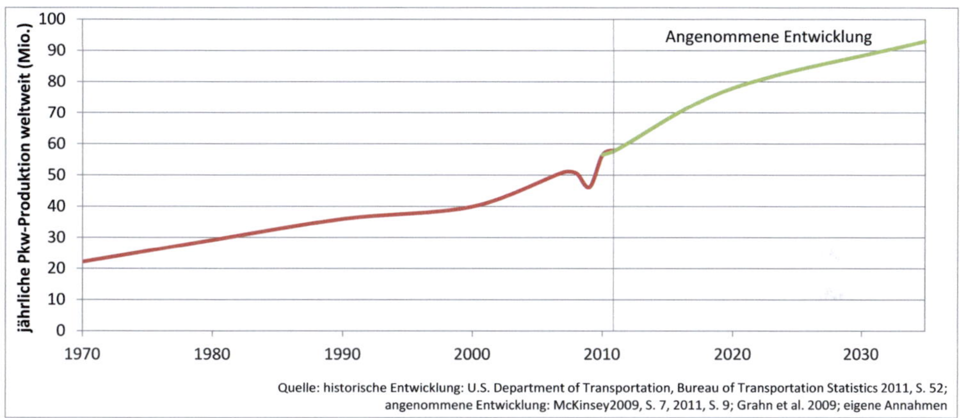

Abbildung 3-7:   Pkw-Produktion weltweit – Entwicklung seit 1970 und Annahme bis 2035[15]

Der jeweilige Anteil der Pkw mit Elektro-, Gas- bzw. Dieselmotor kann hierbei sehr sensibel auf Preisänderungen reagieren, wie Grahn et al. [2009] zeigen. Dies wird durch die drei Entwicklungslinien berücksichtigt (Abbildung 3-8), die sich an den für möglich gehaltenen Anteilen der Elektro- und Gasautos [McKinsey 2009:7; McKinsey 2011:9; Grahn et al. 2009; Densing et al. 2012] orientieren. Mit weltweit bis zu 20 % Elektroautos in der Entwicklungslinie E und einem Drittel Gasautos in der Entwicklungslinie G im Jahr 2035 sind die hier gewählten Entwicklungslinien eher als Maximal-Szenarien denn als realistische Prognosen anzusehen.

Der Anteil an Elektroautos ist dabei nicht auf alle Pkw-Größen gleich verteilt, sondern wie in Öko-Institut & ISOE [2011:12] gezeigt, bei kleinen Pkw deutlich höher als bei großen. Dabei ist zu beachten, dass Diesel- bzw. Gas-Hybridfahrzeuge mit einer elektrischen Reichweite unter 50 km zu den Diesel- bzw. Gasautos gezählt werden, während (Range Extender-)Hybride mit einer elektrischen Reichweite über 100 km aufgrund ihrer vergleichbaren Batteriegröße zu den Elektroautos gezählt werden.

---

[15] Nur Pkw, ohne Lieferwagen. Im Jahr 2012 wurden 63 Mio. Pkw produziert [OICA 2013].

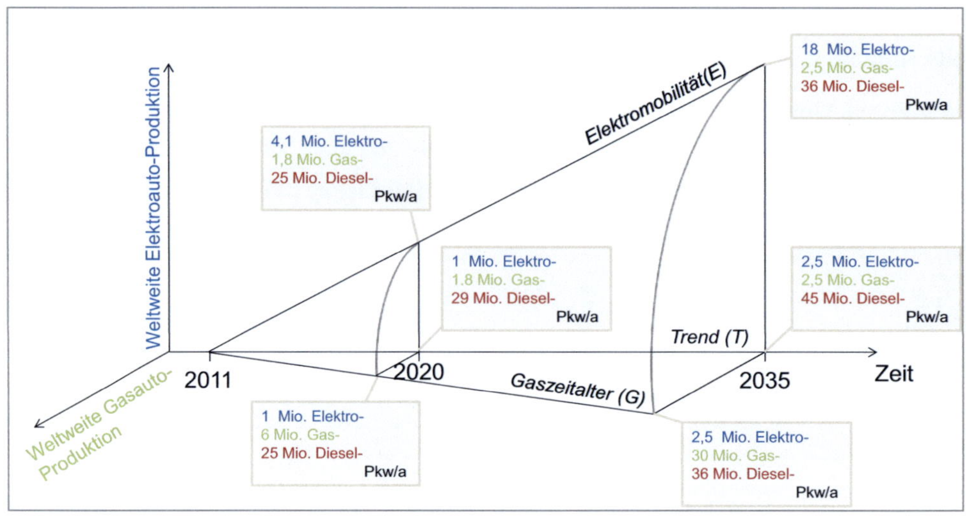

Abbildung 3-8: Entwicklungslinien und angenommene Aufteilung der Zulassungen auf Elektro-, Gas- und Diesel-Pkw bis 2035 (weltweit)

Die technischen Fortschritte und Kosten der Pkw wurden über Lernkurven abgeschätzt. So ergeben sich je nach weltweiten Zulassungszahlen in den drei Entwicklungslinien unterschiedlich schnelle technische Verbesserungen und Kostenminderungen.

Um die Veränderungen im Kraftstoffbedarf durch die alternativen Pkw-Antriebe befriedigen zu können, muss die Lade- und Tankinfrastruktur in Deutschland entsprechend ausgebaut werden. Es wird davon ausgegangen, dass die Anzahl der Dieseltankstellen mit 13.500-14.000 nahezu konstant bleibt, da der Bedarf an Tankstellen durch steigende Reichweiten zwar leicht abnimmt, aber diese Anzahl an Tankstellen aufgrund zusätzlicher Serviceleistungen (Raststätten, 24-Stunden-Shops) trotzdem gewinnbringend wirtschaften kann.

Andererseits wird angenommen, dass der Anteil der Tankstellen, die Erdgas verkaufen, zunehmen wird. Von heute knapp 900 Tankstellen wird ein Anstieg auf 1.100 in den Entwicklungslinien Trend und Elektromobilität und auf 7.500 in der Entwicklungslinie Gaszeitalter im Jahr 2035 angenommen. Nahezu alle Erdgastankstellen werden auch in Zukunft in konventionelle Tankstellen integriert sein.

Der Bestand an Stromladesäulen wird in Anlehnung an Fraunhofer IAO [2010] im Jahr 2020 mit 57.000-100.000 Stück angenommen. Umfragen und Studien zufolge werden die meisten Elektroautos zu Hause oder bei der Arbeit geladen werden [Lenz & Jochem 2012; Nationale Plattform Elektromobilität 2010:11]. Da zusätzlich das Laden zu Hause geringere Umweltauswirkungen aufgrund geringerer Materialaufwendungen [Lucas, Alexandra Silva, et al. 2012:545] und geringere Kosten für den Nutzer als öffentliche

Ladesäulen verursacht, wird mit einem maximalen Ausbau von 200.000 Ladesäulen gerechnet. In der Entwicklungslinie Elektromobilität wird dieser Ausbau aufgrund hoher Zubauraten im Jahr 2026 erreicht, in den anderen Entwicklungslinien werden im Jahr 2035 ungefähr 120.000 Ladesäulen erwartet. Es wurde davon ausgegangen, dass ein Großteil der Ladesäulen an Parkplätzen installiert wird, um die lange Ladezeit sinnvoll nutzen zu können. Erst gegen Ende des Untersuchungszeitraums werden sich Schnellladestationen (z. B. an Autobahnraststätten) lohnen, die daher noch nicht im Modell berücksichtigt wurden.

Im Gegensatz zu den Pkw-Zulassungszahlen muss die Kraftstoffherstellung lokal differenziert betrachtet werden, da auf Staatenebene große Unterschiede bei den Kraftstoffkosten und den Umweltauswirkungen der Kraftstoffbereitstellung bestehen. In dieser Arbeit werden daher für die Kraftstoffbereitstellung deutsche Rahmenbedingungen zugrunde gelegt.

Die fossilen Energiekosten wurden dabei für alle Entwicklungslinien als gleich angenommen. Die Kosten der biogen basierten Kraftstoffe wurden an die verschiedenen Entwicklungslinien angepasst, da die produzierten Mengen noch so gering waren, dass Größendegressionen und Lerneffekte bei der Änderung der Absatzmenge des biogen basierten Kraftstoffs eine Rolle spielen (vgl. Kap. 3.3). Für den biogenen Strom wurde allerdings in allen Entwicklungslinien der gleiche Preis angenommen, da hier keine bedeutenden technologischen Fortschritte zu erwarten sind, und die Nachfrage nach Ökostrom unabhängig von der Elektromobilität auf einem hohen Niveau angenommen wird. Im Ergebnisteil (Kap. 4.3) wird zusätzlich anhand von Sensitivitätsanalysen überprüft, welchen Einfluss die Veränderung dieser Energiekosten auf die Ergebnisse hat.

3.3 KRAFTSTOFFHERSTELLUNG UND -VERTEILUNG SOWIE BETANKUNG

In diesem Kapitel wird beschrieben, wie und mit welchen Daten die Kraftstoffbereitstellung (vom Primärenergieträger bis zum Kraftstoff im Pkw) modelliert wurde. Die Bereitstellung wurde unterteilt in die Kraftstoffherstellung aus Waldrestholz (Kap. 3.3.1) und aus den fossilen Primärenergieträgern (Kap. 3.3.2) sowie die Kraftstoffverteilung und Betankung (Kap. 3.3.3). Für jeden Kraftstoff werden technische und ökonomische Daten beschrieben.

3.3.1 HERSTELLUNG DER BIOGENEN KRAFTSTOFFE

Bei den Untersuchungen zur biogenen Kraftstoffherstellung wurden die Modellierungen der Arbeitsgruppe [Leible et al. 2008; Leible et al. 2007; Kappler 2008; Lange

2007] zugrunde gelegt. Die technischen und umweltrelevanten Kennwerte der Produktion von Biostrom, SNG und FT-Diesel wurden für das Stoffstrom-Modell erweitert, während die Bereitstellungskosten weitgehend übernommen wurden.

Als biogener **Ausgangsstoff** wurde **Waldrestholz** gewählt. Waldrestholz hat den Vorteil, dass es als biogener Reststoff angesehen werden kann und in Deutschland noch nicht vollständig genutzt wird. Potentialanalysen von Waldrestholz haben ergeben, dass sich beispielsweise das in Baden-Württemberg mobilisierbare Aufkommen stark preiselastisch verhält. Bei einem Anstieg der Hackschnitzelkosten frei Waldstraße von 60 auf 70 €/t Trockenmasse (TM) verdreifacht sich das Potential an mobilisierbarem Waldrestholz von rund 0,5 Mio. t TM auf über 1,5 Mio. t TM [Kappler 2008:59 f.]. Um abschätzen zu können, welcher Teil des baden-württembergischen bzw. deutschen Kraftstoffverbrauchs durch Kraftstoffe aus biogenen Reststoffen abgedeckt werden könnte, wurde mit einem Aufkommen an Waldrestholz von ca. 1 Mio. t TM und Bereitstellungskosten von rund 63 €/t TM gerechnet.

Die Bereitstellung von Waldrestholz benötigt Erfassungs- und Transportprozesse. Für beide wurden in Kappler [2008:61–76] typische deutsche Bedingungen zugrunde gelegt und anhand eines Vergleichs verschiedener Transportketten die kostengünstigste Route berechnet. Hierzu wurden Schlepper, Lastwagen, Bahn und Binnenschiffe untersucht. Diese Untersuchungen wurden sowohl für die Kosten als auch für die Umweltauswirkungen verwendet. Für die hier verwendeten Anlagengrößen sind Einzugsradien von ungefähr 22 km (Biomassekraftwerk 65 MW_{in}) bis 75 km (Vergasungsanlage 500 MW_{in}) notwendig, vgl. Leible et al. [2007:8, 32]. Dies entspricht mittleren Transportdistanzen von rund 21 bzw. 71 km. Bei diesen Entfernungen werden hauptsächlich Schlepper und Lkw als Transportmittel eingesetzt.

Die Umwandlung von Waldrestholz in **biogenen Strom** erfolgt über ein Biomassekraftwerk mit 20 MW_{el}. Auch wenn die Mitverbrennung im Kohlekraftwerk als sinnvoller angesehen wird und vermutlich sogar Umweltvorteile bieten würde [Kubacki et al. 2012], ist sie aufgrund deutscher Förderrichtlinien ökonomisch nicht darstellbar. Das zugrunde gelegte Biomassekraftwerk stammt aus Sartorius [2012]. Die Stromerzeugung benötigt ungefähr 1,82 kg $Holz_{50\%TM}/kWh_{Strom}$.

Für **SNG** und **FT-Diesel** ist zuerst eine Vergasung zur Erzeugung von Synthesegas aus Waldrestholz notwendig, anschließend kann das Synthesegas entweder über einen CO-Shift und eine Methanisierung zu SNG oder über eine FT-Synthese und eine anschließende Raffination zu FT-Diesel umgewandelt werden. In beiden Fällen sind zusätzlich Reinigungs- bzw. Aufbereitungsschritte notwendig.

Da bei diesen Technologien deutliche Größendegressionen erkennbar sind, wurden großtechnische Anlagen untersucht. Hierfür eignet sich der zweistufige bioliq® Prozess [Leible et al. 2007], da hiermit einerseits der Transport effizienter gestaltet werden kann, und andererseits ein effizienter Flugstrom-Druckvergaser mit einer Größe bis zu 5.000 $MW_{th,in}$ verwendet werden kann. Zur Vergleichbarkeit wurde für alle Anlagen (Vergasung, SNG-Anlage und FT-Synthese) eine Leistung von 500 $MW_{th,in}$ und eine integrierte Vergasung in der SNG- bzw. FT-Synthese-Anlage zugrunde gelegt. Die FT-Synthese hätte ihr ökonomisches Optimum eher bei noch größeren Anlagen, deren Umsetzung aber noch einige Zeit in Anspruch nehmen wird. SNG-Anlagen sind schon ab einer Größe von 100-200 $MW_{th,in}$ ökonomisch attraktiv [Steubing et al. 2012], so dass 500 $MW_{th,in}$ einen guten Kompromiss darstellt.

Die Umwandlungsprozesse für die SNG- und FT-Diesel-Produktion wurden als energieautark angenommen, der Energiebedarf der Anlagen wird somit jeweils über das Waldrestholz gedeckt. Die Transportprozesse des Waldrestholzes sowie der Energieträger wurde jedoch mit fossilen Kraftstoffen modelliert. Da keine Primärdaten zu Betriebsstoffen und Emissionen der Anlagen verfügbar waren, wurden die beiden Prozesse technisch anhand von Vergleichsprozessen nachgebildet.

Für die **SNG-Produktion** wurde auf einem in *ecoinvent* vorhandenen Prozess zur SNG-Produktion aufgebaut, dem jedoch eine deutlich kleinere Anlage mit ca. 7,5 $MW_{th,in}$ zugrunde liegt. Diese wurde daher hochskaliert, indem ein Größendegressionsfaktor von 0,9 pro Verdopplung der Anlagengröße für die Anlageninfrastruktur und ein Größendegressionsfaktor von 0,95 pro Verdopplung der Anlagengröße für Hilfs- und Betriebsstoffe sowie Emissionen unterstellt wurden. Diese Werte stimmen grob mit Marano & Ciferno [2001] überein. Eine solche Hochskalierung um den Faktor 67 ist trotzdem mit hohen Unsicherheiten behaftet. In der Modellierung werden für die Herstellung von 1 kWh_{SNG} knapp 1,77 kg $Holz_{50\%TM}$ benötigt.

Für die **FT-Synthese** wurde die gleiche Vergasungstechnologie zugrunde gelegt. Daran schließt ein FT-Synthese-Schritt an, der auf Basis der in *ecoinvent* vorhandenen Methanolsynthese modelliert wurde. Die FT-Synthese wurde als integrierte Anlage modelliert, d.h. sie ist nicht räumlich von der Slurry-Produktion getrennt (vgl. Leible et al. [2007:73–82]). Es wurden die gleichen Größendegressionsfaktoren wie bei der SNG-Produktion zugrunde gelegt, wobei hier die FT-Syntheseanlage mit 500 MW_{in} (ca. 210 MW_{out}) kleiner ist als die Methanolanlage mit ca. 610 MW_{out}. Der Wirkungsgrad der Umwandlung von Synthesegas in FT-Diesel wurde mit 61 % angenommen und die Katalysator-Materialien wurden an die FT-Synthese angepasst (Kobalt und Eisen) [Leible et al. 2007:65 ff.]. Als Raffinerie wurde eine übliche europäische Raffinerie aus *ecoinvent* verwendet[16]. Für 1 $kWh_{FT\text{-}Diesel}$ benötigt man 2,94 kg $Holz_{50\%TM}$.

In Tabelle 3-1 sind einige wichtige technische Daten der Kraftstoffe zusammengefasst.

Tabelle 3-1: Angenommene Heizwerte und Umwandlungseffizienzen für Biostrom, SNG und FT-Diesel

	Einheit	Biostrom	SNG	FT-Diesel
Heizwert Waldrestholz	kWh/kg		2,2	
Heizwert Kraftstoff	kWh/kg	-	13,0	12,2
Umwandlungseffizienz	$kWh_{Kraftstoff}/kWh_{Holz}$	0,25	0,26	0,16

Eigene Annahmen basierend auf FNR [2009]; IFEU [2004]; Norm DIN 1340 [1990]; Norm DIN 1871 [1999]; ÖVK [2010].

Die verwendeten Kraftstoffkosten frei Anlage in Tabelle 3-2 bauen auf Leible et al. [2012]; Leible et al. [2008]; Leible et al. [2007]; Kappler [2008]; Lange [2007] unter Berücksichtigung anderer Quellen (siehe Tabelle 3-2) auf. Da die für SNG und FT-Diesel zugrunde gelegten Anlagen noch nicht existieren, wird davon ausgegangen, dass die in Leible et al. [2007]; Leible et al. [2012] angeführten Kosten erst zwischen 2035 und 2040 erreicht werden, bis dahin wird eine Kostendegression angenommen. SNG-Demonstrations-

anlagen lassen für 2011 einen Preis von 15 ct/kWh für SNG realistisch erscheinen. Da es 2011 noch keine Anlage gab, die FT-Diesel kommerziell produzierte, wurde für dieses Jahr ein hoher Preis von 34 ct/kWh angenommen.

Ungefähr die Hälfte der für das Jahr 2035 angenommenen SNG- und FT-Diesel-Kosten ist auf die Waldrestholzbereitstellung zurückzuführen, daher scheint eine weitere Reduktion dieser Kosten im betrachteten Zeitraum (bei Einsatz von deutschem Waldrestholz) nicht wahrscheinlich.

Es gilt zu beachten, dass die Unsicherheiten der SNG- und FT-Diesel-Kosten besonders hoch sind. In der Literatur finden sich SNG-Kosten von 3-12,2 ct/kWh und Sunde et al. [2011] haben in einer Literaturstudie zu Biomass-to-Liquid-Kraftstoffen aus holzartiger Biomasse (FT-Diesel) eine Kostenspanne von 6,9-11,1 ct/kWh ermittelt. Die Annahmen in dieser Arbeit liegen im oberen Bereich dieser Spannen, da noch stärkere Kostendegressionen im betrachteten Zeitraum als nicht realistisch angesehen wurden.

---

[16] Allerdings haben Untersuchungen gezeigt, dass das FT-Syntheseprodukt eine angepasste Raffinerie benötigt, um Diesel nach [Norm DIN EN 590 2010] zu produzieren [Klerk 2011]. Eine Beimischung in Rohölraffinerien oder eine Anpassung der Norm wurden noch nicht untersucht, erscheinen aber erfolgversprechend.

Tabelle 3-2:   Angenommene Kosten für Biostrom, SNG und FT-Diesel frei Anlage, ohne Steuern

in ct/kWh	Biostrom	SNG		FT-Diesel	
Entwicklungslinie	T,G,E	T,E	G	E,G	T
2011	11,0	15,0		34,0	
2020		12,5	11,8	19,0	15,0
2035	9,4	9,8	9,0	11,5	10,9
2050		9,0		10,9	

Abschätzungen basierend auf Leible et al. [2012]; Leible et al. [2008]; Leible et al. [2007]; Kappler [2008]; Lange [2007] und EEG [2012]; Hamelinck & Faaij [2006]; Rönsch et al. [2009]; EnBW AG [2010]; Gassner & Maréchal [2012]; Schade & Wiesenthal [2011]; Toro & Jain [2010]; Guerrero-Lemus et al. [2012]; Seyfried et al. [2008]; Manganaro & Lawal [2012]; Searcy & Flynn [2010]; Schade et al. [2008].
T: Trend, G: Gaszeitalter, E: Elektromobilität.

Für SNG aus aufbereitetem Biogas entstehen mit 7-9,7 ct/kWh[17] [Grazer Energieagentur et al. 2011:54] ähnliche Kosten wie für SNG aus der Vergasung von Waldrestholz. Diese Herstellungsoption wurde hier aber nicht betrachtet.

3.3.2 HERSTELLUNG DER FOSSILEN KRAFTSTOFFE

Als fossiler Vergleichsenergieträger wird einerseits der deutsche **Strommix** zugrunde gelegt, der für das Laden von Elektroautos verwendet wird. In der Literatur wird diskutiert, welcher Strommix für eine solche Anwendung verwendet werden soll [Richardson 2013:250]. Entweder kann der *durchschnittliche Strommix* der betrachteten Region verwendet werden, oder der Strommix, der entsteht, um zusätzlichen Strom für den zusätzlichen Verbraucher (in diesem Fall das Elektroauto) zu dem regionalen Strommix bereitzustellen (*„marginaler Strommix"*) [Frischknecht 1998; Ménard et al. 1998; Ma et al. 2012]. Als dritte Alternative kann auch der Strommix verwendet werden, der durch die zusätzliche Einspeisung von Biostrom vermieden wird (*„ersetzter Strommix"*) [Umweltbundesamt 2012].

Bei der Wahl eines dieser Strommixe kommt es auch auf die Zielsetzung an. Wird fossiler Strom durch Biostrom ersetzt (Kraftstoffsubstitution), dann bietet sich der ersetzte Strommix an. Wird allerdings ein Diesel-Pkw durch einen mit Strommix betriebenen Elektro-Pkw substituiert, ist methodisch der marginale Strommix passender.

Bei zukunftsorientierten Untersuchungen wird häufig empfohlen, den *langfristigen marginalen Strommix* (d.h. Kraftwerksneubau aufgrund des Mehrverbrauchs) zu betrachten. Andererseits empfehlen Ménard et al. [1998], der Vergleichbarkeit mit anderen Studien halber mit einem *durchschnittlichen Strommix* zu rechnen und anschließend eine Sensitivitätsanalyse anhand eines *marginalen Mixes* durchzuführen. In dieser Arbeit wurde das Vorgehen von Ménard et al. [1998] gewählt: der *deutsche Strommix*

---

[17] Bei Berücksichtigung der Transport- und Tankstellenkosten.

wurde zugrunde gelegt, und zusätzlich eine Sensitivitätsanalyse anhand des *ersetzten* und des *marginalen Strommixes* durchgeführt.

Mehrere Studien haben gezeigt, dass der *kurzfristige marginale Strommix* (der tatsächlich eingesetzte Strommix, um Elektroautos zu laden) hauptsächlich aus Kohlestrom besteht [Ma et al. 2012; Szczechowicz 2011; Öko-Institut & ISOE 2011]. Dies wird sich vermutlich bis 2035 ändern, wenn mehr überschüssiger Windstrom produziert wird.

Die angenommenen Zusammensetzungen des *deutschen, marginalen* und *ersetzten Strommixes* sind in Tabelle 3-3 dargestellt.

Der Strommix, mit dem die Elektroautos geladen werden, wird auch für alle Produktionsschritte in Deutschland zugrunde gelegt. Für die Stromerzeugung in den einzelnen Kraftwerken wurden die Prozesse aus *ecoinvent* 2.2 verwendet, und bei Braun- und Steinkohle die CO_2-Emissionen an Umweltbundesamt [2012] angepasst. Für alle anderen Länder, in denen Produkte aus den Vorketten hergestellt werden (z. B. Batterieproduktion in China) wird der jeweilige Strommix aus *ecoinvent* verwendet.

Tabelle 3-3: Angenommener deutscher, marginaler und ersetzter Strommix
(Anteile der Primärenergieträger)

Anteil in %	Deutscher Strommix			Marginaler Lademix			Ersetzter fossiler Strom		
	2011 [1]	2020 [a]	2035 [a]	2011 [2]	2020 [a]	2035 [a]	2011 [3]	2020 [a]	2035 [a]
Biomasse	5,2	9,5	15,7	0,2	1,0	6,0			
Windkraft	7,6	13,9	26,0	1,2	10,0	25,0			
Photovoltaik	3,1	5,7	9,3			2,0			
Wasserkraft	3,2	5,9	5,9						
Erdgas	13,7	13,8	13,9	10,0	17,0	25,0	30,8	10,0	10,0
Steinkohle	18,6	20,5	16,0	35,0	33,0	21,0	63,6	60,0	50,0
Braunkohle	24,9	23,2	12,0	48,6	39,0	21,0	5,6	30,0	40,0
Kernkraft	17,6	2,0		5,0					
Andere	6,1	5,5	1,2						

a) Annahme der Umsetzung des Energiekonzepts der Bundesregierung [BMWi & BMU 2010:5]: Anteil der erneuerbaren Energien 35 % des Bruttostromverbrauchs im Jahr 2020 , 50 % im Jahr 2030 und 65 % im Jahr 2040. Sonstige Annahmen basieren auf AEE & BEE [2009]; Amprion Gmbh et al. [2012]; Baumann et al. [2012]; Europäische Kommission [2010]. Beim ersetzten fossilen Strom wird von einer deutlichen Steigerung der CO_2-Zertifikatspreise bis 2035 ausgegangen.

1) [AG Energiebilanzen 2012]

2) [Baumann et al. 2012]

3) [Umweltbundesamt 2012]

Andererseits kommen **Erdgas** und **Diesel** als fossile Kraftstoffe zum Einsatz. Es wird davon ausgegangen, dass der biogene Anteil an diesen Kraftstoffen 2020 gegenüber reinem fossilem Kraftstoff 16 % (Erdgas) bzw. 7 % (Diesel) der fossilen THG-Emissionen durch biogene THG-Emissionen ersetzt (vgl. dena [2011]; BImSchG [1974]), im Jahr 2035 sogar 25 % bzw. 12 %[18]. Da einerseits mit technischen Fortschritten und verschärften Vorschriften zu rechnen ist, andererseits aber die Erdgas- und Erdölvorkommen immer schwieriger zu erschließen sein werden, wird davon ausgegangen, dass die Umweltauswirkungen der Bereitstellung von Erdgas und Diesel in allen anderen Punkten bis auf den biogenen Anteil mit den heutigen Umweltauswirkungen übereinstimmen, daher wurden die Werte aus *ecoinvent* [Hischier et al. 2010] verwendet.

Die **Preise für die fossilen Referenzkraftstoffe** wurden anhand von historischen Entwicklungen und einer Vielzahl an Szenarien- und Prognosen-Studien sowohl für die Primärenergieträger als auch für die Kraftstoffe abgeschätzt. Das Vorgehen ist in Kap. 2.1 (insbesondere Abbildung 2-2, S. 15) beschrieben. In Abbildung 3-9 sind die Annahmen für die Primärenergieträger dargestellt, basierend auf historischen Entwicklungen und Literaturquellen.

---

[18] Dies wurde angenommen, um eine mit dem Strommix konsistente Betrachtung zu ermöglichen. Würde man als Strommix den marginalen Strommix verwenden, müssten einheitlich auch die biogenen Anteile von Erdgas und Diesel auf null gesetzt werden.

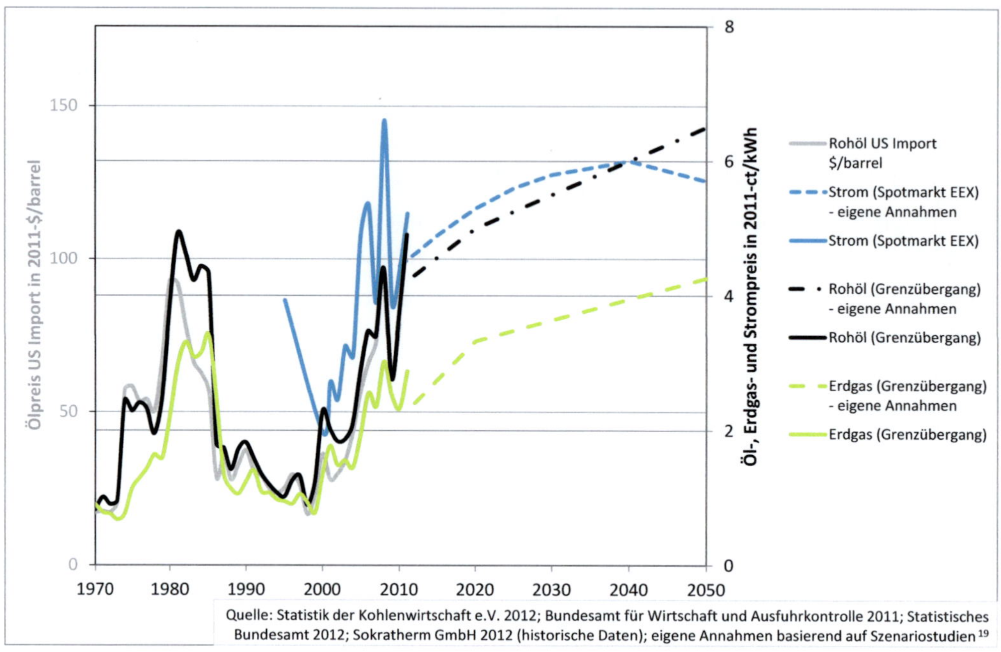

Abbildung 3-9:   Erdgas-, Rohöl- und Strompreis am Grenzübergang nach Deutschland bzw.
an der Strombörse – Entwicklung seit 1970 und Annahmen bis 2050[19]

In Abbildung 3-10 ist das Vorgehen zur Ermittlung der angenommenen Kraftstoffpreise grafisch am Strompreis verdeutlicht. Aufbauend auf historischen und Literaturwerten wird die Spanne der Literaturwerte ermittelt und daraus für jede Entwicklungslinie ein zu den Annahmen passender Preisverlauf definiert. Es wurden über 2035 hinaus Annahmen getroffen, da die Nutzung des 2035 gekauften Pkw bis an dessen Lebensdauerende (im Jahr 2047, vgl. Kap. 3.4) Kraftstoff benötigt.

---

[19] Den Annahmen liegen folgende Quellen zugrunde:für die Ölpreisentwicklung: EIA [2011] (einschließlich der vier darin zitierten Studien); IEA [2011b]; IEA [2010]; Wietschel et al. [2010]; Berenberg Bank & HWWI [2005]; Maxwell [2011], für die Erdgaspreisentwicklung: Perlwitz [2007]; Prognos AG et al. [2010]; Matthes [2010]; EIA [2011], und für die Strompreisentwicklung: Prognos AG et al. [2010]; PIK & IIRM [2011]; EWI & EEFA [2008]; McKinsey [2010].

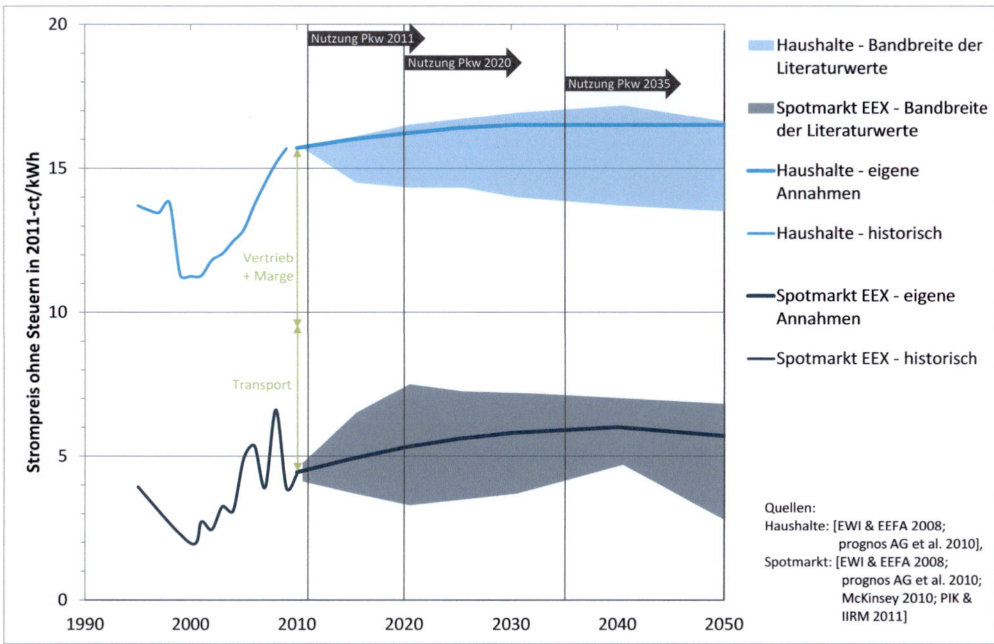

Abbildung 3-10:   Strompreis am Spotmarkt und für Haushalte (ohne Steuern) –
historische Entwicklung, Literaturwerte und eigene Annahmen

3.3.3   KRAFTSTOFFVERTEILUNG UND BETANKUNG

Für die Kraftstoffverteilung und -betankung wurden die heutigen Verfahren zugrunde gelegt; biogene und fossile Kraftstoffe werden hierbei gleich behandelt.

Strom wird über das deutsche Stromnetz mit einem durchschnittlichen Verlust von 5 % verteilt und hauptsächlich an privaten Anschlüssen bei 3,6 bzw. 10 kW in die Pkw geladen. Es entstehen Ladeverluste von ca. 10 % [IFEU 2011:48]. Öffentliche Ladesäulen werden sich voraussichtlich aufgrund der hohen Kosten nur in geringem Umfang für „Notladungen" durchsetzen, vgl. z. B. Fraunhofer IAO [2010:107]. Der Bau von Ladesäulen für Elektroautos wurde basierend auf den Komponenten einer solchen Ladesäule (Beton, Stahlrahmen, Kabel und IT-Komponenten) in Anlehnung an Lucas, Alexandra Silva, et al. [2012]; Lucas, Neto, et al. [2012]; Fraunhofer IAO [2010] berücksichtigt. Die Anzahl der Ladesäulen ist in Tabelle 3-4 zusammengefasst. Für Elektroautos wurde keine Tankstelleninfrastruktur berücksichtigt, weil angenommen wurde, dass im Untersuchungszeitraum die Ladesäulen nicht in Tankstellen integriert werden.

Tabelle 3-4: Angenommene Anzahl der Elektroautos und öffentlichen Ladesäulen in Deutschland

	Einheit	2011	2020		2035	
Entwicklungslinie			**T (Trend), G (Gaszeitalter)**	**E (Elektro-mobilität)**	**T, G**	**E**
Bestand Elektroautos in Deutschland	Tsd.	11,0	329,0	1.054,0	1.376,0	8.642,0
Anzahl Ladesäulen	Tsd.	0,8	57,0	101,0	119,0	200,0
Ladesäulenneubau pro gefahrenem Elektroauto-km im Anschaffungsjahr	10^{-6} Lade-säulen/km	27,7	1,7	1,3	0,7	0,2
Durchschn. Ladesäulenneubau pro Elektro-auto-km, gemittelt über Pkw-Lebensdauer	10^{-6} Lade-säulen/km	7,1	1,2	0,7	0,7	0,2

Zugrunde gelegt wurde eine 80 kg schwere Ladesäule mit 800 kg Fundament und einer Lebensdauer zwischen 6 und 12 Jahren, vgl. z. B. [Lucas, Alexandra Silva, et al. 2012].

SNG und **Erdgas** werden über das Erdgasnetz verteilt und an der Tankstelle von durchschnittlich 4 auf knapp über 200 bar komprimiert und mit 200 bar in den Pkw-Drucktank abgegeben. Dabei entstehen Leckagen von 0,02 % (Methanverluste von ca. 0,015 %) und ein Strombedarf von ca. 0,025 $\text{kWh}_{\text{Strom}}/\text{kWh}_{\text{Gas}}$ (vgl. Anhang F.1 und Bauer Kompressoren [2012]; LBST & GM [2002:80]; Hischier et al. [2010]).

FT-Diesel und **Diesel** schließlich werden von der Raffinerie mit Tanklastern und vereinzelt über Pipelines und mit Tankschiffen an die Tankstellen transportiert. Für die Transportprozesse wurden Daten aus Hischier et al. [2010] zugrunde gelegt.

Der Betrieb der Tankstelle wurde für SNG, Erdgas, FT-Diesel und Diesel gemeinsam modelliert; die Allokation der Kosten und Umweltauswirkungen erfolgte pro kWh verkauftes Endprodukt.

Die Kosten für die Kraftstoffverteilung und Betankung lassen sich wie folgt aufschlüsseln:

- Für den Transport von Strom fallen Kosten von ca. 5 ct/kWh an [Günther 2001; Stadtwerke Schorndorf 2012].
- Falls über eine Ladesäule geladen wird, fallen weitere 6-10 ct/kWh an, die aber teilweise dadurch kompensiert werden, dass der Strom günstiger bezogen wird (da die Ladesäulenbetreiber häufig Energieunternehmen sind). Zudem wurde angenommen, dass nur 10-15 % der Ladevorgänge an Ladesäulen durchgeführt werden [Lucas, Neto, et al. 2012:10979].
- Für SNG, Erdgas, FT-Diesel und Diesel wird eine einheitliche Tankstellenmarge von 1 ct/kWh angenommen, vgl. z. B. Energie Informationsdienst [2012].
- Für die Kompression von SNG und Erdgas fallen weitere 0,54 ct/kWh an Strom- und Abschreibungskosten an (Bandbreite ca. 0,4-1,0 ct/kWh, davon 0,2-0,3 ct/kWh Stromkosten, vgl. Anhang F.1, S. XIII).

In Tabelle 3-5 sind die angenommenen Kraftstoffpreise an der Tankstelle (oder Steckdose) ohne Steuern zusammengefasst. Für die Preise der biogenen Kraftstoffe wird in Kap. 4.3.2 eine Sensitivitätsanalyse durchgeführt.

Tabelle 3-5:   Angenommene Preise der biogenen und fossilen Kraftstoffe an der Tankstelle, ohne Steuern

in ct_{2011}/kWh	Biostrom	Strommix	SNG		Erdgas	FT-Diesel		Diesel
			T,E	G		E,G	T	
2011	18,5	15,7	16,6		5,2	35,0		6,8
2020	18,5	16,2	14,1	13,4	5,7	20,0	16,0	7,6
2035	16,6	16,5	11,4	10,6	6,1	12,5	11,9	8,5
2050	16,6	16,5	10,6		6,5	11,9		9,3

Zwischen den dargestellten Jahren wurde ein linearer Verlauf der Preise angenommen.
T: Trend, G: Gaszeitalter, E: Elektromobilität.

Im nächsten Kapitel wird beschrieben, in welchen Pkw die Verwendung dieser Kraftstoffe modelliert wurde.

3.4   WAHL DER VERWENDETEN PKW

Eine der zentralen Fragen bei der Untersuchung von alternativen Kraftstoffen ist die Wahl des Pkw, in dem diese genutzt werden, da dies maßgeblich den Energieverbrauch und die Kosten bestimmt. Nach der Analyse des Mobilitätsverhaltens in Kap. 3.1.3 (S. 31) und unter der Annahme, dass sich dieses Verhalten in Zukunft nicht grundlegend ändert, ist es für die Untersuchungen sinnvoll, mindestens zwei verschiedene Pkw-Typen zu untersuchen, um die unterschiedlichen Anforderungen an Autos abdecken zu können.

Für die große Anzahl kurzer Strecken wurden deshalb die Pkw-Segmente Mini, Kleinwagen und Kompaktklasse unter der Rubrik „**Pendlerauto**" zusammengefasst, um die Anforderungen von Personen abdecken zu können, die das Auto hauptsächlich zum Pendeln (Fahrt von und zur Arbeit) und zum Einkaufen nutzen. Dies ist insbesondere der Fall für Zweitwagen.

Für Personen, die regelmäßig längere Strecken fahren oder ein größeres Auto benötigen sowie die meisten Haushalte mit nur einem Auto, wurden die Pkw-Segmente Kompaktklasse, Mittelklasse, Obere Mittelklasse und Mini-Vans zur Rubrik „**Allzweckauto**" zusammengefasst.

Die Anforderungen an diese Pkw sind in Tabelle 3-6 aufgeführt. Anhand dieser zwei Pkw-Typen können wichtige Erkenntnisse gewonnen werden, die dann auf andere Typen übertragen werden können. Das im Zusammenhang mit dieser Arbeit entwickelte

Modell ist so aufgebaut, dass bei Bedarf andere Fahrzeugtypen und andere Anforderungen und Fahrverhalten einfach in den Vergleich einbezogen werden können.

Da das Pendlerauto hauptsächlich für kürzere Strecken genutzt wird, wurden für die Verbrauchs- und Emissionsbestimmung die Teilzyklen Stadt, Landstraße und Autobahn des CADC beim Pendlerauto mit 50 %, 35 % und 15 % der gefahrenen Kilometer gewichtet. In Anlehnung an Spicher [2012b] wurden für das Allzweckauto 20 %, 50 % und 30 % unterstellt, was ungefähr dem deutschen Durchschnitt entspricht.

Tabelle 3-6:   Anforderungen an die untersuchten Fahrzeugtypen „Pendlerauto“ und „Allzweckauto“

Mindestanforderung an	Einheit	Pendlerauto	Allzweckauto
Reichweite	km	120 [a]	400 [b,c]
Höchstgeschwindigkeit	km/h	130 [b]	160 [b]
Platzangebot	Sitze	2 [b]	5 + Gepäck [b]
Jahresfahrleistung	km/Jahr	12.000 [d]	18.000 [d]
Gewichtung Stadt/Landstraße/Autobahn (CADC)	%	50/35/15	20/50/30
Besetzungsgrad	Pers./Fkm	1,48 [e]	1,70 [e]
Zeit zur Beschleunigung von 0 auf 100 km/h	s	< 20 [b]	
Beschleunigung im Bereich 20-50 km/h	m/s²	1,2 [f]	

a) Eigene Annahmen, basierend auf dem Mobilitätsverhalten in Deutschland (vgl. Abbildung 3-4 und infas & DLR [2010a]) sowie der Entfernung zwischen Wohnung und Arbeitsstätte (vgl. Abbildung A-3 (S. IV, Anhang B) und Statistisches Bundesamt [2007]). Franke & Krems [2013] zeigen, dass die Mehrheit der untersuchten Nutzer mit einer Reichweite von 168 km zufrieden war.
b) Eigene Annahmen, basierend auf einer Literaturrecherche zum Fahrverhalten.
c) bei kurzer Ladedauer bzw. Batteriewechselkonzepten. Diese Anforderung kann bis 2020 nicht erfüllt werden.
d) in Anlehnung an infas & DLR [2010b]; MMI [2010], vgl. Kap. 3.1.3.
e) Berechnet aus infas & DLR [2010a].
f) Eigene Annahmen, basierend auf Untersuchungen zum ARTEMIS Fahrzyklus [André 2004:79].

Die beiden Pkw-Typen machen gemeinsam ca. 80 % der Neuzulassungen seit 2008 aus (vgl. Abbildung A-4 (S. IV, Anhang B) sowie KBA [2009]; KBA [2011b]). Im Gegensatz zu Nischenanwendungen können mit diesen Pkw-Typen schnell Skaleneffekte erreicht und nennenswerte Mengen an biogen basierten Kraftstoffen eingesetzt werden. Dies ist nötig, wenn das Ziel der Europäischen Union erreicht werden soll, bis 2020 den Anteil an erneuerbaren Energien im Verkehrssektor auf 10 % des Endenergieverbrauchs in diesem Sektor anzuheben [RL 2009/28/EG 2009:28]. Diese beiden Pkw-Typen haben zudem den Vorteil, dass sie sich auch für neue und effizientere Mobilitätskonzepte eignen, wie z. B. verstärkte Intermodalität[20], Carsharing und Mitfahrgelegenheiten, da sie die Anforderungen solcher Konzepte erfüllen und für einen bestimmten Streckentyp optimiert werden können.

---

[20] Intermodalität bezeichnet die Nutzung mehrerer Verkehrsmittel für die Zurücklegung einer Strecke, wie z. B. Park-and-Ride. Vergleiche auch die Seite „Mobilität 21“ des BMVBS (http://www.mobilitaet21.de/stadt-und-ballungsraum/intermodalitaet.html).

In den Pkw ist für jede Kraftstoffart (Strom, gasförmig, flüssig) ein unterschiedlicher Antriebsstrang und Energiespeicher notwendig, so dass sich sechs verschiedene Fahrzeuge ergeben. In jedem dieser sechs Fahrzeuge wird Kraftstoff biogener als auch fossiler Herkunft eingesetzt, so dass zwölf Kombinationen entstehen (vgl. Abbildung 3-11). Im Folgenden werden die in Abbildung 3-11 verwendeten Symbole für die Pkw-Typen Pendlerauto und Allzweckauto benutzt.

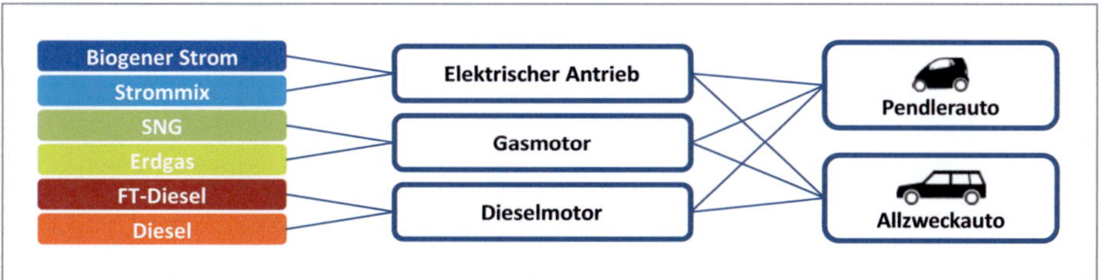

Abbildung 3-11:   Überblick über die untersuchten 12 Kombinationen der Pkw-Typen und Kraftstoffe

In Kap. 3.4.1 folgt eine Beschreibung aktuell am Markt verfügbarer Pkw, die die untersuchten sechs Fahrzeuge gut repräsentieren sowie der darauf aufbauend generierten Referenzfahrzeuge für das Jahr 2011. Anschließend werden in Kap. 3.4.2 (S. 55) Referenz-Pkw für die Jahre 2020 und 2035 anhand möglicher zukünftiger Entwicklungen definiert.

3.4.1   VERWENDETE FAHRZEUGE FÜR DAS JAHR 2011

In diesem Kapitel werden für die sechs Fahrzeuge technische und ökonomische Kenndaten anhand von aktuellen Beispielfahrzeugen zusammengefasst. Darauf aufbauend werden dann Fahrzeuge für das Jahr 2011 definiert, die für die folgenden Betrachtungen zugrunde gelegt werden. Die hier vorgestellten technischen Parameter und Kosten sind in den Kap. 3.4.2 bis 3.6 (ab S. 55) aufgeschlüsselt und erklärt.

Für das **Pendlerauto** sind die Kenndaten von *Fiat Punto*, *smart fortwo* und *VW Polo* sowie *Tazzari Zero* und *Mitsubishi i-MiEV* als Elektroautos in Tabelle 3-7 zusammengefasst. Für das Elektroauto wurden auch seriennahe Modelle wie *smart ED* oder *Loremo EV* berücksichtigt, da aufgrund der geringen Stückzahlen die Unterschiede zwischen den Modellen sowohl bei den ökonomischen als auch technischen Parametern noch sehr groß sind.

Die Spanne der gefundenen Werte ist in Klammern, die Kenndaten des daraus abgeleiteten Referenzfahrzeugs sind darüber dargestellt. Wenn nur ein Wert verfügbar war, wurde dieser direkt für das Referenzfahrzeug übernommen.

Die Unterschiede zwischen Gas- und Dieselauto sind bis auf die Reichweite gering, die restlichen Unterschiede, wie z. B. höherer Verbrauch und höhere Kosten des Gasautos, werden hauptsächlich durch fehlende Optimierung auf den Gasbetrieb und geringere Stückzahlen verursacht. Die Reichweite des Gasautos ist für den reinen Gasbetrieb angegeben, durch einen in allen Fahrzeugen vorhandenen Reserve-Benzintank wird die Reichweite mindestens verdoppelt, allerdings erhöhen sich beim Benzinbetrieb die Kosten [ADAC 2010:1] und die CO_2-Emissionen [Fiat 2011:10]. Bei monovalentem Antrieb (ohne Benzin-Reservetank) wäre allerdings ein größerer Gastank nötig. Beim Elektroauto fallen negativ der höhere Preis, die Batteriewechselkosten, die geringere Reichweite, und positiv der geringere Verbrauch auf. Da für die Nachteile in erster Linie die Batterie verantwortlich ist, wird im Kap. 3.4.2 untersucht, welche Fortschritte im Bereich der Technik und Kosten der Batterie plausibel erscheinen.

Die entsprechenden Daten für **Allzweckautos** sind in Tabelle 3-8 zusammengefasst. Derzeit gibt es kein auf dem Markt verfügbares elektrisches Auto, das die in Tabelle 3-6 (S. 50) gestellten Anforderungen erfüllt, daher wurden die Daten des *Tesla Roadster* als eines der wenigen Elektroautos mit einer Reichweite über 200 km verwendet, auch wenn dieses Fahrzeug kein Allzweckauto im definierten Sinn ist. Die Reichweite wird als wichtigstes Kriterium angesehen, da sie die Batteriegröße und damit auch die Kosten entscheidend beeinflusst. Zusätzlich wurden *VW Passat* und *Opel Zafira* als Gas- und Dieselfahrzeuge ausgewählt, da sie serienmäßig als Erdgasvariante verfügbar sind und sich in ihrem Segment regelmäßig unter den Top 3 der Neuzulassungen befinden [KBA 2011b].

Ebenso wie für das Pendlerauto liegen die größten Unterschiede in den höheren Kosten für das Elektroauto und die Ersatzbatterie, in der Reichweite und im Verbrauch. Da der Tesla Roadster ein Sportwagen ist, weichen zusätzlich das Platzangebot, die Leistung und die Beschleunigung von den anderen Allzweckautos deutlich ab. Wie für das Pendlerauto ist auch hier die Reichweite des Gasautos für den reinen Gasbetrieb dargestellt, bei Nutzung des Benzin-Reservetanks verdoppelt sie sich ungefähr.

Tabelle 3-7:   Ausgewählte Pendlerautos 2011 – Wesentliche technische und ökonomische Kennwerte

	2011	Einheit	Elektroauto [a]	Gasauto [b]	Dieselauto [c]
Technische Daten	**Reichweite (nur mit Primärkraftstoff)** [d]	km	105 (100-110)	270	800 (700-900)
	Höchstgeschwindigkeit	km/h	130 (100-140)	156	160 (135-170)
	Platzangebot	Sitze	4 (2-4)	5	4 (2-5)
	Zeit zur Beschleunigung von 0-100 km/h	s	13 (11-16)	16,9	16 (13,6-20)
	Verbrauch NEFZ	kWh/100 km	10 (6-14)	55	30 (20-40)
	Verbrauch CADC [e]		14	63	43
	Energieinhalt Batterie bzw. Tank	kWh	14,5 (13-20)	169	345 (200-440)
	Masse Batterie bzw. Tank + Kraftstoff		160 (140-200)	110	75
	Masse Antriebsstrang	kg	~85	~180	~180
	Masse Pkw insgesamt		930 (540-1.100)	1.257	879 (550-1.180)
	Leistung	kW	35 (15-55)	51	35 (15-55)
Nettokosten ohne MwSt.	**Pkw-Preis (inkl. MwSt.)**	€₂₀₁₁/Pkw	27.000 (17.230-37.000)	14.240	12.000 (10.100-14.290)
	Wartungs- & Reparaturkosten [f]		300	340	460
	Kosten für Batteriewechsel [g]		142 (120-164)		
	Versicherung [h]	€₂₀₁₁/Jahr	740	525	530 (470-645)
	Kraftfahrzeugsteuer [1]		12 (0 / 17-34) [i]	28	80 (47-123)

Spanne in Klammern: Literaturwerte. Darüber stehende oder alleinstehende Werte: Verwendete Parameter für das Modell.

1) [KraftStG 2010]

a) berücksichtigte Fahrzeuge: Tazzari Zero [Tazzari 2009; Tazzari 2013], Mitsubishi i-MiEV [Mitsubishi 2011], smart ED [Electric Cars Report 2011], Loremo EV [Loremo 2011].

b) Fiat Punto NaturalPower [Fiat 2011].

c) berücksichtigte Fahrzeuge: Fiat Punto 16V Multijet [Fiat 2011], smart fortwo [smart 2011a; smart 2011b], VW Polo [VW 2011b], Loremo LS [Loremo 2011].

d) bei Gasauto nur Reichweite im Gasbetrieb, inkl. Benzin-Reservetank wird die Reichweite mindestens verdoppelt. Reale Reichweite im CADC. Herstellerangaben beruhend auf NEFZ-Fahrzyklus: 140-150, 310, 1.000-1.300 km.

e) da keine CADC-Werte verfügbar waren, wurden reale Verbräuche von www.spritmonitor.de zugrunde gelegt.

f) eigene Abschätzung basierend auf ADAC [2011a]; AMS [2010] und www.autobudget.de.

g) einmaliger Wechsel nach ca. acht Jahren, Restwert am Ende der Pkw-Lebensdauer 50 % des Neupreises. Zukünftige Batteriekosten beruhen auf Lernkurven, vgl. Kap. 2.2 (S. 15) und 3.4.2 (S. 55) sowie Riederer von Paar [2011]; McKinsey [2010:35]; Wallentowitz & Freialdenhoven [2010:154]; Deutscher Bundestag [2010:9]. Angenommene Batteriepreise 268-367 €/kWh im Jahr 2019.

h) Haftpflicht und Vollkasko bei Erstversicherung, Mittelwert der drei billigsten Versicherungen auf http://www.kfzversicherungrechner.org.

i) Elektroautos sind fünf Jahre von der Steuer befreit [KraftStG 2010].

Werte mit Tilde (~) sind eigene Abschätzungen, da keine Angaben verfügbar waren.

Tabelle 3-8: Ausgewählte Allzweckautos 2011 – Wesentliche technische und ökonomische Kennwerte

	2011	Einheit	Elektroauto [a]	Gasauto [b]	Dieselauto [c]
Technische Daten	Reichweite (nur mit Primärkraftstoff) [d]	km	310	380 (340-420)	955 (835-1.115)
	Höchstgeschwindigkeit	km/h	201	200 (200-210)	200 (189-210)
	Platzangebot	Sitze	2	5 (5-7)	5 (5-7)
	Zeit zur Beschleunigung von 0-100 km/h	s	4	10,5 (9,8-11,5)	11 (10-12,3)
	Verbrauch NEFZ	kWh/100 km	15,6 (14-20)	62 (58,5-66,3)	48 (45,3-50,2)
	Verbrauch CADC [e]		17	72	66
	Energieinhalt Batterie bzw. Tank	kWh	53	273	630 (570-690)
	Masse Batterie bzw. Tank + Kraftstoff [f]		530	175	90
	Masse Antriebsstrang [f]	kg	100	225 (200-250)	275 (250-300)
	Masse Pkw insgesamt		1.220	1.536 (1.393-1.626)	1.524 (1.505-1.571)
	Leistung	kW	215	110	100 (92-103)
Nettokosten ohne MwSt.	Pkw-Preis (inkl. MwSt.)	€$_{2011}$/Pkw	85.460	23.500 (22.310-25.060)	22.700 (21.715-23.550)
	Wartungs- & Reparaturkosten [g]		360	440	400 (385-420)
	Kosten für Batteriewechsel [h]	€$_{2011}$/Jahr	520 (438-601)		
	Versicherung [i]		840 (705-1.250)	840 (740-930)	900 (815-945)
	Kraftfahrzeugsteuer [1]		25 (0 / 39) [j]	50 (28-70)	190

Spanne in Klammern: Literaturwerte. Darüber stehende oder alleinstehende Werte: Verwendete Parameter für das Modell.

1) [KraftStG 2010]

a) Tesla Roadster [Berliner Morgenpost 2010; Tesla Motors 2011a; Tesla Motors 2011b; Zabler 2011].

b) berücksichtigte Fahrzeuge: VW Passat Trendline TSI EcoFuel 110 kW [VW 2011a], Opel Zafira 1.6 CNG Turbo 110 kW [Opel 2011].

c) berücksichtigte Fahrzeuge: VW Passat Trendline TDI BlueMotion 103 kW [VW 2011a], Opel Zafira 1.7 CDTI 92 kW [Opel 2011].

d) bei Gasauto nur Reichweite im Gasbetrieb, inkl. Benzin-Reservetank wird die Reichweite mindestens verdoppelt. Reale Reichweite im CADC. Herstellerangaben beruhend auf NEFZ-Fahrzyklus: 340, 380-460 und 1.135-1.520 km.

e) da keine CADC-Werte verfügbar waren, wurden reale Verbräuche von www.spritmonitor.de zugrunde gelegt.

f) vgl. z. B. Delucchi [2005:49]; Bandivadekar et al. [2008:32].

g) eigene Abschätzung basierend auf ADAC [2011a]; AMS [2010] und www.autobudget.de.

h) einmaliger Wechsel nach ca. acht Jahren, Restwert am Ende der Pkw-Lebensdauer 50 % des Neupreises. Zukünftige Batteriekosten beruhen auf Lernkurven, vgl. Kap. 2.2 (S. 15) und 3.4.2 (S. 55) sowie Riederer von Paar [2011]; McKinsey [2010:35]; Wallentowitz & Freialdenhoven [2010:154]; Deutscher Bundestag [2010:9] und Tesla Motors [2011a]: Ersatzbatterieoption 11.000 € inkl. MwSt.. Angenommene Batteriepreise 268-367 €/kWh im Jahr 2019.

i),j) vgl. h),i) in Tabelle 3-7.

Es ergibt sich eine relativ gute Übereinstimmung der Daten aktueller Pendler- und All-zweckautos mit den gestellten Anforderungen. Aufgrund hoher Batteriekosten und -masse können heutige Elektroautos allerdings noch nicht die Anforderungen an das Allzweckauto erfüllen.

Auch wenn dem Elektro-Allzweckauto aufgrund der hohen Kosten kein großes Potenti-al eingeräumt wird, wurde es in dieser Arbeit mit untersucht, um darzustellen, ob es andere Vorteile hat, oder ab welchem Batteriepreis es eine Alternative darstellen könnte.

Die hier dargestellten Daten dienen als Grundlage für die Definition der verwendeten Pkw in den Jahren 2020 und 2035 im folgenden Kapitel.

3.4.2   VERWENDETE FAHRZEUGE FÜR DIE JAHRE 2020 UND 2035

Ausgehend von den Anforderungen aus Kap. 3.4 und den Daten aktueller Pkw in Kap. 3.4.1 wurde untersucht, welche Spanne für die technischen und ökonomischen Daten für Pendler- und Allzweckautos in den Jahren 2020 und 2035 realistisch erscheint. Für jede Entwicklungslinie wurden den Pkw aus diesen Spannen plausible Werte zugewie-sen (vgl. Entwicklungslinien-Methodik in Kap. 2.1, S. 11).

Für die Entwicklungen beim Gas- und Dieselauto wurden hauptsächlich Literaturanga-ben verwendet, da diese Pkw auf langjähriger Erfahrung und ausgereiften Technolo-gien beruhen. Aufgrund fehlender Angaben bei Elektroautos wurden hier eigene Simu-lationen durchgeführt, um Fahrzeuge zu erhalten, die die Anforderungen aus Tabelle 3-6 (insbesondere Reichweite, Höchstgeschwindigkeit und Beschleunigung) erfüllen (s. Anhang C.2, S. VI).

A) TECHNISCHE PARAMETER

In einem ersten Schritt wurde die Masse des Fahrzeugs ohne Antrieb (im Folgenden wird der englische Begriff „Glider" verwendet) abgeschätzt. Diese wurde aus der heuti-gen (2011) Glider-Masse abgeleitet, abzüglich realistischer Massenreduktionspotentia-le, und für alle Antriebsvarianten als gleich angenommen. Die so erhaltene Glider-Masse ist in Tabelle 3-9 dargestellt.

Tabelle 3-9:   Glider-Masse (Pkw ohne Antrieb und Tank/Batterie) der Pkw in den Jahren in 2011, 2020 und 2035

	Typ	2011 [a]	2020 [b]	2035 [b]
Glider-Masse (Pkw ohne Antrieb und Tank/Batterie) (kg)		700	595	490
		1.250	1.060	875

a) basierend auf den Massen aus Tabelle 3-7 und Tabelle 3-8 sowie Held [2011:6]; Bandivadekar et al. [2008:32]; Weiss et al. [2000:69]; Kloess et al. [2009:2 f].

b) unterstellte Reduktion von 15 % (2020) bzw. 30 % (2035), basierend auf Goede et al. [2008:9]; TNO et al. [2006:50]; Eckstein et al. [2010b:790] und der Annahme, dass alle ökonomisch lohnenden Gewichtsreduktionen umgesetzt werden.

Für die Gesamtmasse eines **Elektroautos** ist die spezifische Energiedichte von Batterien ein zentraler Punkt. Auf Batterieebene werden heute etwa Energiedichten von 80-120 Wh/kg erreicht [Notter et al. 2010:6550; Majeau-Bettez et al. 2011:4549; Boston Consulting Group 2010:4; METI Japan 2006:18]. Die Erwartungen an zukünftige Entwicklungen divergieren stark: während optimistische Schätzungen schon 2020 Energiedichten von 200 Wh/kg erwarten (z. B. IEA [2011a:43]), rechnen viele Schätzungen, wie z. B. Bandivadekar et al. [2008:32]; Kromer & Heywood [2007:88]; Kalhammer et al. [2007:21], nur mit ca. 150 Wh/kg im Jahr 2030. Andererseits wurden 2012 bereits Forschungsprototypen mit 400 Wh/kg auf Zellebene (vermutlich ca. 300 Wh/kg auf Batterieebene) hergestellt [Envia Systems 2012; LaMonica 2012], so dass die in dieser Arbeit angenommenen Werte von maximal 210 Wh/kg im Jahr 2035 realistisch oder sogar konservativ erscheinen. Da diese Entwicklungen aufgrund von Lerneffekten (vgl. Kap. 2.2, S. 15) unter anderem auch von der Anzahl der verkauften Elektroautos abhängt, wurden hier die in Tabelle 3-10 aufgelisteten Werte je nach kumulierter Pkw-Stückzahl in den verschiedenen Entwicklungslinien festgehalten. Die angenommenen Energiedichten stimmen recht gut mit anderen Quellen, wie z. B. Gerssen-Gondelach & Faaij [2012:117], überein.

Anschließend wurde ein Simulationsmodell in *MATLAB/Simulink* erstellt, das den Energiebedarf in einem vorgegebenen Fahrzyklus berechnet. Dazu wurden die auftretenden Kräfte am Auto und daraus die zu verrichtende Arbeit zu jedem Zeitpunkt ermittelt und über Motor- und Leistungselektronikkennfelder sowie einem Batterielade- und -entladewirkungsgrad umgerechnet in Energie (kWh$_{el}$), die der Batterie entnommen bzw. zurück gespeist wird. Zusätzlicher Energiebedarf für Klimatisierung, Radio und Bordelektronik wurde aus der Literatur ermittelt und addiert. Details zu diesem Modell befinden sich im Anhang C.2. Über mehrere Iterationsschleifen wurden so der Energiebedarf und die nötige Batteriegröße ermittelt, die in Tabelle 3-10 in Abhängigkeit des Bezugsjahrs, der Entwicklungslinie und des Pkw-Typs dargestellt ist.

Tabelle 3-10: Energiebedarf und Batteriedaten der zugrunde gelegten Elektroautos in 2011, 2020 und 2035

Entwicklungslinie	Einheit	Typ	2011	2020		2035	
				T (Trend), G (Gaszeitalter)	E (Elektro-mobilität)	T, G	E
Energiedichte Batterie	Wh/kg		100	125	145	160	210
Energiebedarf Pkw	kWh_{el}/100 km	a)	14,0	14,6	13,9	13,5	12,9
		b)	17,0	21,7	20,6	19,3	18,1
Benötigter Energie-inhalt Batterie (Entla-detiefe 80 %)	kWh_{el}		16,8	21,8	20,8	20,2	19,3
			68,0	108,5	102,9	96,5	90,7
Benötigte Batterie-masse c)	kg		168	174	143	126	92
			680	868	709	603	432

a) Anforderungen aus Tabelle 3-6 (Reichweite 120 km, Höchstgeschwindigkeit 130 km/h), Glider-Masse aus Tabelle 3-9, Antriebsmasse aus Tabelle 3-7 bzw. 2 kg/kW [IEA 2011a:43]. c_W=0,26, Stirnfläche A=1,95, Motorleistung 47 kW, Zusatzverbraucher im Schnitt 800 W. Gewichtung der Fahrzyklen Stadt, Landstraße und Autobahn 50-35-15.

b) Anforderungen aus Tabelle 3-6 (Reichweite 400 km, Höchstgeschwindigkeit 160 km/h), Pkw-Leermasse aus Tabelle 3-9, Antriebsmasse aus Tabelle 3-7 bzw. 2 kg/kW [IEA 2011a:43]. c_W=0,29, Stirnfläche A=2,1, Motorleistung 50 kW, Zusatzverbraucher im Schnitt 1,2 kW. Gewichtung der Fahrzyklen Stadt, Landstraße und Autobahn 20-50-30.

c) ab einer Masse von ca. 350 kg müssen strukturelle Anpassungen vorgenommen werden, die wiederum ein Mehr-gewicht verursachen. Dies wurde hier vernachlässigt.

Energiebedarf Elektroautos in anderen Studien: 9,6-15,7 kWh_{el}/100 km [Faria et al. 2012], 2010: 17,6-22,5 kWh_{el}/100 km 2030: 13,6-17 kWh_{el}/100 km [Linssen et al. 2012].

Der ermittelte Energiebedarf von 12,9-14,6 kWh/100 km für Pendlerautos bzw. von 18,1-21,7 kWh/100 km für Allzweckautos scheinen auch mit Blick auf aktuell verfügbare Elektroautos und andere Studien realistisch [Linssen et al. 2012; Faria et al. 2012]. Effizienzsteigerungen durch Mehrganggetriebe oder Fortschritte bei der Leistungs-elektronik und dem Elektromotor scheinen sogar noch möglich, wie auch andere Simulationen zeigen [Eckstein et al. 2010a:40], wurden hier aber nicht berücksichtigt.

Für **Gasautos** stellt die Reichweite mit Blick auf die geforderten 400 km (vgl. Tabelle 3-6, S. 50) kein Problem dar, so dass der Schwerpunkt der Untersuchungen auf die mögliche Effizienzsteigerung des Gasmotors gelegt wurde. Neben den für Benzin- und Dieselmotoren möglichen Maßnahmen, wie downsizing, Turbo-Aufladung und Abgas-rückführung, erlaubt die Klopffestigkeit von Methan höhere Verdichtungen, die zu deutlichen Verbrauchsminderungen führen können [JEC et al. 2007:26; Tilagone et al. 2006:159]. Voraussetzung dafür, dieses Verbrauchsminderungspotential voll auszurei-zen, ist allerdings die monovalente Auslegung auf SNG/Erdgas im Gegensatz zur biva-lenten Auslegung mit Benzin-Ersatztank, wie sie in heutigen Erdgasfahrzeugen einge-setzt wird. Dadurch kann der Motorwirkungsgrad deutlich gesteigert werden [JEC et al. 2007]. Für Gasmotoren wurde daher eine stärkere Verbrauchsminderung bis 2035 an-genommen als für Dieselmotoren (vgl. Tabelle 3-11).

Der **Diesel-Pkw** ist mit einem weltweiten Marktanteil von ca. 16 % [Bauder 2012:5] der ausgereifteste der untersuchten Pkw. Daher sind die möglichen Optimierungen bis

2035 auch geringer als bei den anderen beiden Varianten. Experten gehen bei Einhaltung der Abgasnormen von möglichen Verbrauchsminderungen von ca. 15-28 % bis maximal 35 % gegenüber heutigen Diesel-Pkw aus [Mahr et al. 2012; Pischinger 2011; IFEU 2011:41; Berggren & Magnusson 2012; Spicher & 21 Mitautoren 2007:196–211; Schmuck-Soldan et al. 2012]. Diese Werte liegen den Angaben in Tabelle 3-11 zugrunde. Allerdings muss berücksichtigt werden, dass der reale Kraftstoffverbrauch (im CADC) vermutlich weniger sinken wird als der im Standardfahrzyklus NEFZ gemessene Verbrauch [Van den Brink & Van Wee 2001].

Tabelle 3-11: Kraftstoffverbrauch der zugrunde gelegten Gas- und Diesel-Pkw in 2011, 2020 und 2035

	Einheit	Typ	2011	2020			2035		
Entwicklungslinie				T	E	G	T	E	G
Verbrauch Gasauto	kWh/100 km	🚗	63,0	56,7		50,4	45,4		37,8
		🚐	72,0	64,8		57,6	53,2		49,5
Verbrauch Diesel-Pkw		🚗	43,0	38,7	39,8		31,0	32,3	
		🚐	66,0	59,4	61,1		47,5	49,5	

Eigene Annahmen basierend auf: JEC et al. [2007]; Schmuck-Soldan et al. [2012]; Mahr et al. [2012]; Tilagone et al. [2006]; Pischinger [2011]; Berggren & Magnusson [2012]. Zugrunde gelegter Fahrzyklus: CADC mit den Gewichtungen Stadt-Landstraße-Autobahn 50-35-15 für das Pendlerauto und 20-50-30 für das Allzweckauto.

Noch nicht berücksichtigt in diesen Annahmen ist die Tatsache, dass der FT-Diesel vermutlich gegenüber Diesel eine Verbrauchsminderung aufgrund einer effizienteren Verbrennung ermöglicht [Mönch 2013].

B) ÖKONOMISCHE PARAMETER

Bei der Kostenbetrachtung diente der **Diesel-Pkw** als Referenz. Sein inflationsbereinigter Preis wurde bis 2035 als konstant angesetzt. In Anlehnung an Wallentowitz et al. [2008:176] wurden für den Antriebsstrang des Diesel-Pkw 3.000 bzw. 4.000 € für Pendler- bzw. Allzweckauto veranschlagt, so dass die Kosten eines Pkw ohne Antrieb bei ca. 9.000 bzw. 18.700 € liegen.

Bei **Elektroautos** sind die Batteriekosten dominierend. Auch 2035 verursachen sie voraussichtlich bei größeren Pkw noch grob ein Drittel der Gesamtkosten [McKinsey 2010:35]. Wie in Kap. 2.2 (S. 15) beschrieben, wurden daher neben einer Literaturrecherche auch eigene Lernkurven abgeleitet, um die Batteriekosten in Abhängigkeit der Stückzahlen darstellen zu können. Nach einer ausführlichen Analyse (vgl. Anhang D und Riederer von Paar [2011]) wurde für die Lernrate ein Wert von 0,77 für die Li-Ionen-Zellen und von 0,82 für das *Packaging* (restliche Teile sowie Zusammenbau) und ein Ausgangspreis für Li-Ionen-Batterien im Jahr 2010 von 900 €/kWh[21] angenommen. Die Lernrate für die gesamte Batterie liegt in der Mitte der recherchierten Werte und entspricht in etwa realisierten Lernraten in vergleichbaren Sektoren [Dutton & Thomas 1984:238; Gerssen-Gondelach & Faaij 2012:118; Weiss, Patel, et al. 2012].

Je nach Entwicklungslinie wurden verschiedene kumulierte Batterie-Stückzahlen für Elektroautos unterstellt, die in Tabelle 3-12 abgebildet sind. Daraus folgen die ebenfalls in Tabelle 3-12 aufgeführten spezifischen Batteriekosten. Details zu den Lernkurven finden sich in Tabelle A-1 (S. X, Anhang D).

Zusätzlich ergeben sich Kosten von ca. 1.000 € für Motor, Leistungselektronik und Getriebe, die als konstant angenommen werden.

Tabelle 3-12: Weltweite Zulassungszahlen der Elektroautos und daraus abgeleitete Batteriekosten und Kosten der Elektroautos 2011, 2020 und 2035

	Einheit	2011	2020		2035	
Entwicklungslinie			T, G	E	T, G	E
Weltweite jährliche Pkw-Zulassungen	Mio./a	58	78		93	
Weltweite jährliche Zulassungen Elektroautos [a]	Mio./a	0,1	1,0	4,1	2,5	18,0
Kumulierte Stückzahl an Elektroauto-Batterien	Mio.	0,2	5,6	17,9	32,6	181,4
Kumulierte Stückzahl Li-Ionen-Zellen (inkl. Consumer)	Mrd.	25	84	149	212	574
Spezifische Batteriekosten (auf Systemebene) [b]	€/kWh	950 [c]	383	300	262	181
Pkw-Kosten	€/Pkw	27.000 [d]	18.354	16.231	15.296	13.486
	€/Pkw	85.460 [d]	61.278	50.524	45.000	36.084

Eigene Annahmen, basierend auf: McKinsey [2009:7]; McKinsey [2011:9]; Deutscher Bundestag [2010:8]; Delorme et al. [2009:5]; Mertens [2010]; Bauder [2012:5] für die Zulassungszahlen und vergleichbare Lernkurven sowie Dutton & Thomas [1984:238] für die zugrunde gelegte Lernrate von 0,82.

a) inkl. Range Extender Pkw.

b) Ausgewählte Literaturwerte zum Vergleich:
2010: 660-770 €/kWh [Öko-Institut & DLR 2009:125], 375-1.500 €/kWh, festgehalten 871 €/kWh [McKinsey 2010:60], 523 €/kWh [Gaines et al. 2008:32]. Die hier angegebenen 950 €/kWh entsprechen in etwa dem Wert der Batterien im Tesla Roadster, für die Lernkurven wurde ein Wert von 900 €/kWh für das Jahr 2010 verwendet.
2020: 215-250 €/kWh [Öko-Institut & DLR 2009:125; Competence E 2011; Faria et al. 2012], 230-450 €/kWh, festgehalten 300 €/kWh [McKinsey 2010:60], 309-408 €/kWh [Mayer et al. 2012], 450-750 €/kWh [Schmid 2012].
2030: 150-185 €/kWh [Gaines et al. 2008:43; Öko-Institut & DLR 2009:125], 340-640 €/kWh [Schmid 2012] Insgesamt gute Übereinstimmung mit Gerssen-Gondelach & Faaij [2012:119].

c) Abweichend von dem in den Lernkurven angenommenen Wert von 773 €/kWh, aufgrund besserer Übereinstimmung mit 2011 am Markt verfügbarer Pkw.

d) Zur Information: bei Zugrundelegung der in den Lernkurven verwendeten Daten und Berechnung für das Jahr 2011 würden Kosten von 25.606 bzw. 112.877 € entstehen. Die Unterschiede entstehen hauptsächlich durch die nicht auf die erforderliche Reichweite angepasste Batteriegröße.

---

21 Abweichend hiervon werden wegen besserer Übereinstimmung mit realen Elektroauto-Preisen für das Jahr 2011 spezifische Kosten von 950 €/kWh zugrunde gelegt.

Die Antriebstrangkosten der **Gasautos** setzen sich wie folgt zusammen: Die Kosten für den Motor sind in der Serienfertigung mit denen eines Benzinmotors vergleichbar, der in etwa 700-900 € günstiger ist als ein Dieselmotor [Wallentowitz et al. 2008:176]. Der Drucktank verursacht Mehrkosten von ca. 650-1.000 € [Autogaszentrum Anhalt Dessau 2011]. Solange Gasautos noch nicht in großen Stückzahlen verkauft werden, kommt noch ein Aufschlag von ca. 700-1.000 € hinzu. Für diese Mehrkosten – Tank und Aufschlag – wird eine dem Industrieschnitt entsprechende Lernrate von 0,82 angenommen. Somit entstehen die in Tabelle 3-13 angegebenen Kosten für Gas-Pkw.

Tabelle 3-13: Weltweite Zulassungszahlen der Gasautos und daraus abgeleitete Kosten 2011, 2020 und 2035

	Einheit	2011	2020		2035	
Entwicklungslinie			T, E	G	T, E	G
Weltweite jährliche Pkw-Zulassungen	Mio./a	58	78		93	
Weltweite jährliche Zulassungen Gasautos	Mio./a	1,5	1,75	6	2,5	30
Kumulierte Stückzahl an Gasautos	Mio.	13	29,3	50,5	59,5	332,5
Pkw-Kosten	€/Pkw	14.146	13.606	13.388	13.163	12.493
		23.451	23.167	23.051	22.933	22.581

Eigene Annahmen, basierend auf: IANGV [2010] für die Zulassungszahlen sowie Dutton & Thomas [1984:238] für die zugrunde gelegte Lernrate von 0,82.

C) ZUSAMMENFASSUNG

In Tabelle 3-14 und Tabelle 3-15 sind für die Pendler und Allzweckautos die abgeleiteten Kenndaten für die Jahre 2020 und 2035 zusammengefasst.

Es zeigt sich, dass bei den unterstellten Entwicklungen die Kenndaten der **Pendlerautos** (Elektro, Gas, Diesel) sich sukzessive annähern. Unterschiede zwischen dem Elektroauto und den Autos mit Verbrennungsmotor bestehen allerdings auch zukünftig in der Reichweite, da das Elektroauto speziell auf eine Reichweite von 120 km ausgelegt wurde, während Gas- und Dieselauto weiterhin höhere Reichweiten ermöglichen. Auch im Verbrauch bleiben Unterschiede bestehen, während sich die Kosten 2035 auf einem ähnlichen Niveau befinden.

Die drei **Allzweckautos** unterscheiden sich auch 2035 noch deutlich. Batterie bzw. Gastank von Elektro- und Gasauto wurden so dimensioniert, dass eine Reichweite von 400 km erreicht wird, während das Dieselauto trotz gegenüber 2011 verkleinertem Tank eine doppelt so hohe Reichweite hat. Die Beschleunigung des Elektroautos ist mit der von Verbrennungsmotoren vergleichbar, da die geringere Leistung durch eine bessere Drehmomentkurve ausgeglichen wird[22]. Die große notwendige Batterie verur-

---

[22] Beim Anfahren muss das Drehmoment abgeregelt werden, um ein Durchdrehen der Reifen und damit einen hohen Reifenverschleiß (inkl. Partikelemissionen) zu vermeiden.

sacht beim Elektroauto nicht nur eine deutlich höhere Masse, sondern auch bedeutende Mehrkosten in der Anschaffung.

Tabelle 3-14: Pendlerautos 2020 und 2035 – Wesentliche technische und ökonomische Kennwerte

	2020	Einheit	Elektroauto		Gasauto		Dieselauto	
	Entwicklungslinie		T, G	E	T, E	G	E, G	T
Technische Daten	Reichweite	km	120		265	300	755	775
	Höchstgeschwindigkeit	km/h	130		150		150	
	Platzangebot	Sitze	2+2		5		5	
	Zeit von 0-100 km/h	s	ca. 8		ca. 17		ca. 16	
	Verbrauch NEFZ	kWh/100 km	10,4	10,2	45,4	42,8	35,8	36,5
	Verbrauch CADC[a]	kWh/100 km	14,0	13,0	56,7	50,4	39,8	38,7
	Energieinhalt Batterie bzw. Tank	kWh	21,8	20,7	150		300	
	Masse Batterie bzw. Tank[b]	kg	174	143	47		42	
	Masse Antriebsstrang	kg	85		115		145	
	Masse Pkw insgesamt		854	823	749		758	
	Leistung	kW	47		50		50	
Nettokosten ohne MwSt.	Pkw-Preis (inkl. MwSt.)	€/Pkw	18.354	16.231	13.606	13.388	12.000	
	Wartungs- & Reparaturkosten	€/Jahr	300		340		460	
	Kosten für Batteriewechsel[c]	€/Jahr	79	47				
	Versicherung	€/Jahr	613		525		529	
	Kraftfahrzeugsteuer[d]	€/Jahr	12		38	20	95	

	2035	Einheit	Elektroauto		Gasauto		Dieselauto	
Technische Daten	Reichweite	km	120		330	400	620	645
	Höchstgeschwindigkeit	km/h	130		140		140	
	Platzangebot	Sitze	2+2		5		5	
	Zeit von 0-100 km/h	s	ca. 8		ca. 17		ca. 16	
	Verbrauch NEFZ	kWh/100 km	9,5	9,3	36,3	32,1	29,4	29,1
	Verbrauch CADC[a]	kWh/100 km	13,3	12,3	45,4	37,8	32,3	31
	Energieinhalt Batterie bzw. Tank	kWh	20,2	19,3	150		200	
	Masse Batterie bzw. Tank[b]	kg	126	92	46		31	
	Masse Antriebsstrang	kg	85		113		143	
	Masse Pkw insgesamt		701	667	642		652	
	Leistung	kW	47		50		50	
Nettokosten ohne MwSt.	Pkw-Preis (inkl. MwSt.)	€/Pkw	15.296	13.486	13.163	12.493	12.000	
	Wartungs- & Reparaturkosten	€/Jahr	300		340		460	
	Kosten für Batteriewechsel[e]	€/Jahr						
	Versicherung	€/Jahr	529		529		529	
	Kraftfahrzeugsteuer[f]	€/Jahr	40	60	60		95	

a) bei eingeschalteten Zusatzverbrauchern, wie Heizung und Licht (siehe Anhang C.2).

b) Inklusive Kraftstoffmasse.

c) Einmaliger Wechsel nach zehn Jahren, Restwert 68 bzw. 49 €/kWh am Ende der Pkw-Lebensdauer von 12 Jahren. Batteriekosten für die Zweitbatterie: 288 bzw. 205 €/kWh. Arbeitskosten 800 bzw. 600 €/Wechsel und Restwert der Zweitbatterie 165 bzw. 131 €/kWh.

d) bei Konstanthaltung der Steuern ab 2014 [KraftStG:2010].

e) Durch eine Lebensdauer der Batterie von ca. 12 Jahren ist kein Batteriewechsel mehr nötig [Held 2011:18].

f) Eigene Annahme (leichte Erhöhung der Besteuerung alternativer Antriebe, um zu große Einbußen beim Gesamtsteueraufkommen zu vermeiden).

T: Trend, G: Gaszeitalter, E: Elektromobilität.

Tabelle 3-15: Allzweckautos 2020 und 2035 – Wesentliche technische und ökonomische Kennwerte

2020	Einheit	Elektroauto		Gasauto		Dieselauto	
Entwicklungslinie		T, G	E	T, E	G	E, G	T
Technische Daten — Reichweite	km	400		420	475	820	840
Höchstgeschwindigkeit	km/h	160		180		180	
Platzangebot	Sitze	5		5		5	
Zeit von 0-100 km/h	s	ca. 10		ca. 11		ca. 11	
Verbrauch NEFZ	kWh/100 km	17,0	16,1	55,1	50,7	56,2	55,6
Verbrauch CADC [a]	kWh/100 km	21,7	20,6	64,8	57,6	61,1	59,4
Energieinhalt Batterie bzw. Tank	kWh	108,5	102,9	273		500	
Masse Batterie bzw. Tank [b]	kg	868	709	84		70	
Masse Antriebsstrang	kg	100		138		210	
Masse Pkw insgesamt	kg	2.028	1.870	1. 270		1.301	
Leistung	kW	55		90		90	
Nettokosten ohne MwSt. — Pkw-Preis (inkl. MwSt.)	€/Pkw	61.278	50.524	23.167	23.051	22.700	
Wartungs- & Reparaturkosten	€/Jahr	360		440		400	
Kosten für Batteriewechsel [b]	€/Jahr	359	216				
Versicherung	€/Jahr	840		840		900	
Kraftfahrzeugsteuer [c]	€/Jahr	25		144	88	288	284
2035	Einheit	Elektroauto		Gasauto		Dieselauto	
Reichweite	km	400		470	505	810	840
Höchstgeschwindigkeit	km/h	160		170		170	
Platzangebot	Sitze	5		5		5	
Zeit von 0-100 km/h	s	ca. 10		ca. 11		ca. 11	
Verbrauch NEFZ	kWh/100 km	14,5	13,6	45,2	43,6	45,5	44,7
Verbrauch CADC [a]	kWh/100 km	19,3	18,1	53,2	49,5	49,5	47,5
Energieinhalt Batterie bzw. Tank	kWh	96,5	90,7	250		400	
Masse Batterie bzw. Tank [b]	kg	603	432	77		60	
Masse Antriebsstrang	kg	100		136		203	
Masse Pkw insgesamt	kg	1.578	1.407	1.077		1.107	
Leistung	kW	55		90		90	
Pkw-Preis (inkl. MwSt.)	€/Pkw	45.000	36.084	22.933	22.581	22.700	
Wartungs- & Reparaturkosten	€/Jahr	360		440		400	
Kosten für Batteriewechsel [d]	€/Jahr						
Versicherung	€/Jahr	840		840		840	
Kraftfahrzeugsteuer [e]	€/Jahr	80	120	200	160	288	284

a) bei eingeschalteten Zusatzverbrauchern, wie Heizung und Licht (siehe Anhang C.2).

b) Inklusive Kraftstoffmasse.

c) Einmaliger Wechsel nach zehn Jahren, Restwert 68 bzw. 49 €/kWh am Ende der Pkw-Lebensdauer von 12 Jahren. Batteriekosten für die Zweitbatterie: 288 bzw. 205 €/kWh. Arbeitskosten 800 bzw. 600 €/Wechsel und Restwert der Zweitbatterie 165 bzw. 131 €/kWh.

d) bei Konstanthaltung der Steuern ab 2014 [KraftStG 2010].

e) Durch eine Lebensdauer der Batterie von ca. 12 Jahren ist kein Batteriewechsel mehr nötig [Held 2011:18].

f) Eigene Annahme (leichte Erhöhung der Besteuerung alternativer Antriebe, um zu große Einbußen beim Gesamtsteueraufkommen zu vermeiden).

T: Trend, G: Gaszeitalter, E: Elektromobilität.

Zusätzlich zu den beschriebenen Autos wurde ein serielles CNG-Elektro-Hybridfahrzeug in der Allzweck-Klasse für das Jahr 2035 untersucht. Der Hybrid ist nicht zentraler Bestandteil dieser Arbeit und soll nur das Potential von Hybridfahrzeugen aufzeigen. Da die teure und schwere Technik sich in Pendlerautos nicht lohnt, wurde nur ein Allzweck-Hybrid betrachtet. Er wurde auf eine rein elektrische Reichweite von ca. 80 km ausgelegt und verfügt über einen 30 kW Erdgasmotor mit 40 % Wirkungsgrad [Herdin 2000] und einen 55 kW Elektromotor. Die Batterie muss für die angenommene rein elektrische Reichweite von 80 km nur eine Größe von 13,6 kWh haben. Dieses Fahrzeug hat im gewichteten 20-50-30 CADC-Zyklus einen Verbrauch von 38,9 kWh$_{Erdgas}$/100 km, bei Auslegung als Plug-In kann ein Teil davon durch Strom ersetzt werden, bei einem rein elektrischen Verbrauch von 15,6 kWh$_{el}$/100 km inklusive Nebenverbrauchern. Die Gesamtmasse des Pkw beträgt 1.105 kg. Ein ähnliches (allerdings paralleles) Hybrid-Konzept wird z. B. in Bordelanne et al. [2011] vorgestellt.

Anhand der beschriebenen Pkw werden im Folgenden die Kosten und Umweltauswirkungen des Fahrzeuglebenszyklus (Kap. 3.5) und der Pkw-Nutzungsphase (Kap. 3.6, S. 69) untersucht.

3.5   PKW-HERSTELLUNG, -WARTUNG UND -ENTSORGUNG

Bei der Untersuchung des Pkw-Lebenszyklus der in den Kap. 3.4.1 und 3.4.2 definierten Pkw wurde vereinfachend davon ausgegangen, dass sich diese Pkw für alle drei Antriebsarten ab 2020 nicht mehr unterscheiden, bis auf den Energiespeicher und den Antriebsstrang. Dies ist nötig, um die in Kap. 2 (S. 9) geforderte gleiche funktionelle Einheit bereitstellen zu können. Somit wurde für alle Antriebsarten der gleiche Glider zugrunde gelegt. Diese Vorgehensweise wurde auch in Notter et al. [2010] gewählt.

Für die Glider wurden die Massen aus Tabelle 3-9 (Seite 56) verwendet. Die Massenreduktion setzt den Einsatz leistungsfähiger Materialien voraus, insbesondere hochfester Stähle, Aluminium, Magnesium und Kunststoffe. Daher wurde der in Tabelle A-14 (S. XXI, Anhang F.2) dargestellte Materialmix angenommen. Auf eine Unterscheidung des Materialmixes zwischen Pendler- und Allzweckauto wie z. B. in IFEU [2011:15] wurde verzichtet, da die verfügbaren Daten für eine solche Unterscheidung nicht detailliert genug zur Verfügung standen. Außerdem spielen sie bei dem hier angestrebten Kraftstoffvergleich keine Rolle, da der Glider für alle Kraftstoffvarianten gleich ist.

Der Antriebsstrang des **Elektroautos** besteht aus einem Elektromotor, einem einfachen Getriebe, Leistungselektronik zur Umwandlung der Ströme zwischen Batterie und Motor und einer Batterie.

Die Herstellung von Elektroautos im Vergleich zu Benzin- und Diesel-Pkw wurde im Projekt *UMBReLA* [IFEU 2011:22 ff.] detailliert untersucht, außerdem bietet Hawkins et al. [2012] einen Überblick über die wichtigsten Ökobilanz-Studien zur Elektromobilität und Batterieherstellung. Daneben wurden Ökobilanzen der Herstellung und Nutzung von Elektroauto-Batterien von der norwegischen *NTNU* [Majeau-Bettez et al. 2011] und der schweizerischen *EMPA* [Notter et al. 2010] erstellt. Jede dieser Studien hat aber Schwachpunkte. In der vorliegenden Arbeit wurde daher auf Arbeiten von Simon zurückgegriffen [Simon et al. 2012; Simon 2012], der einen Vergleich dieser Studien und daraus ein möglichst realistisches Modell der Batterieherstellung erstellt hat. Eine detaillierte Analyse der Materialbestandteile der Batterie wurde dabei nicht durchgeführt, da die zahlreichen verschiedenen Batterietypen und Entwicklungen unmöglich umfassend abgebildet werden können. Anstatt dessen wurden durchschnittliche Werte von verschiedenen Batterietypen verwendet. Die Zusammensetzung der Batterie ist im Anhang F.2 (S. XXI) zusammengefasst[23].

In Notter et al. [2010:supp.5] ist eine Liste der benötigten Materialien und Prozesse für den Antriebsstrang von Elektroautos aufgeführt, die in dieser Arbeit für Elektromotor, Getriebe und Leistungselektronik mit leichten Anpassungen und einer Skalierung auf die angenommene Antriebsstrangmasse übernommen wurde. Die in Tabelle 3-16 zusammengefassten Ergebnisse stimmen auch in etwa mit denen in Mueller & Besant [1999] überein.

Tabelle 3-16: Materialzusammensetzung des Antriebsstrangs und der Batterie der Elektroautos

Masseanteil in %	Elektromotor	Getriebe	Leistungs-elektronik	Batterie
Stahl	49	52		15
Kupfer	19			
Ferrite	2			
Neodym	1			
Borkarbid	0,04			
Aluminium	26	48	57	2,7
Kunststoffe	2		5	
Elektronikbauteile			21	0,3
Kabel	1		17	3
Kathode				27
Anode				33
Separator				4
Elektrolyt				15
Komponentenmasse (kg)	50	18	17	a)
Komponentenmasse (kg)	60	21	19	a)

Anteile: basierend auf Notter et al. [2010]; Komponentenmasse: basierend auf Tabelle 3-7, Tabelle 3-8, Tabelle 3-14 und Tabelle 3-15.

a) vgl. Tabelle 3-7, Tabelle 3-8 und Tabelle 3-10.

Das **Gasauto** hat einen nur leicht modifizierten Benzin-Antriebsstrang. Für diesen werden hauptsächlich Stahl und Aluminium sowie in geringem Umfang Kunststoff verwendet. Um die zukünftigen Grenzwerte (EURO VI und folgende) für NO_x- und CH_4-

---

[23] Es sei darauf hingewiesen, dass die verwendeten Materialien teilweise nur begrenzt verfügbar sind und starke Abhängigkeiten gegenüber einzelnen Ländern oder Firmen erzeugen, vgl. z.B. Ziemann et al. [2013].

Emissionen einzuhalten, ist ein Katalysator nötig. Dieser Katalysator besteht aus einer keramischen oder metallischen Trägerstruktur und enthält ca. 2,5 g Palladium und 0,5 g Platin [IFEU 2011:16]. Ein wichtiger Aspekt beim Erdgasauto ist der Drucktank. In der Regel werden Drucktanks aus Stahl oder glasfaserverstärktem Kunststoff (GFK) hergestellt. Der Stahltank hat eine deutlich höhere Masse von ca. 0,56 kg/kWh$_{Gas}$ [Inprocil 2005] gegenüber 0,23 kg/kWh$_{Gas}$ für GFK [Worthington Cylinders 2009; Xperion 2010], und verursacht in nahezu allen Wirkungskategorien höhere Umweltauswirkungen. Daher wurde für die weiteren Berechnungen ein Drucktank aus GFK zugrunde gelegt. Zusätzlich wird noch ein Startersystem benötigt, das aus Startermotor, Starterbatterie und Kabeln besteht. Für die Starterbatterie wird angenommen, dass aufgrund einer höheren Belastung durch Start-Stopp-Automatik und Mild-Hybrid-Anwendungen[24] spätestens ab 2035, in der Elektromobilitäts-Entwicklungslinie schon ab 2020, eine Lithium-Ionen-Batterie verwendet wird. Für alle diese Erdgas-spezifischen Pkw-Komponenten ist die angenommene Materialzusammensetzung in Tabelle 3-17 abgebildet.

Tabelle 3-17: Materialzusammensetzung des Antriebsstrangs und des Drucktanks der Gasautos

Masseanteil in %	Motor	Getriebe	Drucktank	Katalysator a)	Starter b), c)
Stahl	45	52	5	70	14
Aluminium	50	48			10
Kunststoffe	5				17
Glasfaserverstärkter Kunststoff			95		
Keramiken (SiO$_2$, Al$_2$O$_3$, ZrO$_2$, MgO)				30	
Palladium				0,035	
Platin				0,014	
Kupfer					5
Schwefelsäure					4
Blei					50
Lithium-Ionen-Batterie d)					d)
Komponentenmasse (kg) e)	70/57/57	45/37/37	39/35/34	6	19 c)
	80/72/70	51/46/45	63/63/58	8	21 c)

a) in Anlehnung an Amatayakul & Ramnäs [2001]; Larsson & Hansson [2011].
b) Startermotor, Batterie und Kabel.
c) Zusammensetzung gilt für die Szenarien 2011, T-2020 und G-2020. Eine detaillierte Tabelle der Massen des Starters befindet sich in Anhang F.2.
d) vgl. Tabelle 3-16 für die Materialzusammensetzung.
e) in den Jahren 2011/2020/2035.

[24] Dazu gehören z. B. Rekuperation oder intelligentes Laden der Batterie bei Leerlauf sowie eventuell Motorunterstützung (Boost).

Das **Dieselauto** hat einen ähnlichen Antriebsstrang wie das Erdgasauto. Es wird davon ausgegangen, dass der Motor schwerer ist, während der Kunststofftank deutlich leichter ist als der des Gasautos (vgl. Tabelle 3-18). Die Abgasnachbehandlung hat eine etwas höhere Masse als die des Gasautos, wobei hier nur der Katalysator betrachtet wird. Als Startersystem kommt das gleiche System wie beim Erdgasauto zum Einsatz.

Tabelle 3-18: Materialzusammensetzung des Antriebsstrangs und des Tanks der Dieselautos

Masseanteil in %		Motor	Getriebe	Tank	Katalysator [a]	Starter [b, c]
Stahl		45	52		70	14
Aluminium		50	48			10
Kunststoffe		5		100		17
Keramiken (SiO_2, Al_2O_3, ZrO_2, MgO)					30	
Platin					0,044	
Kupfer						5
Schwefelsäure						4
Blei						50
Lithium-Ionen-Batterie [d]						[d]
Komponentenmasse (kg) [e]	(Pkw)	96/88/88	45/37/37	11	8	19 [c]
	(Van)	173/145/137	51/46/45	19	10	21 [c]

a) in Anlehnung an Amatayakul & Ramnäs [2001]; Larsson & Hansson [2011].
b) Startermotor, Batterie und Kabel.
c) Zusammensetzung gilt für die Szenarien 2011, T-2020 und G-2020. Eine detaillierte Tabelle der Massen des Starters befindet sich in Anhang F.2.
d) vgl. Tabelle 3-16 für die Materialzusammensetzung.
e) in den Jahren 2011/2020/2035.

Die **Wartung** des Pkw besteht nach Hischier et al. [2010] hauptsächlich aus Reifenwechseln, dem Austausch einiger Teile und eventuell einem Starter- bzw. Traktionsbatteriewechsel sowie für Gas- und Dieselauto aus einem regelmäßigen Ölwechsel. Die Wartungs- und Reparaturaufwendungen sind in Tabelle 3-19 zusammengefasst.

In der vorliegenden Arbeit wurde beim Starterbatteriewechsel zwischen Bleiakkumulatoren und Lithium-Ionen-Batterien unterschieden. Für Blei-Akkus wurde eine Lebensdauer von sieben Jahren angenommen, während bei Lithium-Ionen-Akkus davon ausgegangen wurde, dass sie erst als Starterbatterie eingesetzt werden, wenn ihre Lebensdauer der des Pkw entspricht.

Gegenüber Erdgas- und Diesel-Pkw muss bei Elektroautos keine Starterbatterie sowie kein restliches Startersystem gewechselt werden und es fallen weniger Reparaturen an beweglichen Teilen an. Hier gehört dafür zur Wartung zusätzlich der Wechsel der Li-Ionen-Traktionsbatterie. Für die restliche Lebensdauer der Zweitbatterie zum Ende der Pkw-Lebensdauer wurde eine Gutschrift der Umweltauswirkungen anhand einer ökonomischen Allokation durchgeführt, da von einer weiteren Nutzung in einem anderen

Pkw ausgegangen wird (Restwert 60 % für die Ersatzbatterie im 2011-Auto, 70 % für diejenige im 2020-Auto). Die Primärbatterie wird nach dem Ausbau noch in stationären Anwendungen verwendet [TU Braunschweig et al. 2012:67]. Weitere Details zum Traktionsbatteriewechsel finden sich in Tabelle 3-20.

Reifenwechsel wurden analog zu Randelhoff [2012] alle 70.000 km berücksichtigt, Ölwechsel für Gas- und Dieselautos alle 15.000 km bzw. nach einem Jahr [VW 2012]. Ansonsten wurden die technischen Daten aus Hischier et al. [2010] übernommen; alle anderen Wartungen, Autowäschen u.Ä. wurden vernachlässigt, da sie für alle Kraftstoffe in gleichem Umfang anfallen.

Tabelle 3-19: Wartungs- und Reparaturaufwendungen der Pkw

	Einheit	Starterbatterie-wechsel [a]	Traktionsbatterie-wechsel [b]	Ölwechsel [a]	Reifen-wechsel [c]	Sonstige [c]
Häufigkeit	km			15.000 [2]	70.000 [1]	
	Jahre	7	7 / 9 / - [d]	1 [2]		4
Wichtigste Materialien		Blei, Schwefelsäure	Li-Ionen-Batterie	Öl, Papier	Gummi, Stahl, Industrieruß	Stahl, Aluminium, Kunststoff
Masse pro Wechsel	kg	11	111 / 147 / 111 [e]	3,5	28 [f]	6
	kg	12	405 / 733 / 547 [e]	4,2	32 [f]	8

1) [Randelhoff 2012]
2) [VW 2012]
a) nur für Gas- und Diesel-Pkw, nur für die Szenarien 2011, Trend 2020 und Gaszeitalter 2020.
b) für Elektro-Pkw.
c) für alle Pkw.
d) in den Jahren 2011 / 2020 / 2035.
e) in den Szenarien 2011 / T+G 2020 / E2020. Gutschrift am Ende der Pkw-Lebensdauer für die Restlebensdauer der Batterie von 60 % in 2011 und 70 % in 2020.
f) in Anlehnung an Continental [2011:7]. Laut Pirelli [2010:56] entstehen während der Nutzungsphase 10-14 % der Masse an Abrieb.

Die **Kosten für Wartung und Reparatur** hängen von vielen Faktoren ab und werden stark durch einzelne teure Reparaturen beeinflusst. Michel et al. [2011:55] zeigen, dass durchschnittlich 230 €/(Pkw*Jahr) an Wartungsaufwand und 201 €/(Pkw*Jahr) für Verschleiß ausgegeben werden. Diese Zahlen wurden unter Berücksichtigung von ADAC [2011a]; AMS [2010]; Autobudget.de [2011] über den Fahrzeugpreis sowie die Fahrleistung an die verschiedenen Pkw angepasst. So konnten die fahrleistungsabhängigen Reifen- (inflationsbereinigt ca. 280 €$_{2011}$ pro Wechsel) und Ölwechsel (ca. 30 €$_{2011}$) besser berücksichtigt werden. Diese Kosten sind seit 1991 inflationsbereinigt nahezu konstant [Michel et al. 2011:55] und werden daher auch für die Zukunft als konstant angenommen. Die angenommenen Werte sind in den Kap. 3.4.1 und 3.4.2 (Tabelle 3-7 f., S. 53 f. und Tabelle 3-14 f., S. 61 f.) aufgeführt.

Am Ende der Pkw-Lebensdauer kann die Sekundärbatterie noch mit einem Restwert von 48-63 %[25] des zum Verkaufszeitpunkt angenommenen spezifischen kWh-Preises verkauft werden [Neubauer & Pesaran 2011]. Beim Verkauf entstehen zusätzliche Kosten durch Batterieprüfung, Ausbau etc. in Höhe von 250-1.000 €, die vom Erlös sowohl der Erst- als auch der Zweitbatterie abgezogen werden [Neubauer & Pesaran 2011]. Der 2035-Pkw benötigt keinen Batteriewechsel mehr, da die Lebensdauer der Batterie mit 12 Jahren angenommen wurde.

Tabelle 3-20: Kosten des Traktionsbatterie-Wechsels bei Elektroautos

	Einheit	2011	2020		2035	
			T,G	E	T,G	E
Entwicklungslinie			T,G	E	T,G	E
Jahr des Wechsels		2019	2030		2047	
Restwert Primärbatterie	$€_{WJ}$/kWh [a]	175	136	98	108	87
Restkapazität Primärbatterie	%	50	50		40	50
Batteriekosten Sekundärbatterie im Wechseljahr	$€_{WJ}$/kWh	358	288	205		
Jahr des Wiederverkaufs		2024	2033			
Restwert Sekundärbatterie	$€_{WJ}$/kWh [a]	156	194	146		
Restkapazität Sekundärbatterie	%	80	85	90		
Arbeitskosten Batteriewechsel	€/Wechsel	1.000	800	600	500	300
Nötige Batterie	kWh	16,8	16,8	15,7		
		53	76	71,8		
Gesamtkosten für alle Batterien	$€_{2011,BJ}$	13.836	8.484	6.152	4.505	2.829
		48.063	39.405	28.333	19.944	12.367

a) Pro noch nutzbarer kWh.
b) Abzinsung mit einem Diskontierungsfaktor von 6 %.
WJ: Wechseljahr (Anfallende Kosten im Jahr des Wechsels), BJ: Bezugsjahr (diskontiert auf 2011, 2020 oder 2035).
T: Trend, G: Gaszeitalter, E: Elektromobilität.

Bei der **Entsorgung** ist die AltfahrzeugV [1998] zu beachten, die festlegt, dass 85 Massenprozente (95 Massenprozente ab dem Jahr 2015) der Materialien von entsorgten Pkw wieder- oder weiterverwertet werden müssen. Dabei können aktuell 5 % und ab 2015 10 % der Pkw-Masse energetisch verwertet werden. In Passarini et al. [2012] werden die regulatorischen Rahmenbedingungen der Fahrzeugentsorgung beschrieben und aktuelle Tendenzen aufgezeigt. Dort wird zudem aufgezeigt, dass die Umweltauswirkungen der Entsorgung von RESH (in der Schredderanlage anfallende Reststoffe) bei Einsatz von mechanischem und chemischem Recycling gering oder sogar negativ sind. Durch die Art der Modellierung werden in *ecoinvent* bei vollständigem Recycling oder Weiterverwertung die Umweltauswirkungen nicht weiter betrachtet.

---

[25] Angenommener Wert 60 % pro noch nutzbarer kWh Kapazität im Jahr 2011, 70 % im Jahr 2020. Restkapazität 80 % im Jahr 2011, 85 % in den Szenarien T+G 2020 und 90 % im Szenario E 2020.

Daher kann von sehr geringen Umweltauswirkungen in der Entsorgungsphase der Pkw ausgegangen werden. Es wurden die *ecoinvent*-Daten übernommen, die ausschließlich den Transport der zu entsorgenden bzw. zu recycelnden Stoffe und die Entsorgung einiger schwer recycelbarer Stoffe wie Plastik, Glas und Farbe berücksichtigen. In *ecoinvent* werden 15 % der Fahrzeugmasse entsorgt, in dieser Arbeit wurde dieser Wert den Verordnungen entsprechend auf 5 % reduziert.

Deutlich wichtiger als die Entsorgung der restlichen Fahrzeugteile ist die Entsorgung der Traktionsbatterie des Elektroautos [Kanter 2011]. Einerseits ist in den meisten Fällen nach dem Einsatz im Pkw eine Weiterverwendung der Batterie in stationären Anwendungen möglich. Andererseits wird nur ein geringer Teil der Fahrzeuge tatsächlich in Deutschland recycelt [Öko-Institut et al. 2011:83]. Es ist zu erwarten, dass auch bei Elektroautos und Traktionsbatterien ein großer Teil der Fahrzeuge unsachgemäß im Ausland recycelt wird, was mit hohen Umweltauswirkungen verbunden wäre [Gidarakos et al. 2012]. In Ermangelung an zuverlässigen Daten wird daher sowohl auf Umwelt-Gutschriften für die Sekundärnutzung als auch auf Umweltauswirkungen durch unsachgemäßes Recycling verzichtet. Hier wären weitergehende Studien nötig.

3.6 PKW-NUTZUNGSPHASE

Für die Nutzungsphase eines Pkw wird aufgrund des im Kap. 3.1.3 (S. 31) beschriebenen Fahrverhaltens zugrunde gelegt, dass die Pkw eine durchschnittliche Lebensdauer von zwölf Jahren haben [KBA 2011a], auch wenn international bis zu 15-17 Jahre erreicht werden [Müller et al. 2007:24 ff.; Ma et al. 2012]. Während dieser Zeit wird von einer konstanten Jahresfahrleistung von 12.000 km für das Pendler-Auto bzw. 18.000 km für das Allzweck-Auto ausgegangen (vgl. Abbildung 3-5 auf S. 33, Tabelle 3-6 auf S. 50 sowie infas & DLR [2010c:A.25]). Dies ergibt für Deutschland realistische Pkw-Laufleistungen von 144.000 km bzw. 216.000 km [Pfahl 2012].

Da die Pkw-Wartung dem Pkw-Lebenszyklus (Kap. 3.5, S. 63) zugerechnet wird, besteht die Nutzungsphase nur aus der tatsächlichen Fahrt. Der Energiebedarf der Pkw wurde schon in Kap. 3.4 (S. 49) beschrieben, so dass der Schwerpunkt in diesem Kapitel auf den Emissionen während der Pkw-Fahrt liegt.

Die **Auspuff-Emissionen** lassen sich in mehrere Gruppen unterteilen. Die **erste Gruppe** der Auspuff-Emissionen enthält die direkt vom Kraftstoffverbrauch abhängigen Emissionen. Hierzu zählen insbesondere die CO_2- und SO_2-Emissionen sowie die Emissionen von im Kraftstoff enthaltenen Metallen. Diese Emissionen hängen neben dem Verbrauch auch von der Kraftstoffqualität ab. So wurden z. B. die Bleiemissionen durch die Einführung unverbleiter Kraftstoffe deutlich gesenkt. Es wird davon ausgegangen, dass die Emissionen pro kg Treibstoff für CO_2 und alle Metalle konstant bleiben. Für die biogenen Kraftstoffe SNG und FT-Diesel wird angenommen, dass alle CO_2-Emissionen aus dem Auspuff biogene Emissionen sind und damit nicht zu den THG gezählt werden. Die Emissionsfaktoren sind in Tabelle 3-21 zusammengefasst.

Tabelle 3-21: Angenommene Werte der CO_2-Emissionen und des Schwefelgehalts des Kraftstoffs

	Einheit	Diesel	Gas
Kohlendioxid (CO_2) [1,a]	$kg_{CO_2}/kg_{Kraftstoff}$	3,15	2,63
Schwefeldioxid (SO_2) [b]	$mg_S/kg_{Kraftstoff}$	8,3 [2]	2,0 [3]

1) [Hischier et al. 2010]
2) [infras 2010; Norm DIN EN 590 2010]
3) [Krause 2009; Norm DIN 51624 2008; DVGW 2008]
a) nur für Diesel und Erdgas als THG gezählt.
b) für biogene sowie fossile Kraftstoffe.

Die **zweite Gruppe** sind reglementierte Schadstoffe, die bei der Verbrennung entstehen. Hierzu gehören Kohlenmonoxid, Stickoxide, Partikel und Kohlenwasserstoffe. Diese sind über die EURO-Abgasnormen [VO 715/2007/EG 2007] limitiert. In der Zukunft wird von einer weiteren Verschärfung dieser Normen (vgl. Tabelle 3-22) ausgegangen.

Tabelle 3-22: Angenommene Grenzwerte der limitierten Pkw-Emissionen für Gas- und Diesel-Pkw im NEFZ

in mg/km	2011 (EURO 5)		2020		2035	
	Diesel	Gas	Diesel	Gas	Diesel	Gas
Kohlenmonoxid (CO)	500	1.000	370	970	280	815
Stickoxide (NO_x)	180	60	50	40	10	15
Kohlenwasserstoffe (HC)		100		70		35
- davon Nicht-Methan (NMHC)		68		50		25
NO_x + HC	230		100		25	
Partikel (PM)	5	5	2	2	0,5	0,5

Die Werte beruhen auf einer Fortschreibung der EURO-Normen (exponentielle Minderung bezogen auf die Zeit), gemessen im NEFZ-Fahrzyklus.

In Anlehnung an infras [2010]; Hausberger [2010]; Bach & Lienin [2007]; Weiss, Bonnel, et al. [2012] wurden diese Grenzwerte mit Umrechnungsfaktoren an den in dieser Arbeit verwendeten CADC angepasst. Die Unterschiede sind teilweise beachtlich, wie in Tabelle 3-23 dargestellt. Die Unterschiede zwischen Pendler- und Allzweckauto ergeben sich unter anderem durch die unterschiedliche Gewichtung der Teil-Fahrzyklen des CADC.

Tabelle 3-23: Angenommene Emissionen der limitierten Schadstoffe von Gas- und Diesel-Pkw im CADC

in mg/km	Pkw-Typ	2011 (EURO 5)		2020		2035	
		Diesel	Gas	Diesel	Gas	Diesel	Gas
Kohlenmonoxid (CO)		110	360	110	290	110	250
		80	490	90	380	90	340
Stickoxide (NO$_x$)		520	57	200	53	50	48
		510	53	200	49	50	44
Kohlenwasserstoffe (HC)		24,6	12,7	23	11,4	16	10
		20,6	14,8	20	12,7	15	11
- davon Nicht-Methan (NMHC) [a]		23,9	1	22,8	0,9	8,8	0,8
		20,1	1,2	19,2	1	7,8	0,9
Partikel (PM)		1,8	1,4	1,8	1,2	0,5	0,5
		1,7	1,9	1,7	1,6	0,5	0,5

Daten basierend auf infras [2010]; Hausberger [2010]; Bach & Lienin [2007], bezogen auf den CADC-Zyklus und gewichtet nach der angenommenen Verteilung von Stadt-Land-Autobahnfahrten von 50-35-15 (Pendler) bzw. 20-50-30 (Allzweck). Die Unsicherheit der Daten ist hoch, andere Messungen ergaben z.T. zehnmal höhere Emissionen in einzelnen Kategorien [Tsai et al. 2012; Hesterberg et al. 2008]. Einige Quellen gehen von deutlichen Emissionsminderungen von FT-Diesel gegenüber Diesel aus[Europäisches Zentrum für erneuerbare Energie Güssing GmbH et al. 2008], dies wurde aufgrund der unsicheren Datenlage nicht berücksichtigt.

Diese Emissionen entstehen sowohl durch biogene als auch durch fossile Kraftstoffe.

a) Die weitere Aufschlüsselung der Nicht-Methan-Kohlenwasserstoffe erfolgte anhand der Faktoren in Hischier et al. [2010].

In der **dritten Gruppe**, den sonstigen Emissionen, wurden Distickstoffmonoxide und Ammoniak aus infras [2010] übernommen und polyzyklische aromatische Kohlenwasserstoffe (PAH) aus Hischier et al. [2010]; die gesamten ozonbildenden Emissionen wurden mit Tsai et al. [2012] abgeglichen (vgl. Tabelle 3-24).

Tabelle 3-24: Angenommene Werte der sonstigen Auspuffemissionen

in mg/km	Diesel	Gas
Distickstoffmonoxid (N$_2$O)	4,4 / 5 [a]	0,866
Ammoniak (NH$_3$)	1,0	34,5
polyzyklische aromatische Kohlenwasserstoffe (PAH)	0,0007	0,001

Daten basierend auf infras [2010; Hischier et al. [2010].
a) für Allzweck- / Pendlerauto.

Allen Fahrzeugen gemein sind die **Emissionen durch Abrieb** an den Kontaktflächen zwischen Reifen und Straße sowie zwischen Bremsscheibe und Bremsbelag. Hierbei von Interesse sind insbesondere die freigesetzten (Schwer-)Metalle und Feinstaub-Partikel. Es wird angenommen, dass der Abrieb proportional zur Pkw-Masse ist. Daher wurden die Werte in Hischier et al. [2010] vereinheitlicht und an die jeweilige Pkw-Masse angepasst. Es wurde angenommen, dass das Drehmoment bei Elektroautos technisch beim Anfahren begrenzt wird, um einen erhöhten Reifenabrieb zu vermeiden.

Zusätzlich wurde der Bremsabrieb für Elektrofahrzeuge verringert, da die Rekuperation durch den Motor einen Teil der Bremsenergie aufnimmt. Die Verringerung des Abriebs wurde mit 50 %, 60 % und 70 % in den Jahren 2011, 2020 und 2035 angenommen. Analog wurden für Erdgas- und Diesel-Pkw aufgrund teilweiser Rekuperation (mild hybrid) Minderungen von 0 %, 15 % und 35 % angenommen. Die Emissionen durch Bremsen und Reifen pro kg Pkw-Masse sind in Tabelle 3-25 zusammengefasst.

Tabelle 3-25: Emissionen durch Abrieb (Bremsen und Reifen)

in kg/(km*kg Pkw-Masse)	Reifen	Bremsen[a]
Blei	$2{,}82 \cdot 10^{-13}$	$8{,}24 \cdot 10^{-12}$
Cadmium	$1{,}12 \cdot 10^{-13}$	$5{,}69 \cdot 10^{-13}$
Chrom	$9{,}64 \cdot 10^{-14}$	$5{,}43 \cdot 10^{-12}$
Kupfer	$5{,}96 \cdot 10^{-14}$	$1{,}75 \cdot 10^{-11}$
Nickel	$4{,}16 \cdot 10^{-13}$	$5{,}73 \cdot 10^{-12}$
Partikel	$3{,}00 \cdot 10^{-8}$	$3{,}00 \cdot 10^{-8}$
Zink	$3{,}82 \cdot 10^{-10}$	$4{,}52 \cdot 10^{-10}$

a) Der Bremsabrieb wird für Elektroautos aufgrund der Rekuperation um 50, 60 bzw. 70 % in den Jahren 2011, 2020 bzw. 2035 verringert, für Erdgas- und Diesel-Pkw um 0, 15 und 35 %.

4 ERGEBNISSE

Mithilfe der in den vorangegangenen Kapiteln beschriebenen Methodik und Modellparameter wurden Simulationen durchgeführt, um die Fragen aus Kap. 1.3 (S. 3) zu beantworten. Die Frage nach dem Nutzungsverhalten wurde in Kap. 3.1.3 (S. 31) beantwortet, so dass sich dieses Kapitel auf die technische Effizienz, die Kosten und die THG-Emissionen sowie andere Umweltauswirkungen der Kraftstoffe Biostrom, Strommix, SNG, Erdgas, FT-Diesel und Diesel konzentriert. Daraus werden die technische und ökonomische Effizienz der THG-Minderung der biogenen Kraftstoffe gegenüber den fossilen Kraftstoffen abgeleitet.

Mit den in den Kap. 3.3 bis 3.6 beschriebenen Eingangsparametern wurden die in Kap. 3.2 beschriebenen Entwicklungslinien Trend, Gaszeitalter und Elektromobilität zu den Untersuchungszeitpunkten 2011, 2020 und 2035 simuliert. In diesem Kapitel werden die wichtigsten Ergebnisse dieser Simulationen dargestellt.

Prinzipiell kann man biogene Kraftstoffe auf zwei Arten vergleichen. Einerseits kann davon ausgegangen werden, dass die Pkw-Flotte vorgegeben ist. In diesem Fall kann verglichen werden, welche Auswirkungen die Substitution eines fossilen Kraftstoffs durch einen biogenen Kraftstoff hat (s. Kap. 4.1). In diesem Fall wird der Pkw-Lebenszyklus nicht betrachtet, und jeder Kraftstoff mit seiner fossilen Referenz verglichen. Dieser Ansatz eignet sich besonders, wenn untersucht werden soll, wie der Kraftstoffmarkt möglichst effizient gestaltet werden könnte.

Andererseits kann untersucht werden, wie sich Kosten und Umweltauswirkungen verhalten, wenn ein Pkw einen Diesel-Pkw mit Dieselkraftstoff substituiert. In diesem Fall muss der Pkw-Lebenszyklus berücksichtigt werden. Als Referenz dient der Diesel-Pkw. Diese Betrachtungsweise wird in Kap. 4.2 dargestellt und ist geeignet, wenn z. B. untersucht werden soll, ob auch Anreize für den Kauf eines bestimmten Pkw-Typs gegeben werden sollen.

Für beide Substitutionsarten wurden in dieser Arbeit die gleichen Entwicklungslinien und Modellparameter verwendet.

In den Kap. 4.1 und 4.2 werden jeweils die interessantesten Ergebnisse über alle Entwicklungslinien dargestellt. Zuerst wird das nötige Waldrestholz pro Pkm dargestellt, anschließend die Kosten und Umweltauswirkungen. Darauf aufbauend wird die Differenz zur Referenz (fossiler Kraftstoff bzw. Diesel-Pkw) und zusammenfassend die technische (mögliche Minderungen pro kg Waldrestholz) und ökonomische Effizienz (Minderungskosten) zur Minderung der THG-Emissionen und anderer ausgewählter Umweltauswirkungen abgebildet.

Anschließend werden in Kap. 4.3 Sensitivitätsanalysen für entscheidende Parameter durchgeführt und zuletzt in Kap. 4.4 die wichtigsten Ergebnisse noch einmal zusammengefasst.

4.1 SUBSTITUTION DES JEWEILIGEN FOSSILEN KRAFTSTOFFS

In diesem Kapitel werden die biogenen Kraftstoffe ausgehend von der Prämisse verglichen, dass die Pkw-Flotte sich durch den Einsatz von biogenen Kraftstoffen nicht ändert. Diese Annahme wird durch die Tatsache gerechtfertigt, dass das für biogene Kraftstoffe zur Verfügung stehende Waldrestholzpotential in Deutschland im Vergleich zum gesamten Kraftstoffverbrauch gering ist, so dass der biogene Anteil eher eine Beimischung zum bestehenden Kraftstoff darstellen wird. Bei dieser Betrachtung wird der Pkw-Lebenszyklus weder für die Kosten noch für die Umweltauswirkungen berücksichtigt, sondern nur die Bereitstellung- und Nutzungskette (Well-to-Wheel) des biogenen mit dem jeweiligen fossilen Kraftstoff verglichen.

4.1.1 NÖTIGES WALDRESTHOLZ PRO PKM

Ein wichtiges Effizienzkriterium bei der Betrachtung von Kraftstoffen aus begrenzt verfügbaren Rohstoffen ist die technische Effizienz, die aufzeigt, wie viel Waldrestholz (mit 50 % Trockenmasse) für die Bereitstellung eines Personenkilometers benötigt wird (s. Abbildung 4-1). Mit ca. 100 g Waldrestholz pro Pkm ist Biostrom die effizienteste Alternative vor SNG und FT-Diesel. Dies liegt hauptsächlich an der deutlich effizienteren Nutzung im Pkw, da die Umwandlungseffizienz von Waldrestholz in Strom, SNG und FT-Diesel zwischen 16 und 26 % liegt. Der Energiebedarf für Klimatisierung und Heizung ist für alle Pkw als Durchschnittswert über das Jahr im Waldrestholzbedarf enthalten (900 W für das Pendler-, 1.200 W für das Allzweckauto).

Bei Betrachtung des FT-Diesels erkennt man auch, dass hier ein deutlicher Unterschied im angenommenen Kraftstoffbedarf zwischen Pendlerauto und Allzweckauto pro Pkm vorliegt.

Der Unterschied zwischen den verschiedenen Entwicklungslinien[26] ist nicht sehr groß und kommt durch die unterschiedlich angenommene Verbrauchsminderung der Pkw in Abhängigkeit der Pkw-Zulassungszahlen zustande.

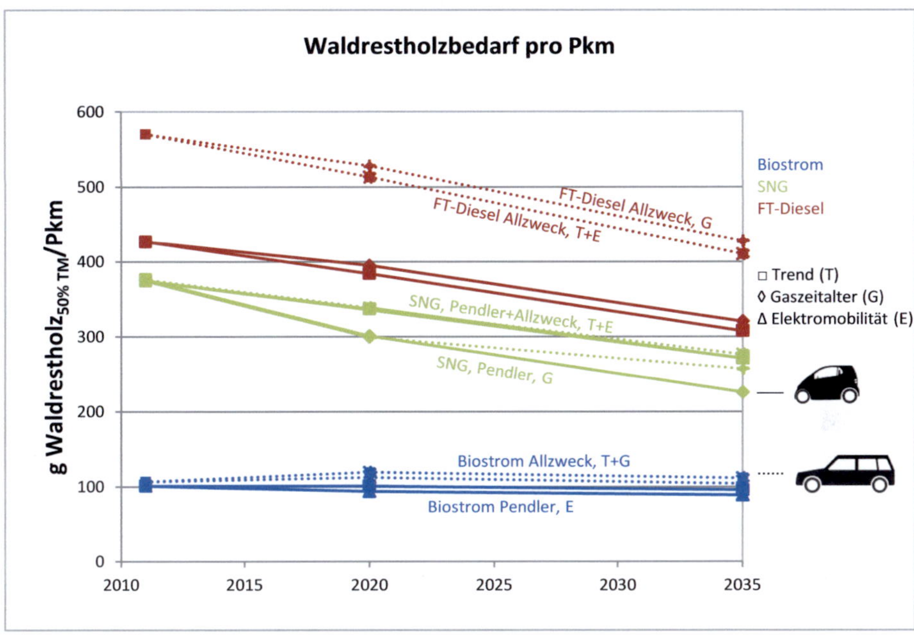

Abbildung 4-1:   Waldrestholzbedarf pro Pkm – Entwicklung 2011 bis 2035

4.1.2 KRAFTSTOFFKOSTEN PRO PKM

Wird der fossile durch einen biogenen Kraftstoff substituiert, unterscheiden sich die fossile und die biogene Variante ökonomisch nur in den Kraftstoffkosten. Die Kraftstoffsteuern und Mehrwertsteuer auf den Kraftstoff sind in den angegebenen Kraftstoffkosten nicht enthalten; um zu vermitteln, wie durch Steueranreize die Kostenstruktur verändert werden kann, sind diese an einigen Stellen jedoch zusätzlich ausgewiesen. Alle Kosten sind als €$_{2011,BJ}$[27] angegeben.

In Abbildung 4-2 sind die Kosten der biogenen und fossilen Kraftstoffe für 2011 dargestellt. Während das Fahren mit Biostrom nur geringfügig teurer ist als mit dem

---

[26] T: Trend (weitere Dominanz flüssiger Kraftstoffe), G: Gaszeitalter (starke Zunahme an Gasautos, dadurch stärke Optimierung und Kostendegression), E: Elektromobilität (Einhaltung der Ziele der Bundesregierung, 1 Mio. Elektroautos bis 2020 auf deutsche Straßen zu bringen), siehe auch Kap. 3.2, S. 31.

[27] BJ steht für Bezugsjahr, s. Kap. 2.3.2, S. 16.

deutschen Strommix, sind SNG und FT-Diesel mehr als doppelt so teuer wie die fossile Referenz.

Die dargestellten Steuern sind für die biogenen Kraftstoffe jeweils gleich angenommen wie für die fossile Referenz. Man sieht, dass selbst beim kompletten Erlass aller Steuern auf biogene Kraftstoffe SNG und FT-Diesel im Jahr 2011 immer noch teurer sind als die fossile Referenz.

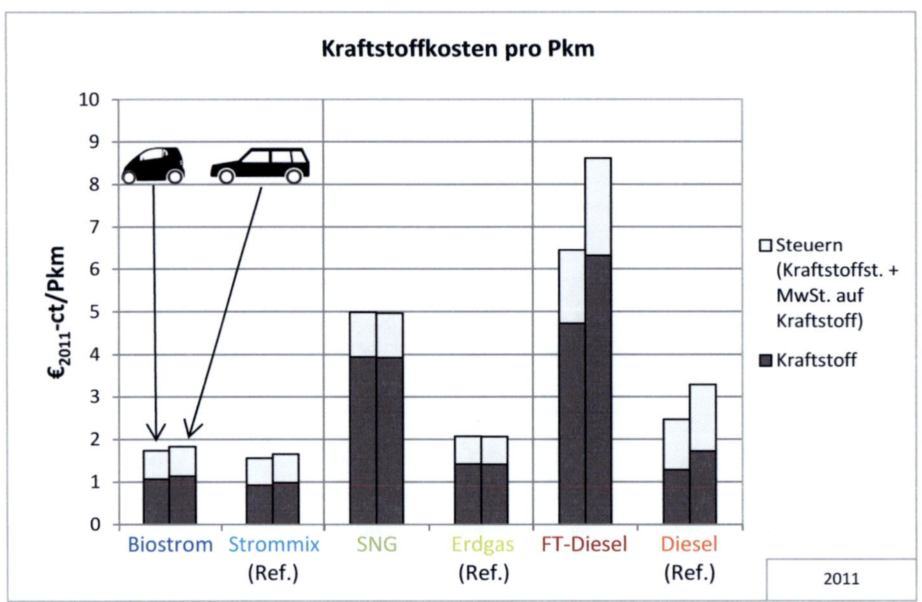

Abbildung 4-2:   Kraftstoffkosten pro Pkm 2011

Bis 2035 (Abbildung 4-3) nehmen die Kosten für die Fahrt mit SNG und FT-Diesel in den Entwicklungslinien deutlich ab, die anderen Kosten bleiben relativ konstant. Die Optimierung der Pkw hin auf geringeren Verbrauch bewirkt, dass trotz der Verteuerung der fossilen Referenz-Kraftstoffe Strom, Erdgas und Diesel die Kosten pro Pkm leicht abnehmen.

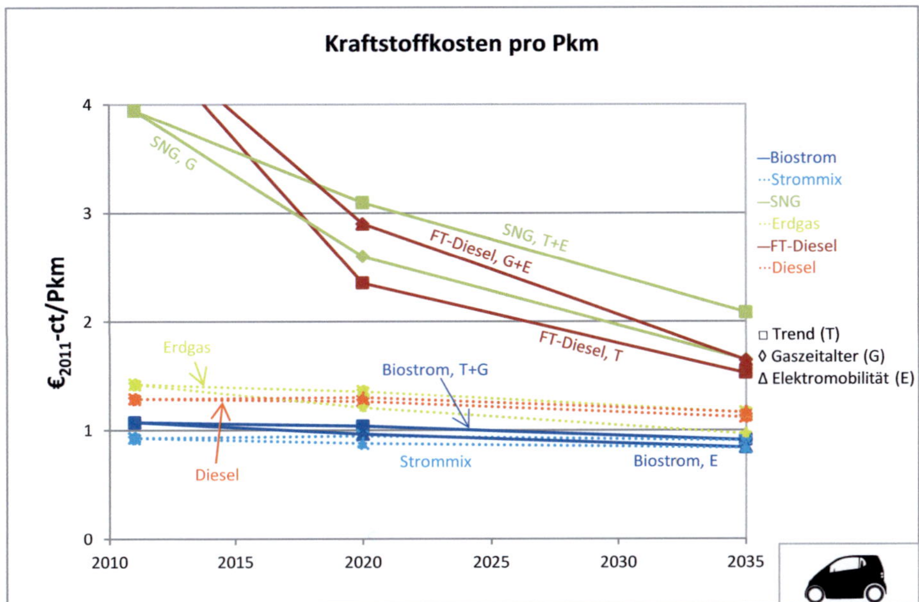

Abbildung 4-3:   Kraftstoffkosten pro Pkm der Pendlerautos – Entwicklung 2011 bis 2035

In allen Entwicklungslinien (T, G, E) bleibt Biostrom der günstigste biogene Kraftstoff. SNG und FT-Diesel sind selbst 2035 noch deutlich teurer; deren Reihenfolge hängt von der Entwicklungslinie ab.

Bei Einsatz im Allzweckauto sind die Kosten generell etwas höher und betragen 2035 für FT-Diesel etwa 2 ct/Pkm und sind damit in den Entwicklungslinien Gaszeitalter und Elektromobilität über denen von SNG (vgl. Anhang H.1, S. XXXIII).

4.1.3   UMWELTAUSWIRKUNGEN PRO PKM

Wie in Kap. 2.3.3 (S. 20) dargelegt, wird in dieser Arbeit den **THG-Emissionen** eine besondere Bedeutung innerhalb der betrachteten Umweltauswirkungen beigemessen, da sie in der Regel als Entscheidungskriterium bei Biokraftstoffen herangezogen werden. Für das Jahr 2011 sind diese in Abbildung 4-4 zusammengefasst.

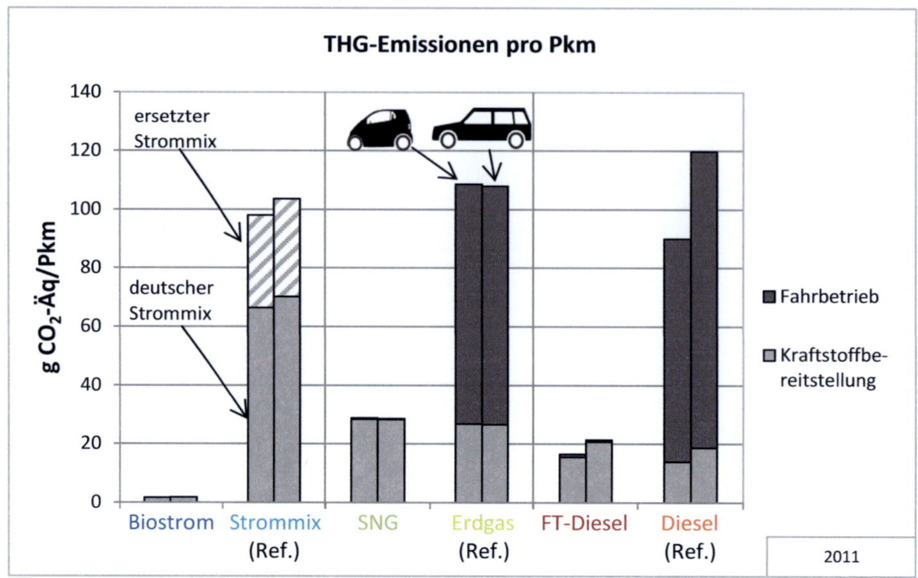

Abbildung 4-4:   THG-Emissionen pro Pkm – 2011

Wie in Kap. 2.3.3 beschrieben, wurden die biogenen CO_2-Emissionen nicht als THG-Emissionen gezählt, deshalb haben die biogenen Kraftstoffe nur sehr geringe THG-Emissionen im Fahrbetrieb.

Unter den biogenen Kraftstoffen verursacht Biostrom aufgrund der effizienten Umwandlungskette mit Abstand die geringsten Emissionen, während SNG aufgrund der aufwändigen Gaskompression an der Tankstelle die höchsten Emissionen aufweist.

Da jeder biogene Kraftstoff mit seiner fossilen Referenz verglichen wird, hängt sein THG-Minderungspotential von den Emissionen des fossilen Kraftstoffs ab. Alle biogenen Kraftstoffe ermöglichen deutliche THG-Einsparungen gegenüber ihrer fossilen Referenz.

Die in Kap. 3.3.2 (S. 43) besprochene Wahl des Referenz-Strommixes spielt hier eine bedeutende Rolle für die Höhe der THG-Minderungen von Biostrom (vgl. Abbildung 4-4). Wird dieser mit dem deutschen Strommix verglichen, sind die Minderungen geringer als die von SNG und FT-Diesel – aufgrund des Anteils erneuerbaren Stroms. Wird er allerdings mit dem ersetzten Strommix (der nahezu keinen erneuerbaren Strom enthält) verglichen, sind die Einsparungen höher.

SNG und Erdgas verursachen in der Kraftstoffbereitstellung und speziell aufgrund der Gaskompression an der Tankstelle relativ hohe THG-Emissionen. Andererseits setzt Erdgas bei der Verbrennung weniger THG frei als Diesel. Aufgrund eines wenig effizienten Gas-Pendlerautos im Jahr 2011 sind jedoch die THG-Emissionen für beide Pkw pro

Pkm sehr ähnlich. Bei Diesel hingegen liegt dem Pendlerauto ein auf den Verbrauch optimierter Kleinwagen zugrunde, weshalb Diesel dort insgesamt (einschließlich Kraftstoff-Vorkette) sogar klimafreundlicher ist als Erdgas. Im Allzweckauto verursacht Erdgas wie erwartet weniger THG als Diesel.

Wie in Abbildung 4-5 für das Pendlerauto zu sehen, nehmen die Emissionen insbesondere der fossilen Kraftstoffe bis 2035 ab. Die einzige Änderung in der Rangfolge der Kraftstoffe ist, dass in der Entwicklungslinie Gaszeitalter Erdgas auch im Pendlerauto klimafreundlicher wird als Diesel. Im Allzweckauto ist Erdgas immer klimafreundlicher als Diesel und SNG fast genauso klimafreundlich wie FT-Diesel. Bis auf diese Unterschiede ergeben sich ähnliche THG-Emissionen für das Allzweckauto wie für das Pendlerauto.

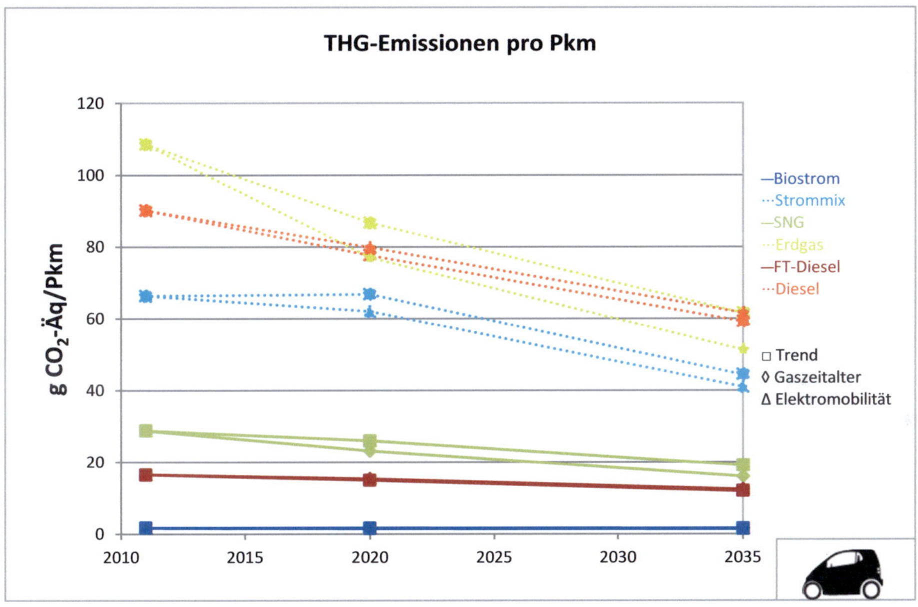

Abbildung 4-5:   THG-Emissionen pro Pkm der Pendlerautos – Entwicklung 2011 bis 2035

Das Modell kann zahlreiche weitere Umweltauswirkungen berechnen (s. Kap. 2.3.3 und Abbildung 4-6). Eine Möglichkeit, wichtige Umweltauswirkungen herauszufiltern, ist die Darstellung der Unterschiede zwischen den Kraftstoffen, z. B. anhand der prozentualen Werte im Vergleich zur emissionsintensivsten Alternative (s. Abbildung 4-6 für das Allzweckauto im Szenario Trend 2020). Es zeigt sich, dass in nahezu allen Kategorien die Unterschiede zwischen den Kraftstoffen beachtlich sind. Zudem verdeutlicht Abbildung 4-6, dass Biostrom in allen Umweltauswirkungs-Kategorien am wenigsten Emissionen verursacht (auch in nahezu allen anderen Szenarien).

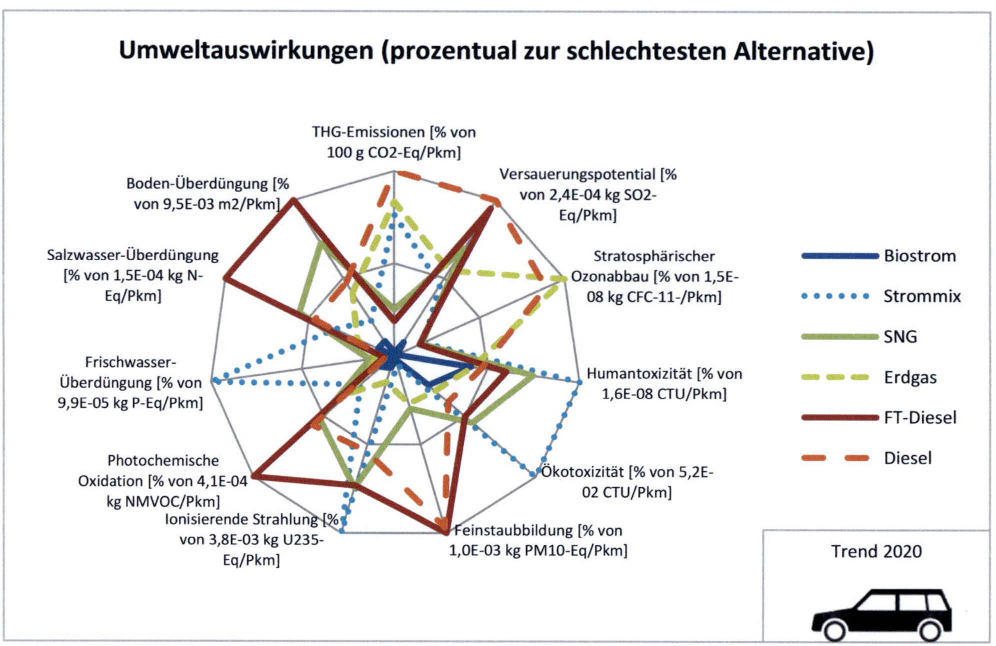

Abbildung 4-6:   Umweltauswirkungen (prozentual zur schlechtesten Alternative) der Allzweckautos –
Trend 2020

Eine weitere Möglichkeit, die für diese Untersuchung wichtigsten Umweltauswirkungen zu bestimmen, ist ihr Bezug auf Einwohnerdurchschnittswerte. Dazu werden die durch das Fahren mit einem Kraftstoff pro Jahr verursachten Auswirkungen durch die durchschnittlichen Emissionen geteilt, die jährlich von einem Europäer verursacht werden (vgl. Tabelle 2-1, S. 24). Bei einer solchen Darstellung für das Szenario „Trend 2020" (s. Abbildung 4-7) fallen insbesondere die Frischwasser-Überdüngung bei Nutzung des deutschen Strommixes sowie die Feinstaub-Emissionen bei allen Verbrennungsmotoren auf. Aber auch die Salzwasser-Überdüngung und die Humantoxizität sind im Vergleich zu den sonstigen europäischen Emissionen relevant. Diese Kategorien und die Ursache für die hohen Auswirkungen werden daher näher betrachtet.

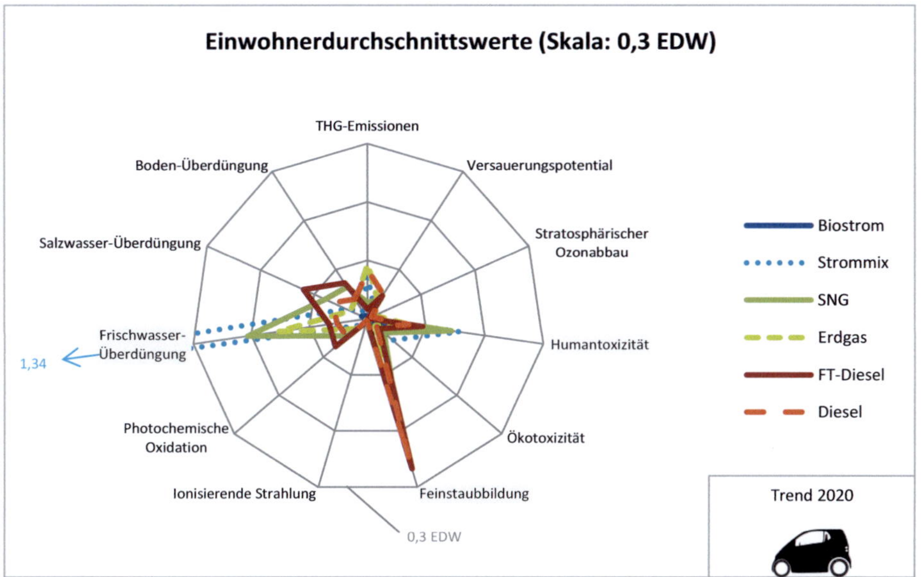

Abbildung 4-7:   Umweltauswirkungen (Einwohnerdurchschnittswerte) der Pendlerautos – Trend 2020

Eine solche Darstellung sagt zunächst nur etwas darüber aus, wie hoch die durch den Kraftstoff verursachten Emissionen im Vergleich zu den gesamten europäischen Emissionen in der betrachteten Kategorie sind, nicht aber über die Wichtigkeit für die Gesellschaft, diese Emissionen zu reduzieren. Eine solche Wertung kann z. B. über einen *Single Score*-Wert vorgenommen werden, in den alle Auswirkungen gewichtet eingehen. Dieser wird in den Kap. 4.1.4 (S. 85) und 4.1.5 (S. 86) besprochen.

Im Folgenden werden die Kategorien Frischwasser- und Boden-Überdüngung, Feinstaubbildung und Humantoxizität aufgrund ihrer hohen Einwohnerdurchschnittswerte etwas näher beleuchtet. Je nach betrachteten Emissionen und Kraftstoffen können die Emissionen sowohl während der Kraftstoffbereitstellung als auch während des Fahrbetriebs auftreten.

Bei der **Frischwasser-Überdüngung** (s. Abbildung 4-8) ist Biostrom die einzige Möglichkeit, die Emissionen gegenüber der fossilen Referenz zu mindern. Dies liegt an den hohen Emissionen des deutschen Strommixes, die zu über 90 % in der Kraftstoffbereitstellungskette (Stromerzeugung) durch die Braunkohlekraftwerke entstehen. Hierbei ist zu beachten, dass die zugrunde liegenden Daten der Braunkohlekraftwerke aus Hischier et al. [2010] aus dem Jahr 2000 stammen. Die im Vergleich zu FT-Diesel und Diesel höheren Emissionen von SNG und Erdgas sind größtenteils auf den Strombedarf zur Gaskompression an der Tankstelle zurückzuführen.

Bis 2035 wurde von einer deutlichen Abnahme des Anteils an Braunkohlekraftwerken im deutschen Strommix ausgegangen, so dass sich bei der Überdüngung durch den Strommix eine Abnahme von 8-10·10^{-5} auf ca. 4·10^{-5} kg P-Äq/Pkm ergibt.

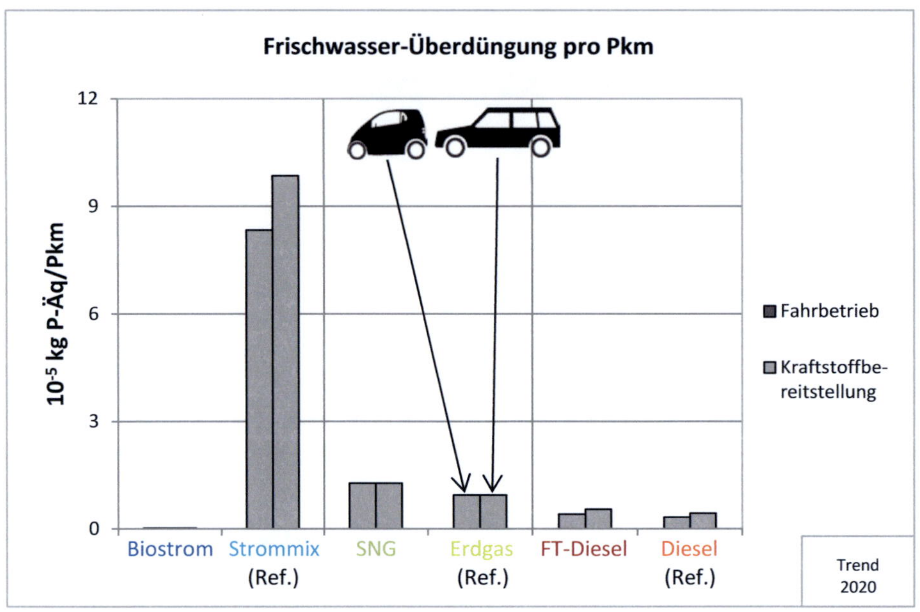

Abbildung 4-8:   Frischwasser-Überdüngung pro Pkm – Trend 2020

Bei der **Boden-Überdüngung** ist Biostrom ebenfalls die einzige Möglichkeit, die Emissionen gegenüber der Referenz zu mindern (s. Abbildung 4-9).

Die Auswirkungen von Biostrom entstehen dabei hauptsächlich durch Stickoxide (NO$_x$) bei der Stromerzeugung. Bei SNG und FT-Diesel werden während der Kraftstoffbereitstellungskette sowohl bei der Synthesegasproduktion als auch bei der FT-Synthese viele Stickoxide freigesetzt. Allerdings könnten diese Emissionen durch eine Abgasreinigung relativ einfach deutlich reduziert werden.

Während des Fahrbetriebs verursacht der Gasmotor signifikant mehr Ammoniak als der Dieselmotor, dieser jedoch mehr Stickoxide (vgl. Tabelle 3-24, S. 71 und infras [2010]; Hischier et al. [2010]), so dass die Fahrbetriebs-Emissionen der Verbrennungsmotoren 2020 vergleichbar sind. 2035 wurde von einer deutlichen Reduzierung der NO$_x$-Emissionen des Dieselmotors ausgegangen, während die Ammoniakemissionen des Gasautos als konstant angenommen wurden.

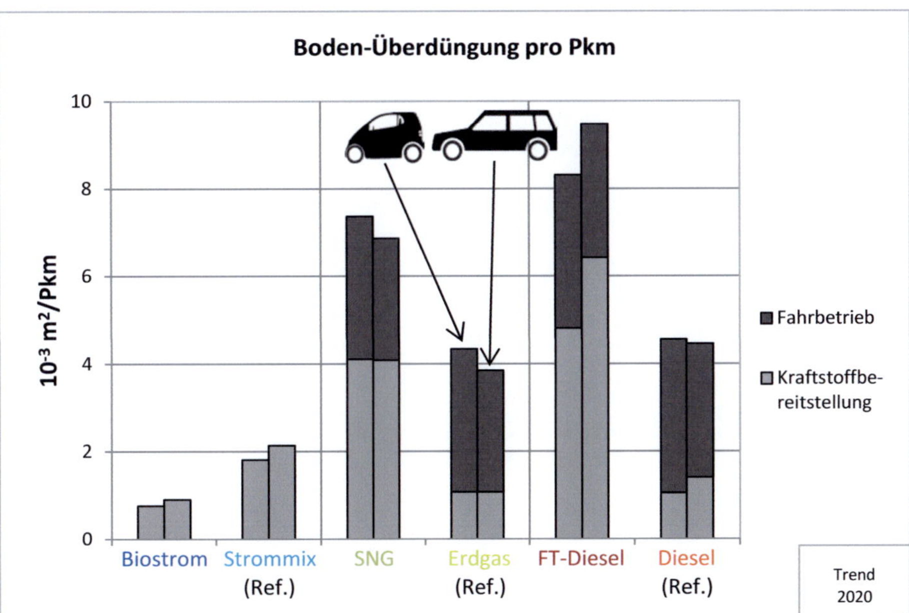

Abbildung 4-9:   Boden-Überdüngung pro Pkm – Trend 2020[28]

Bei der **Öko- und Humantoxizität** erlaubt wieder einzig Biostrom unter den biogenen Kraftstoffen eine Einsparung an toxischen Emissionen gegenüber der fossilen Referenz (vgl. Humantoxizität in Abbildung 4-10).

Die Kraftstoffbereitstellung spielt hier ebenfalls eine wichtige Rolle. Die Emissionen in der SNG- und FT-Diesel-Vorkette entstehen hauptsächlich durch die Herstellung von Zeolithen für die Synthesegasproduktion und durch die Herstellung von Primärzink für die SNG-Produktion. Bei beiden Prozessen sind die Unsicherheiten hoch, und eventuell können die Stoffe durch recycelte Stoffe ersetzt werden, so dass die Ergebnisse in der Vorkette von SNG und FT-Diesel mit Vorsicht zu betrachten sind. Beim Strommix entstehen die toxischen Emissionen in der Kraftstoffvorkette hauptsächlich durch Kohlekraftwerke.

Während des Pkw-Fahrbetriebs entsteht die Toxizität durch den Brems- und Reifenabrieb, und hier insbesondere durch Schwermetalle. Interessanterweise wird der Bremsabriebs-Vorteil des Elektroautos aufgrund der höheren Rekuperation durch den Nachteil des höheren Reifenabriebs durch die höhere Masse wieder kompensiert.

---

[28] Die Einheit m² UES drückt aus, welche Bodenfläche durch die Emissionen zusätzlich überdüngt wird. Für Details siehe [Hauschild & Potting 2004].

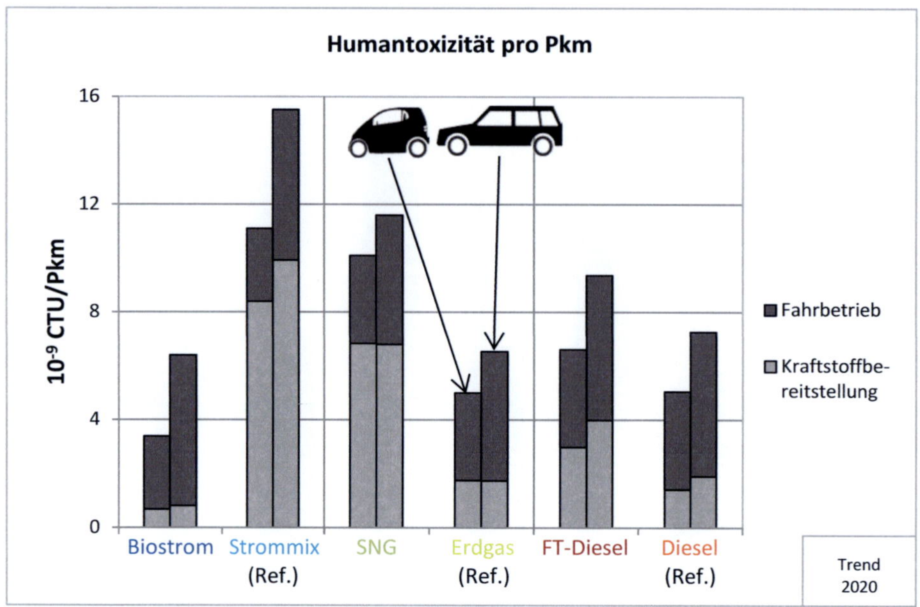

Abbildung 4-10:   Humantoxizität pro Pkm – Trend 2020

Feinstaub wird im Gegensatz zur Toxizität hauptsächlich während des Fahrbetriebs gebildet. Abbildung 4-11 zeigt das erwartete Bild: Der Dieselmotor verursacht signifikant höhere Feinstaubemissionen als alle anderen Motoren und Kraftstoffe. Ein kleiner Teil der Emissionen während des Fahrbetriebs ist wieder auf den Brems- und Reifenabrieb zurückzuführen, wie beim Elektroauto zu sehen ist.

Ein weiterer interessanter Unterschied zwischen Pendler- und Allzweckauto besteht darin, dass durch den höheren Anteil von Autobahnfahrten des Allzweckautos deutlich höhere Feinstaubemissionen bei den Pkw mit Dieselmotor entstehen (Abbildung 4-11). Allerdings entstehen diese dadurch meistens auch in weniger dicht besiedelten Gebieten. Bei einer genauen Untersuchung zur Schädigung der menschlichen Gesundheit müsste daher die geografische Verteilung der Emissionen, deren Verweildauer in der Luft sowie die geografische Verteilung der Bevölkerung bekannt sein.

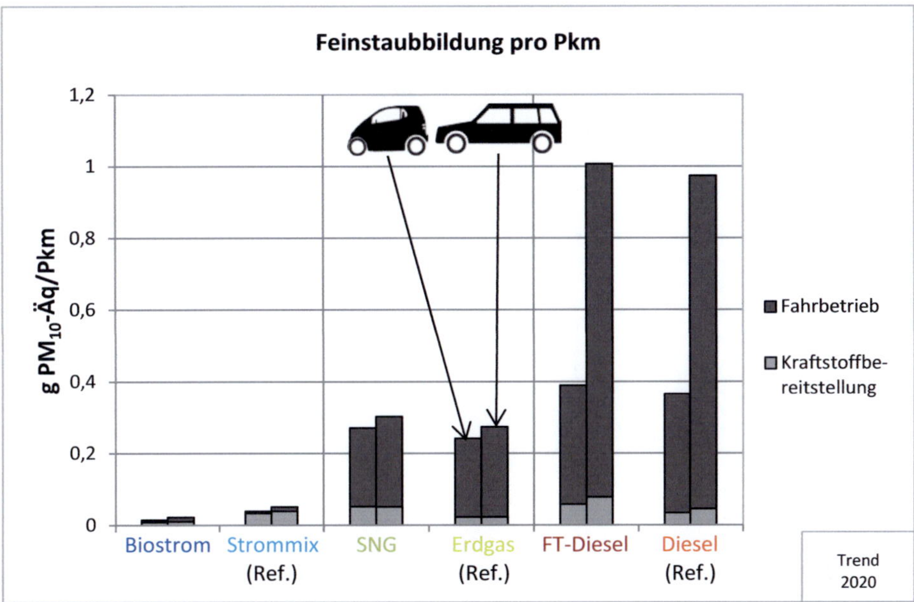

Abbildung 4-11:   Feinstaubbildung pro Pkm – Trend 2020

4.1.4   ÖKONOMISCHE UND UMWELTRELEVANTE DIFFERENZ ZUR FOSSILEN REFERENZ PRO PKM

Betrachtet man die Kosten- und Emissionsminderungen, die die biogenen Kraftstoffe gegenüber ihrer jeweiligen Referenz ermöglichen (vgl. Tabelle 4-1), ist Biostrom fast immer die beste Alternative. Nur beim stratosphärischen Ozonabbau können durchweg weniger Emissionen eingespart werden, als bei SNG und FT-Diesel.

Bei den THG-Emissionen sind die möglichen Einsparungen aller Alternativen sehr nahe beieinander, so dass je nach Entwicklungslinie die höchsten Einsparungen im Pendlerauto durch Biostrom oder FT-Diesel, im Allzweckauto immer durch FT-Diesel möglich sind. Allerdings sind durch Biostrom nur deshalb so geringe THG-Einsparungen möglich, weil die fossile Referenz, der deutsche Strommix, einen hohen Anteil erneuerbaren Stroms enthält. Würde man den durch den Biostrom ersetzten Strommix verwenden (vgl. Kap. 3.3.2, S. 43), wäre Biostrom auch bei den THG-Einsparungen in allen Entwicklungslinien die beste Alternative.

Durch die hohe Gewichtung der THG-Emissionen im ReCiPe Total gilt auch hier, dass Biostrom beim Vergleich mit dem ersetzten Strommix die höchsten ReCiPe Total Einsparungen ermöglichen würde, beim Vergleich mit dem deutschen Strommix jedoch alle Kraftstoffe sehr nahe beisammen liegen.

Tabelle 4-1: Einsparungen an Kosten und an Umweltauswirkungen der Kraftstoffe

Einsparungen gegenüber der fossilen Referenz	Einheit/Pkm	Pendlerauto			Allzweckauto		
		Biostrom	SNG	FT-Diesel	Biostrom	SNG	FT-Diesel
Kosten	€-ct	-0,09	-1,74	-1,09	-0,11	-1,73	-1,45
THG-Emissionen	g CO_2-Äq	65,1	60,6	62,7	77,0	60,3	83,8
Versauerungs-potential	0,01 g SO_2-Äq	7,56	-3,58	0,91	8,93	-3,56	1,21
Stratosphärischer Ozonabbau	0,01 mg CFC-11-Äq	0,21	1,31	0,86	0,25	1,30	1,15
Humantoxizität	10^{-9} CTU	7,71	-5,09	-1,56	9,11	-5,06	-2,09
Ökotoxizität	0,01 CTU	3,35	-1,37	-0,46	3,96	-1,37	-0,62
Feinstaubbildung	0,01 g PM_{10}-Äq	2,40	-2,91	-2,48	2,84	-2,89	-3,31
Ionisierende Strahlung	g U_{235}-Äq	3,03	-2,30	-0,57	3,58	-2,29	-0,76
Photochemische Oxidation	0,1 g NMVOC-Äq	0,51	-0,90	-1,31	0,60	-0,90	-1,75
Frischwasser-Überdüngung	0,01 g P-Äq	8,32	-0,33	-0,08	9,83	-0,33	-0,11
Salzwasser-Überdüngung	0,01 g N-Äq	3,09	-5,05	-5,77	3,65	-5,02	-7,72
Boden-Überdüngung	10^{-3} m^2	1,04	-3,03	-3,76	1,23	-3,01	-5,02
ReCiPe Total	10^{-3} points	6,23	6,30	5,50	7,36	6,26	7,35

Grüne Werte: besser als fossile Referenz. Rote Werte: schlechter als fossile Referenz.
Grüne Hinterlegung: beste Alternative. Rote Hinterlegung: schlechteste Alternative (aller biogener Kraftstoffe).

2020 2035

Trend | Trend
2020 | Elektromobilität

Lesebeispiel: Für das Allzweckauto und ReCiPe Total ist Biostrom im Szenario Trend 2020 mit 7,36·10^{-3} points die beste Alternative, in den Szenarien Trend 2035 und Elektromobilität 2035 jedoch die schlechteste.

4.1.5 TECHNISCHE UND ÖKONOMISCHE THG-MINDERUNGS-EFFIZIENZ

Das Ziel der Untersuchung war es, den biogenen Kraftstoff zu ermitteln, der am effizientesten die THG-Emissionen (und andere Umweltauswirkungen) gegenüber den fossilen Kraftstoffen mindern kann. Als Kriterien hierfür wurden speziell die technische THG-Minderungs-Effizienz (Emissionsminderung pro kg eingesetztem Waldrestholz) und die ökonomische THG-Minderungs-Effizienz (Emissions-Minderungskosten) definiert.

In Abbildung 4-12 ist die **THG-Emissionsminderung pro kg Waldrestholz** darge-stellt. Die Unterschiede zwischen dem Pendler- und dem Allzweckauto sind so gering, dass sie auf der Darstellung nicht sichtbar wären. Es zeigt sich, dass bei einer Kraft-stoffsubstitution Biostrom die THG-Emissionen technisch am effizientesten mindern kann, da alle Wirkungsgrade in der WtW-Kette sehr hoch sind. Wird er mit dem ersetz-ten Strommix verglichen, sind die Einsparungen pro kg Waldrestholz sogar bis zu fünfmal höher als bei SNG und FT-Diesel.

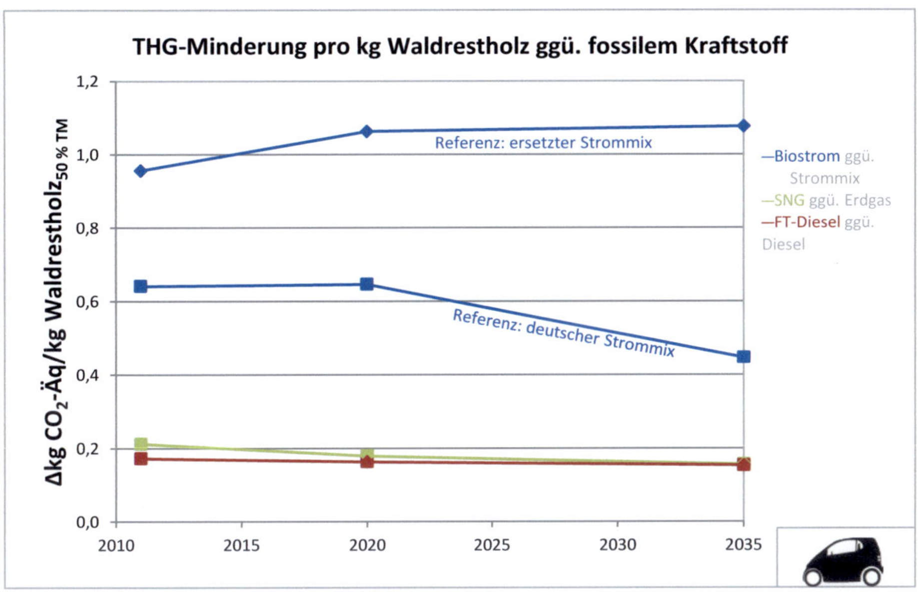

Abbildung 4-12:   Mögliche THG-Minderung pro kg Waldrestholz der biogenen Kraftstoffe gegenüber fossilem Kraftstoff – Pendlerauto, Entwicklung 2011 bis 2035

In Abbildung 4-13 sind die **THG-Minderungskosten** der biogenen Kraftstoffe gegen-über ihrem jeweiligen Referenzkraftstoff von 2011 bis 2035 dargestellt. Biostrom hat die geringsten Minderungskosten, da er im Vergleich zum Strommix nur geringfügig teurer ist. Aufgrund einer deutlich stärker angenommenen Kostendegression bei FT-Diesel fallen dessen Minderungskosten langfristig (bis 2035) unter die von SNG.

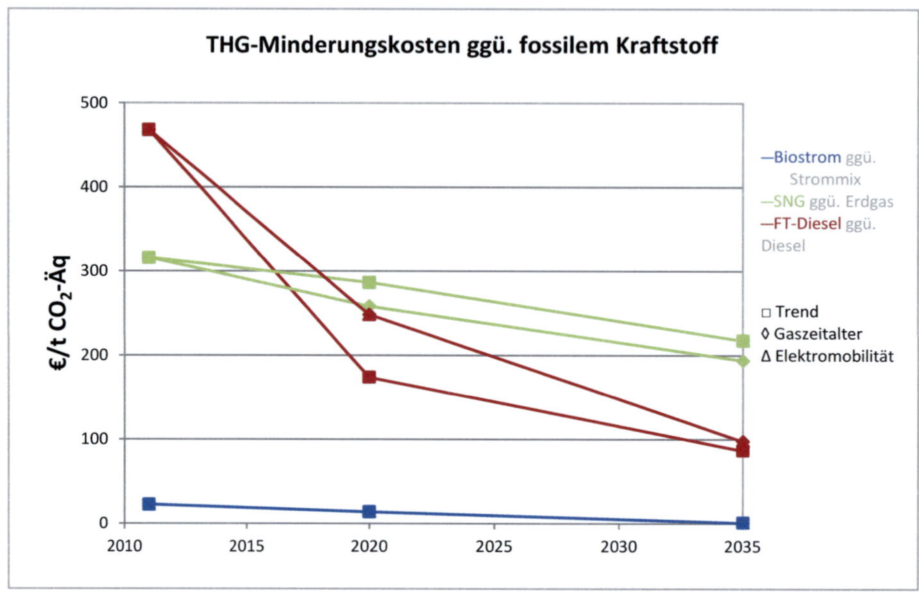

Abbildung 4-13:   THG-Minderungskosten der biogenen Kraftstoffe gegenüber fossilem Kraftstoff – Entwicklung 2011 bis 2035

Eine etwas detailliertere Darstellungsweise der ökonomischen THG-Minderungs-Effizienz ist in Abbildung 4-14 zu sehen. Dazu wurden für jeden biogenen Kraftstoff die Mehrkosten zum fossilen Kraftstoff über die THG-Minderung zum fossilen Kraftstoff aufgetragen. Die beste Alternative liegt im Diagramm rechts unten, konstante Minderungskosten liegen auf einer Linie durch den Nullpunkt. Als Beispiel sind die Linien mit Minderungskosten von 100 und 300 €/t CO_2-Äq dargestellt. Somit können neben den Minderungskosten auch die möglichen THG-Minderungen abgelesen werden.

Man sieht hier sehr gut, dass die THG-Minderungen von Biostrom stark vom zugrunde gelegten fossilen Strommix abhängen, dass er aber in jedem Fall die kosteneffizienteste Alternative ist, um THG einzusparen.

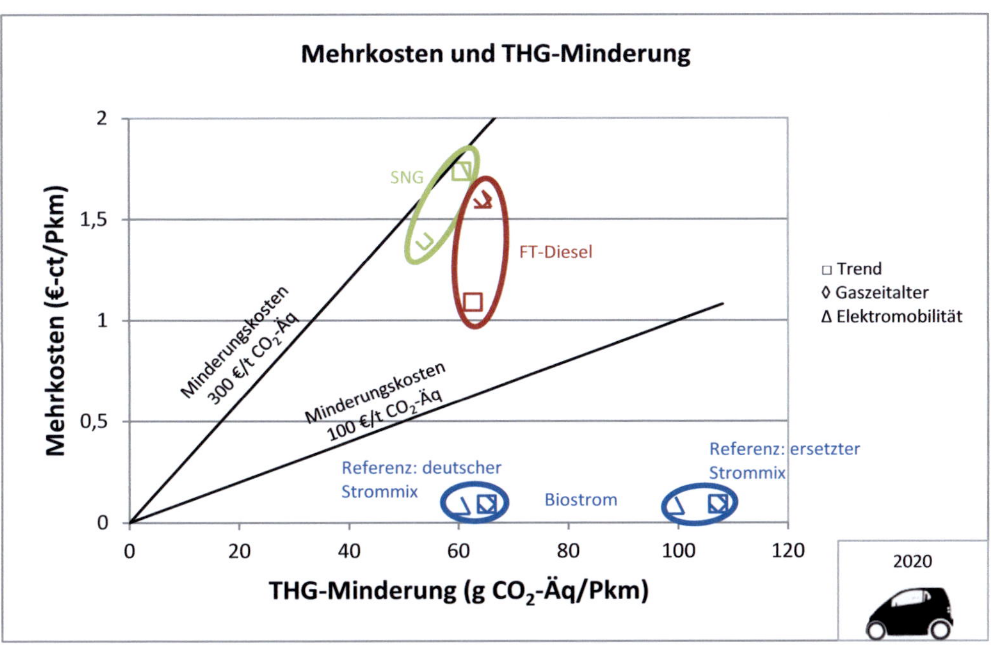

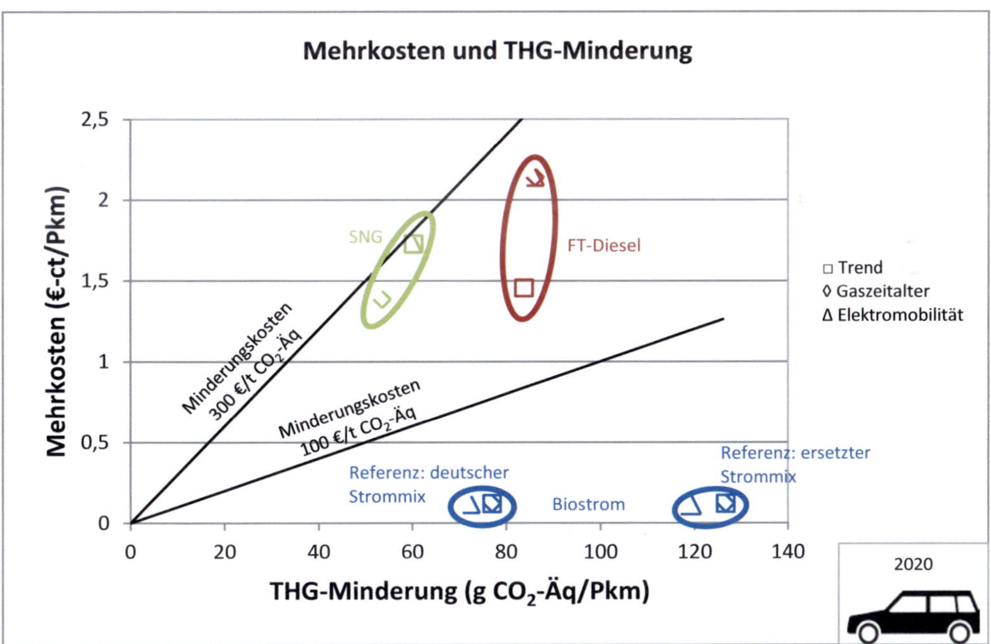

Abbildung 4-14:   Mehrkosten und THG-Minderung – 2020

In Abbildung 4-15 sind für **alle Umweltauswirkungen** und den ReCiPe Total Single Score die Minderungskosten dargestellt. Auch hier zeigt sich wieder, dass Biostrom alle Umweltauswirkungen gegenüber dem Strommix am kosteneffizientesten mindern kann, und dass durch SNG und FT-Diesel in vielen Kategorien gar keine Minderung möglich ist (in diesem Fall ist in Abbildung 4-15 kein Eintrag für den jeweiligen biogenen Kraftstoff zu sehen). Hier gilt allerdings zu beachten, dass bei der SNG- und FT-Produktion durch Abgasreinigung oder den Einsatz alternativer oder recycelter Materialien einige Umweltauswirkungen deutlich reduziert werden könnten.

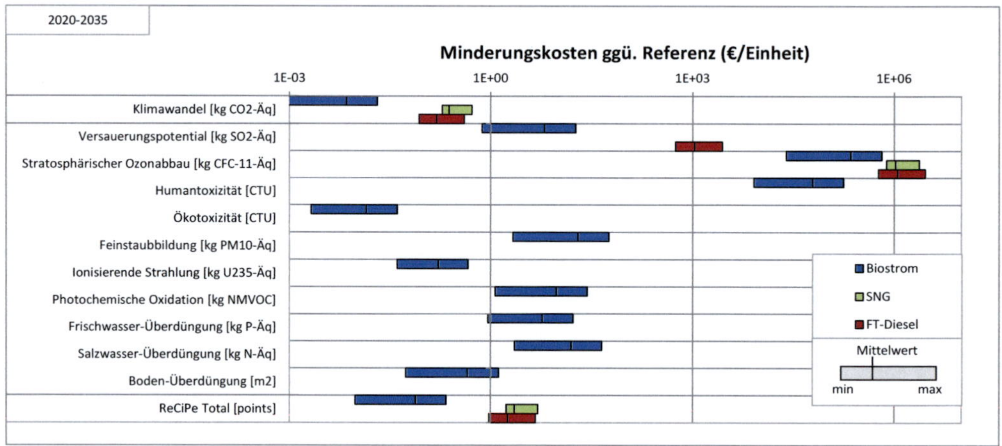

Abbildung 4-15: Logarithmische Minderungskosten der betrachteten Umweltauswirkungen der biogenen Kraftstoffe im Vergleich zum fossilen Kraftstoff – Bandbreite und Mittelwert aller Entwicklungslinien 2020-2035

Fazit: Wenn davon ausgegangen wird, dass in einer bestehenden Infrastruktur nur der fossile Kraftstoff durch biogenen Kraftstoff ersetzt werden soll, dann bietet Biostrom in praktisch jeder Hinsicht die effizienteste Möglichkeit, Umweltauswirkungen zu vermindern.

4.2   SUBSTITUTION EINES DIESEL-PKW

Soll – anders als in Kap. 4.1 – die Substitution eines Pkw betrachtet werden, dann muss neben dem Kraftstoff auch der Pkw-Lebenszyklus berücksichtigt werden. Diese Betrachtungsweise eignet sich zur Beantwortung der Frage, mit welcher Pkw-Kraftstoff-Kombination am effizientesten Emissionen verringert werden können, die sich insbesondere bei der Wahl des Pkw-Typs beim Neuwagenkauf stellt. Falls eine Pkw-Kraftstoff-Kombination umweltrelevante Vorteile bietet, aber ökonomisch nicht ganz konkurrenzfähig ist, könnte diese gezielt gefördert werden, z. B. durch Subventionen beim Pkw-Kauf, Steuerermäßigungen oder verschärfte Emissions-Grenzwerte.

Als substituierter Pkw wurde ein Diesel-Pkw gewählt. Da alle Pkw-Kraftstoff-kombinationen mit diesem verglichen werden, ist die Wahl dieser Referenz (Benzin, Diesel, etc.) nicht ausschlaggebend. Mit einem Benzin-Pkw als Referenz wären die Minderungen insgesamt größer; die Reihenfolge der Alternativen bliebe aber gleich. Der Diesel-Pkw wurde gewählt, da er für den FT-Diesel schon untersucht wurde. Das Elektroauto mit Strommix und das Gasauto mit Erdgas wurden als (fossile und nicht erneuerbare) alternative Kraftstoff-Pkw-Kombinationen zum Vergleich neben den biogenen Kraftstoffen mit aufgeführt.

Da die Unterschiede zwischen Pendlerauto und Allzweckauto bei dieser Betrachtungsweise größer sind, werden sie in den Kap. 4.2.1 und 4.2.2 getrennt betrachtet.

Es werden – wie in Kap. 4.1 – zuerst die Kosten und Umweltauswirkungen aller Pkw-Kraftstoff-Kombinationen dargestellt; die technische Effizienz (Waldrestholzbedarf/Pkm) bleibt gleich (s. Abbildung 4-1 auf S. 75) und wird daher nicht noch einmal aufgeführt. Anschließend werden die technische und ökonomische THG-Minderungseffizienz der Diesel-Pkw-Substitution durch einen Pkw mit Biostrom-, SNG- oder FT-Diesel-Antrieb abgeleitet.

4.2.1 PENDLERAUTO

Bei der Betrachtung der gesamten Kosten (TCO) des Fahrens eines Pendler-Pkw fällt auf, dass diese bis zum Jahr 2030 konvergieren (vgl. Abbildung 4-16).

Dies liegt einerseits daran, dass die deutlich höheren Pkw-Anschaffungskosten des Elektroautos bei steigenden Zulassungszahlen stark abnehmen werden, so dass durch die geringeren Kraftstoffkosten (vgl. Abbildung 4-17 und Kap. 4.1.2) das Pendler-Elektroauto so spätestens 2035 ökonomisch konkurrenzfähig wird.

Bei SNG und FT-Diesel werden aufgrund technischer Fortschritte die Kraftstoffkosten abnehmen, so dass alle Pkw-Kraftstoff-Kombinationen auf Kilometerkosten von ca. 9-10 €-ct kommen werden. Diese bestehen zu einem großen Teil aus Abschreibungs- und Fixkosten, während die Kraftstoffkosten aller Alternativen in 2035 nur noch 1-2 ct/Pkm ausmachen (vgl. auch Abbildung 4-3, S. 77).

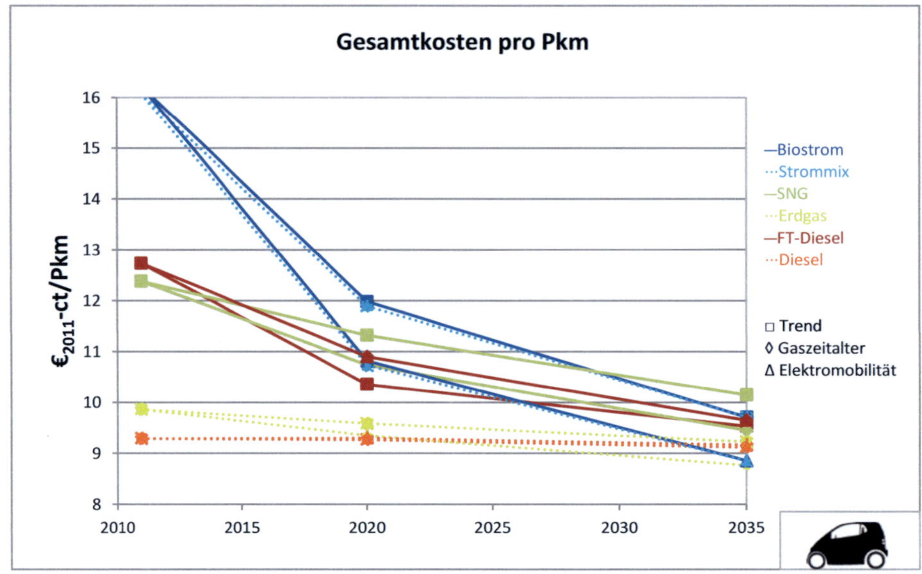

Abbildung 4-16:   Kosten pro Pkm der Pendlerautos – Entwicklung 2011 bis 2035

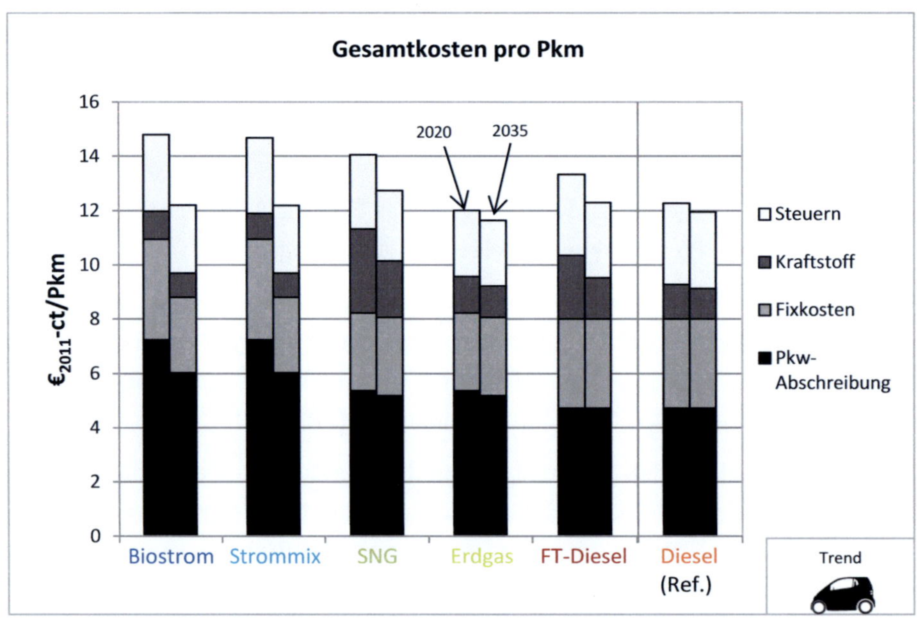

Abbildung 4-17:   Kosten und Kostenanteile pro Pkm der Pendlerautos – Trend 2020 und 2035

Bei den Umweltauswirkungen fällt im Vergleich mit der Kraftstoffsubstitution (Kap. 4.1, S. 74) auf, dass das Elektroauto höhere **THG-Emissionen** aufgrund der aufwändigen Pkw-Herstellung verursacht (vgl. Abbildung 4-18). Allerdings ist Biostrom immer noch mit FT-Diesel die THG-ärmste Variante, und auch das Elektroauto mit Strommix hat niedrigere oder ähnliche Emissionen wie Erdgas- und Diesel-Pkw.

Wie in Kap. 3.3.2 (S. 43) beschrieben, wäre es methodisch auch möglich, anstatt des deutschen Strommixes den marginalen Strommix zu verwenden. Dieser bildet ab, welche Kraftwerke zusätzlich Strom produzieren müssen, um die durch eine höhere Anzahl an Elektroautos gestiegene Stromnachfrage zu decken und wird von Kohlestrom geprägt. Bei Verwendung dieses Strommixes (nicht in Abbildung 4-18 dargestellt) verursacht das Elektroauto mit fossilem Strommix durchgehend mehr THG-Emissionen als Erdgas- und Diesel-Pkw (s. auch Kap. 4.3.1, S. 104).

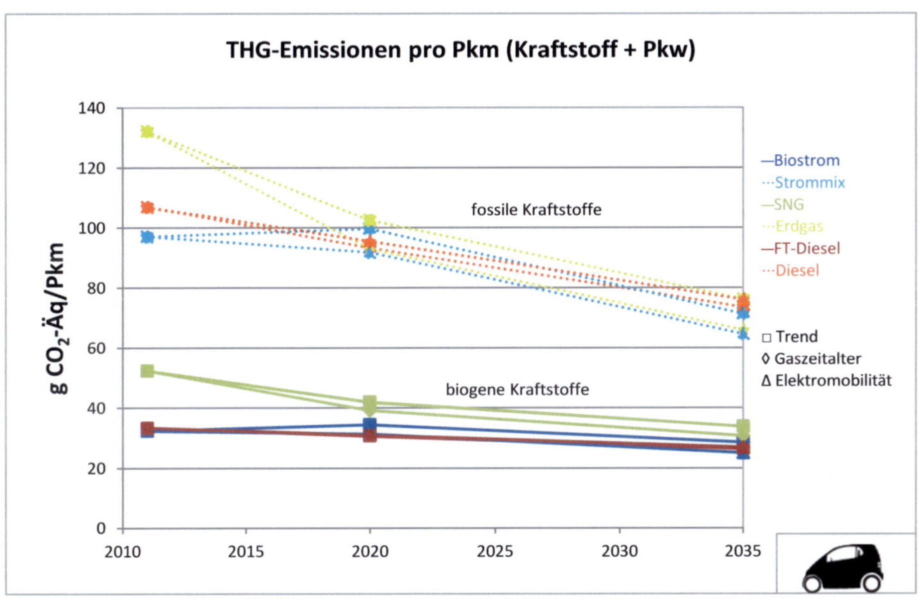

Abbildung 4-18:   THG-Emissionen pro Pkm der Pendlerautos – Entwicklung 2011 bis 2035

In Abbildung 4-19 ist zu sehen, dass das Elektroauto mit Biostrom bei Berücksichtigung des Pkw-Lebenszyklus – im Gegensatz zur Kraftstoffsubstitution in Abbildung 4-6 (S. 80) – in einigen Kategorien, wie z. B. Ozonabbau, Human- und Ökotoxizität und Ionisierende Strahlung, deutlich höhere **Umweltauswirkungen** verursacht als die anderen Pkw. Ein großer Teil dieser Auswirkungen wird durch die Batterieherstellung emittiert (beim fossilen Strommix wird – wie in Kap. 4.1 beschrieben – ein weiterer Teil durch den Kohle- und insbesondere Braunkohlestrom verursacht).

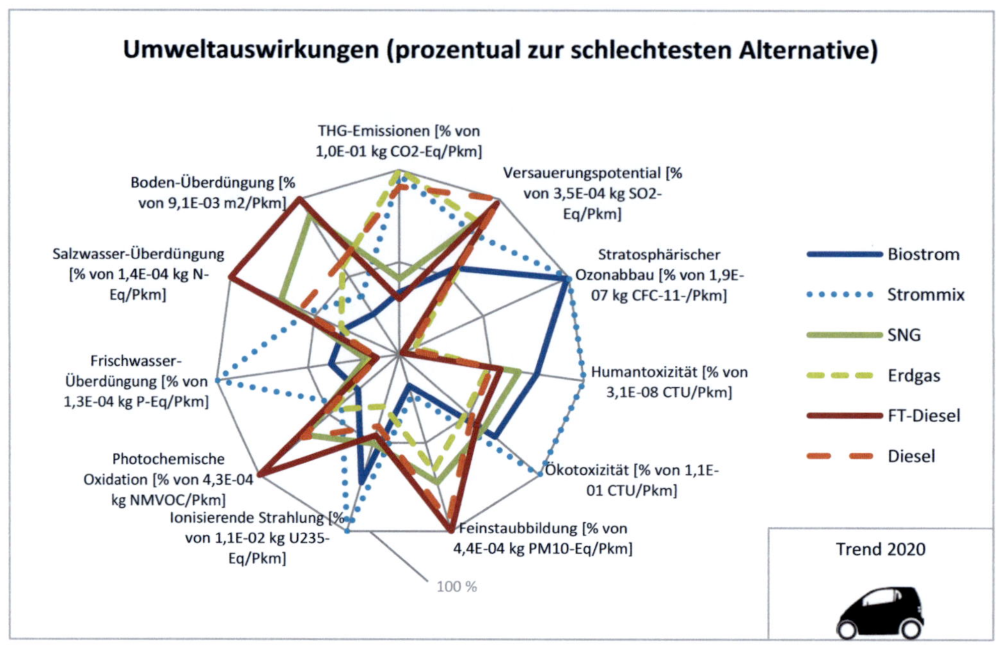

Abbildung 4-19:   Umweltauswirkungen (prozentual zur schlechtesten Alternative) der Pendlerautos –
Trend 2020

Beispielhaft für diese Auswirkungen ist die **Humantoxizität** in Abbildung 4-20 dargestellt. Die höheren Auswirkungen des Elektroautos entstehen fast ausschließlich über den Batterielebenszyklus[29]. Auch wenn sich dieses Problem voraussichtlich bis 2035 etwas entschärft, sollte bei einer großflächigen Einführung von Elektroautos darauf geachtet werden, die oben genannten Umweltauswirkungen bei der Batterieherstellung zu minimieren.

In Tabelle 4-2 sind die Kosten- und Emissionsunterschiede der Kraftstoff-Pkw-Kombinationen gegenüber dem fossilen Dieselauto beispielhaft für das Szenario Trend 2020 zusammengefasst. Insbesondere bei den Kosten – für das Jahr 2035 auch bei den THG-Emissionen – kommt es sehr stark auf die gewählte Entwicklungslinie an, welcher Kraftstoff am besten abschneidet (vgl. Abbildung 4 16, S. 83 und Abbildung 4 18, S. 85).

---

[29] Hauptsächlich durch die verwendete Elektronik, aber auch durch Phosphorsäure, Strom und Aluminium, die für die Batterieproduktion benötigt werden.

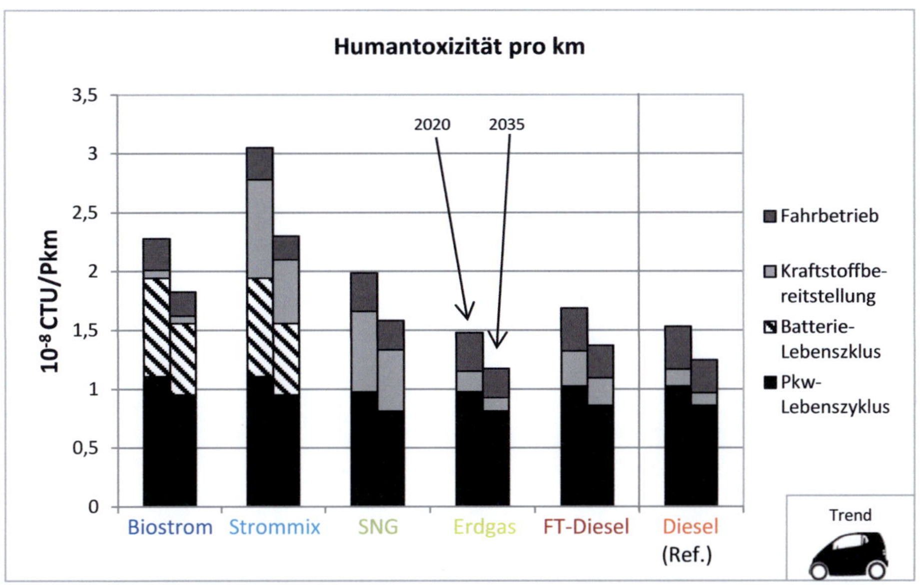

Abbildung 4-20:   Humantoxizität pro Pkm der Pendlerautos – Trend 2020 und 2035

Im Vergleich zum Diesel-Pkw ermöglichen die biogenen Kraftstoffe relativ ähnliche THG-Einsparungen in der Größenordnung von 50 bis 70 %. Bei den anderen Umweltauswirkungen unterscheiden sich die Einsparungen (bzw. Mehremissionen) sehr stark, und sind oft abhängig von einzelnen Produktionsschritten, wie der Batterieherstellung beim Elektroauto oder der Vergasung bei SNG und FT-Diesel. Hier ist zu beachten, dass einerseits die verwendeten ecoinvent-Daten [Hischier et al. 2010] teilweise nicht sehr aktuell sind (ca. Jahr 2000, insbesondere Kohlekraftwerke), und andererseits die verwendeten Prozessdaten auf Abschätzungen und Prototyp-Anlagen beruhen (insbesondere SNG- und FT-Diesel-Herstellung). Daher sind die hier angegebenen Umweltauswirkungen zu verstehen als Problemidentifikation und nicht als belastbare Werte. So zeigt sich, dass beim Elektroauto der Ozonabbau, die Toxizität, die ionisierende Strahlung und die Frischwasser-Überdüngung aufmerksam untersucht werden sollten, während bei SNG und FT-Diesel eventuell die Toxizität und die Überdüngung problematisch sein könnten.

Tabelle 4-2:   Einsparungen an Kosten und an Umweltauswirkungen der Pendlerautos gegenüber dem Diesel-Pkw – Trend 2020

Differenz zu Diesel-Pkw		Biostrom	Strommix	SNG	Erdgas	FT-Diesel	Diesel (Ref.) Einheit/Pkm
Kosten		+29 %	+28 %	+22 %	+3 %	+12 %	9,3 €-ct
Umweltauswirkungen	THG-Emissionen	-63 %	+7 %	-55 %	+10 %	-67 %	93 g CO_2-Äq
	Versauerungspotential	-44 %	-23 %	-6 %	-16 %	-3 %	0,35 g SO_2-Äq
	Stratosphärischer Ozonabbau	+1.536 %	+1.554 %	-68 %	+46 %	-75 %	$1{,}1 \cdot 10^{-8}$ kg CFC-11-Äq
	Humantoxizität	+49 %	+99 %	+30 %	-3 %	+10 %	$1{,}5 \; 10^{-8}$ CTU
	Ökotoxizität	+32 %	+93 %	+17 %	-8 %	+8 %	0,055 CTU
	Feinstaubbildung	-81 %	-75 %	-23 %	-30 %	+6 %	0,41 g PM_{10}-Äq
	Ionisierende Strahlung	+78 %	+146 %	+24 %	-27 %	+13 %	4,5 g U_{235}-Äq
	Photochemische Oxidation	-58 %	-40 %	-3 %	-34 %	+44 %	0,30 g NMVOC-Äq
	Frischwasser-Überdüngung	+215 %	+744 %	+53 %	+32 %	+5 %	$1{,}6 \cdot 10^{-5}$ kg P-Äq
	Salzwasser-Überdüngung	-44 %	-7 %	+20 %	-42 %	+70 %	$8{,}2 \cdot 10^{-5}$ kg N-Äq
	Boden-Überdüngung	-56 %	-36 %	+53 %	-4 %	+70 %	0,0053 m^2
	ReCiPe Total (H,A)	-61 %	-4 %	-45 %	+13 %	-50 %	0,011 points

Legende: Grüne Werte: besser als fossile Referenz. Schwarze Werte: schlechter als fossile Referenz. Grüne Hinterlegung: beste Alternative. Rote Hinterlegung: schlechteste Alternative.

Die sich ergebende technische **THG-Minderungseffizienz pro kg Waldrestholz** ist in Abbildung 4-21 dargestellt. Aufgrund der hohen Umwandlungseffizienz und THG-Einsparungen ermöglicht Biostrom auch bei Einbezug des Pkw-Lebenszyklus die höchste THG-Minderung pro kg eingesetztem Waldrestholz.

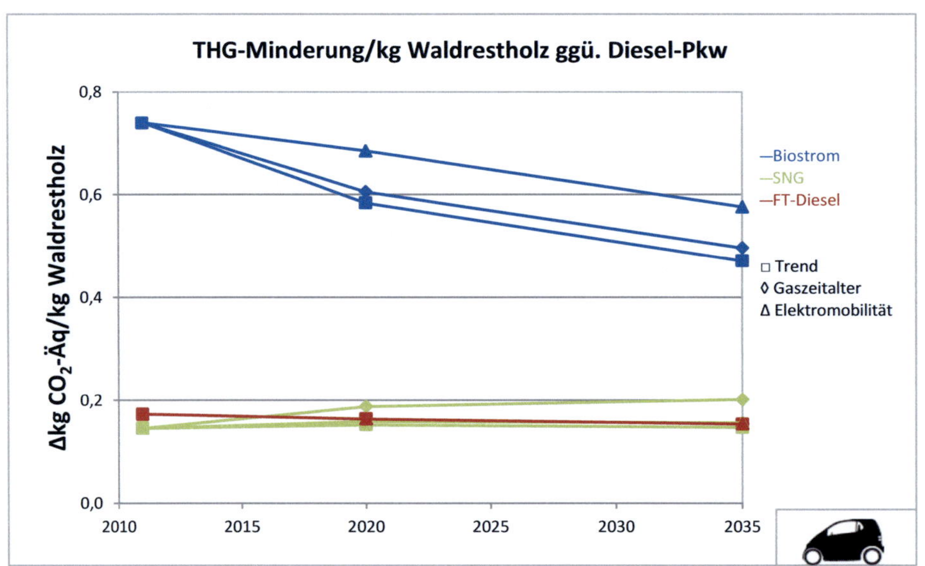

Abbildung 4-21:   Mögliche THG-Minderung pro kg Waldrestholz der Pendlerautos gegenüber dem Diesel-Pkw – Entwicklung 2011 bis 2035

Welche Menge an THG mit Kraftstoffen aus Waldrestholz eingespart werden können, wird deutlich, wenn man das Aufkommen an Waldrestholz betrachtet: in Baden-Württemberg beträgt dieses ca. 1 Mio. t TM Waldrestholz/Jahr [Kappler 2008]. Bei ca. 5,9 Mio. Pkw in Baden-Württemberg [KBA 2013], 39 % Anteil an Pendlerautos am Fahrzeugbestands und einer Jahresfahrleistung von 12.000 km könnte somit der Bedarf aller Pendlerautos gedeckt werden, wenn Biostrom eingesetzt würde. Damit könnten 942.000-1.368.000 t CO_2-Äq pro Jahr vermieden werden. Bei Verwendung von SNG und FT-Diesel könnten mit 26-48 % des Kraftstoffbedarfs deutlich weniger Pkw ersetzt werden. Die mögliche THG-Minderung läge in diesem Fall zwischen 294.000 und 402.000 t CO_2-Äq/Jahr.

Bei der ökonomischen THG-Minderungseffizienz (**THG-Minderungskosten**, s. Abbildung 4-22) ergibt sich kein eindeutiges Bild; je nach Entwicklungslinie ermöglicht jeweils ein anderer Kraftstoff die niedrigsten THG-Minderungskosten: in „Trend" der FT-Diesel, in „Gaszeitalter" SNG, und in „Elektromobilität" Biostrom.

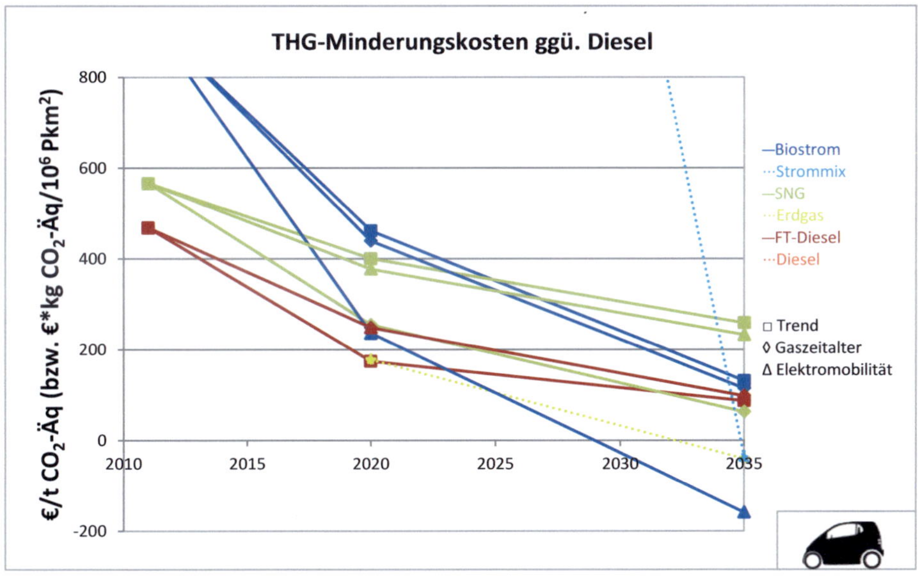

Abbildung 4-22:   THG-Minderungskosten der Pendlerautos gegenüber dem Diesel-Pkw – Entwicklung 2011 bis 2035

In Abbildung 4-22 zeigt sich zudem noch ein Problem der Minderungskosten: bei negativen Minderungskosten, wie sie in (6) auf Seite 25 definiert wurden, entstehen Einheiten der Form $€*(kg\ CO_2\text{-}Äq)/Pkm^2$, die von der gewählten funktionalen Einheit abhängig sind. Die beste Möglichkeit, Minderungskosten ohne dieses Problem darzustellen, ist das in Abbildung 4-23 dargestellte Mehrkosten/THG-Minderungs-Diagramm.

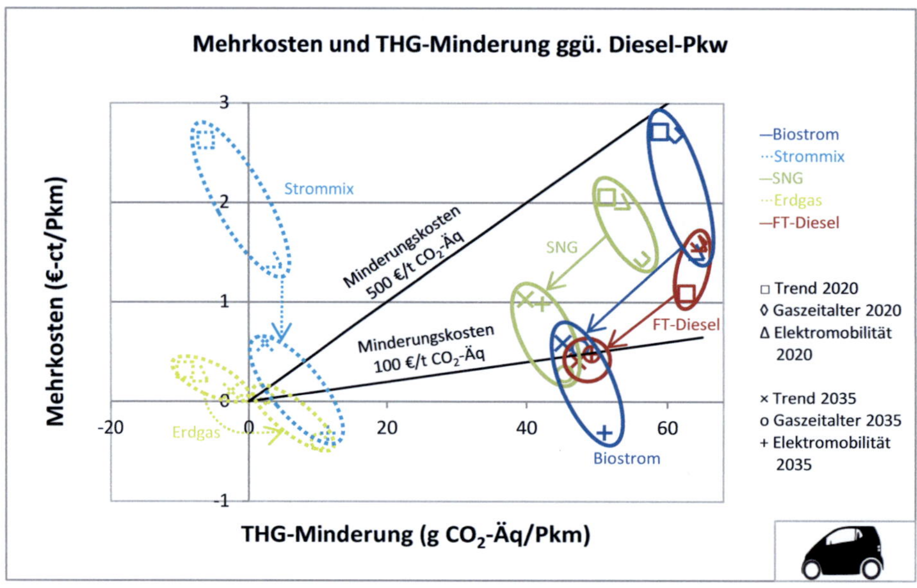

Abbildung 4-23:   Mehrkosten und THG-Minderung ggü. Diesel-Pkw der Pendlerautos – 2020 und 2035

Fazit: Mittelfristig erscheint der FT-Diesel-Pkw interessant, da er hohe THG-Minderungen bei relativ geringen THG-Minderungskosten (173-250 €/t CO₂-Äq) ermöglicht. Bei entsprechend hoher Marktpenetration – wie im Szenario Elektromobilität 2035 angenommen – hat das Elektroauto mit Biostrom im Jahr 2035 sogar geringere Kosten als der Diesel-Pkw; bei einem hohen THG-Minderungspotential. Falls diese hohe Marktpenetration nicht eintritt, sind alle biogenen Kraftstoffe 2035 sowohl ökonomisch als auch bei den THG- Minderungen sehr ähnlich.

Die möglichen THG-Minderungen mit fossilen Kraftstoffen sind sehr gering, bei Zugrundelegung des marginalen Strommixes (vgl. Kap. 3.3.2) für das Elektroauto sogar durchgehend negativ.

Die Ergebnisse für die kumulierten Umweltauswirkungen im ReCiPe Total ergeben die gleichen Tendenzen wie in Abbildung 4-23 (s. Anhang H.2 für zusätzliche Grafiken).

4.2.2 ALLZWECKAUTO

Soll ein Diesel-Allzweckauto ersetzt werden, sind selbst in der für das Elektroauto besten Entwicklungslinie (Elektromobilität) im Jahr 2035 die **Kosten** aufgrund der hohen Pkw-Abschreibung deutlich höher als die der anderen Pkw (Abbildung 4-24). Die gesamten Kosten ohne Steuern von SNG- und FT-Diesel-Pkw liegen relativ nahe beisammen, ebenso die Kosten von Erdgas- und Diesel-Pkw. Wenn die Steuern mit betrachtet werden, hat das Erdgasauto die geringsten Kosten, aufgrund der niedrigeren Kraftstoff-steuern. Die Kosten auf Total Costs of ownership (TCO) Basis sind denen aus Sharma et al. [2012] ähnlich.

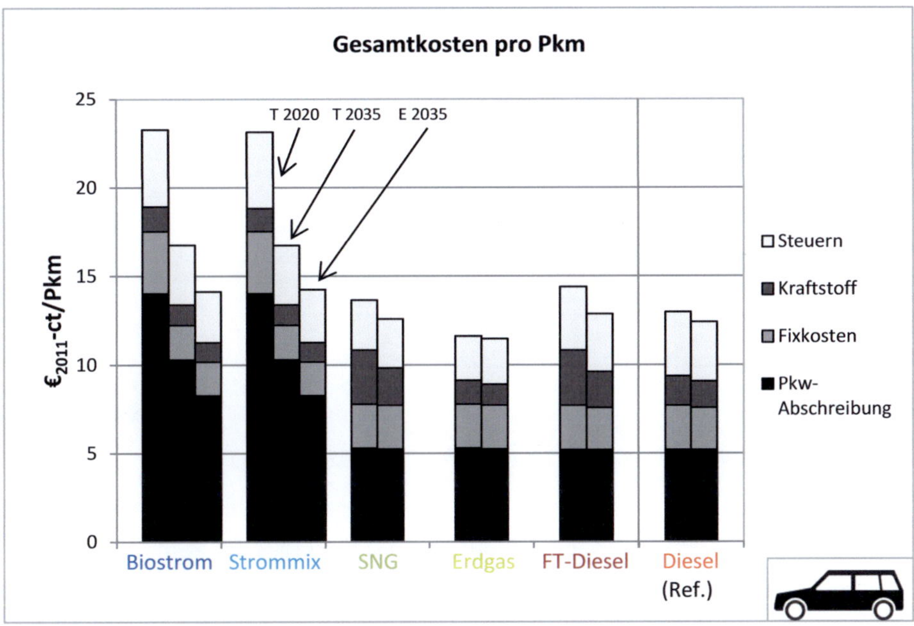

Abbildung 4-24:   Kosten pro Pkm der Allzweckautos – Trend 2020 und 2035 (sowie Elektromobilität 2035 für die Elektroautos)

Die **THG-Emissionen** des Elektroautos mit Biostrom sind ebenfalls höher als die der Pkw mit den anderen beiden biogenen Kraftstoffen (Abbildung 4-25). Diese Reihenfolge ist über alle Entwicklungslinien und Zeitpunkte konstant. Die Zunahme der THG-Emissionen der Elektroautos zwischen den Jahren 2011 und 2020 erklärt sich durch das 2011 zugrunde gelegte Elektroauto (Tesla Roadster), das die in Tabelle 3-6 (S. 50) gestellten Anforderungen an das Allzweckauto nicht erfüllt[30]. Daher ist 2020 eine deutlich größere Batterie nötig, die bei der Herstellung mehr THG-Emissionen verursacht.

---

[30] Es wurde trotzdem für das Jahr 2011 gewählt, da für dieses Jahr tatsächlich auf dem Markt verfügbare Pkw verwendet wurden. Ab dem Jahr 2020 wurde ein modelliertes Elektroauto verwendet, das alle Anforderungen erfüllt.

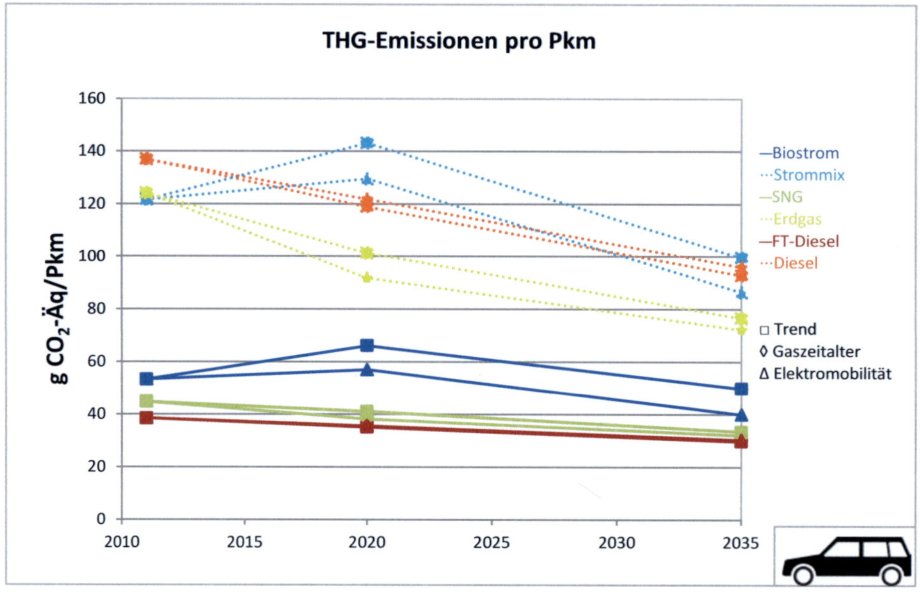

Abbildung 4-25:   THG-Emissionen pro Pkm der Allzweckautos – Entwicklung 2011 bis 2035

Die **anderen Umweltauswirkungen** (Abbildung 4-26) sind sehr ähnlich wie beim Pendlerauto (Abbildung 4-19, S. 94). Ein Unterschied ist, dass das Allzweck-Elektroauto (mit Biostrom und Strommix) eine größere Batterie benötigt und daher in vielen Kategorien höhere Emissionen verursacht als das Elektro-Pendlerauto. Wie erwähnt ist die Robustheit der Daten für die anderen Umweltauswirkungen deutlich geringer als für die THG-Emissionen und soll hauptsächlich Problemfelder aufzeigen.

Die **Emissionsminderungen** in den untersuchten Umweltauswirkungen gegenüber dem Diesel-Pkw sind für das Jahr 2035 in Abbildung 4-27 zusammengefasst (für das Jahr 2020 s. Anhang H.2, S. XXXIV). Man sieht noch deutlicher als für das Pendlerauto (vgl. z. B. Tabelle 4-2, S. 96), dass sich je nach Kategorie die Alternativen deutlich unterscheiden.

Wie schon erwähnt, sind in einigen Kategorien, wie z. B. stratosphärischer Ozonabbau, Toxizität, Ionisierende Strahlung und Frischwasser-Überdüngung, die Emissionen des Elektroautos aufgrund der Batterieherstellung deutlich höher als die des Dieselautos. Hier bleibt zu prüfen, ob neue Batterietypen oder deren Massenfertigung nicht deutliche Reduktionen in diesen Umweltauswirkungen erzielen können.

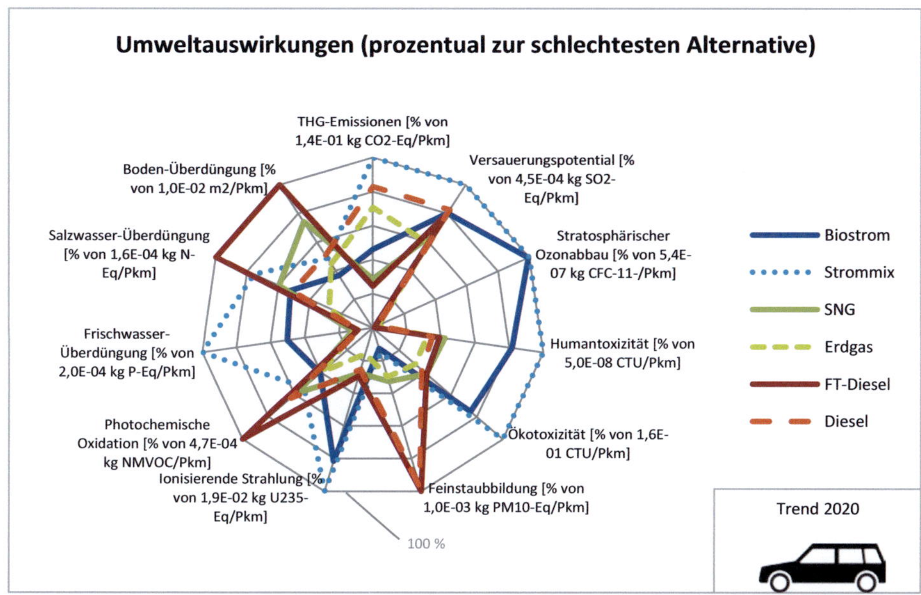

Abbildung 4-26: Umweltauswirkungen (prozentual zur schlechtesten Alternative) der Allzweckautos – Trend 2020

SNG und FT-Diesel-Pkw verursachen ebenfalls in einigen Kategorien höhere Umweltauswirkungen als Diesel, besonders deutlich ist dies bei der Salzwasser- und Boden-Überdüngung, aber auch bei der photochemischen Oxidation. Dies liegt an dem aufwändigen Transport des Waldrestholzes sowie an den direkten NO_x-Emissionen (Überdüngung) der Umwandlungsanlagen und der Herstellung des Zeoliths und Zinks, die zur Reinigung des Synthesegases und in der Methanisierung verwendet werden[31]. Es gilt hierbei zu beachten, dass für die SNG- und FT-Produktionsanlagen Demonstrations- oder Forschungsanlagen zugrunde gelegt wurden. Die Unsicherheiten für ein Scale-Up auf den kommerziellen Maßstab sind daher hoch.

Bei den THG-Emissionen ermöglicht der FT-Diesel-Pkw die größten Einsparungen gegenüber dem Diesel-Pkw, unabhängig vom Betrachtungsjahr und der Entwicklungslinie, beim ReCiPe Total Single Score allerdings schneidet durchgehend der SNG-Pkw am besten ab, da er in vielen Umweltkategorien weniger Auswirkungen verursacht als der FT-Diesel-Pkw. Sowohl bei den THG-Emissionen als auch beim ReCiPe Total Single Score ermöglichen alle biogenen Kraftstoffe ungefähr eine Halbierung der Diesel-Pkw-Emissionen.

---

[31] 1 $g_{Zeolith}$/kWh_{Syngas}, 72 mg_{Zn}/kWh_{SNG}.

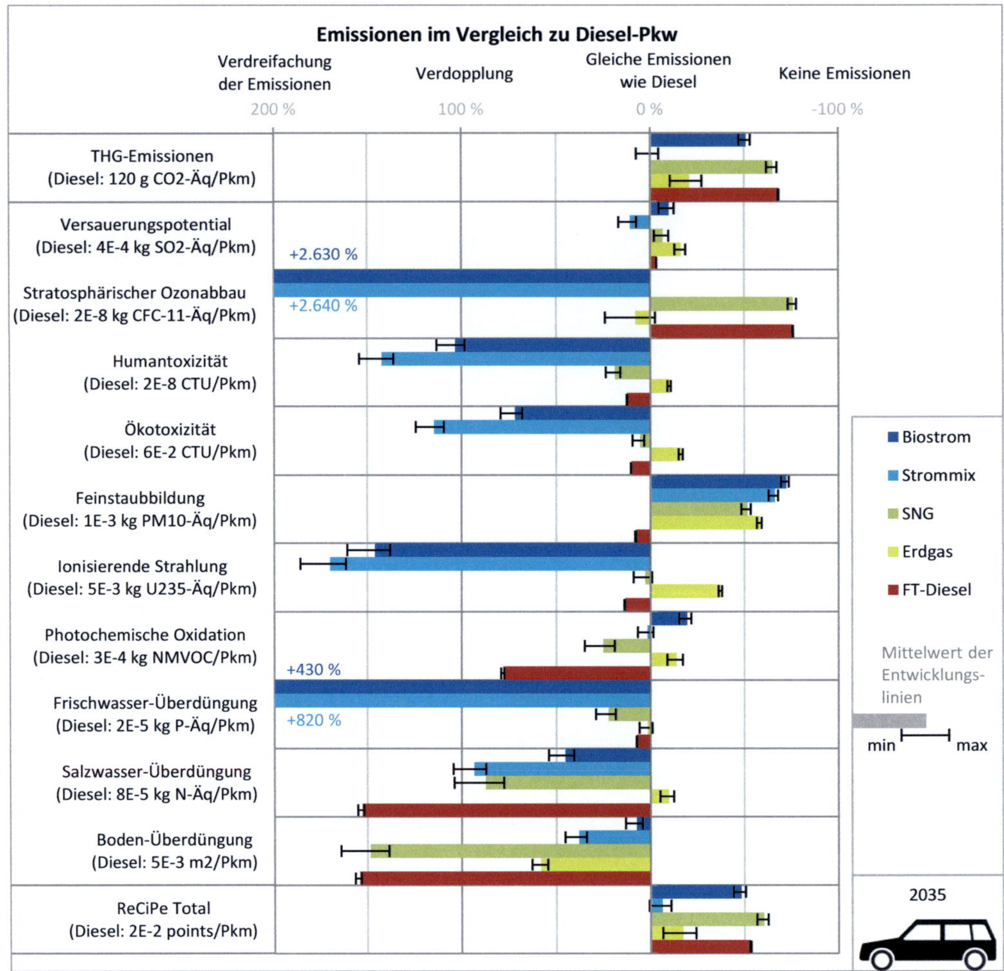

Abbildung 4-27: Umweltauswirkungsdifferenz der Allzweckautos im Vergleich zum Diesel-Pkw –
Mittelwert und Bandbreite 2035

Die abgeleitete **technische THG-Minderungseffizienz** (mögliche THG-Minderung pro kg Waldrestholz) ist in Abbildung 4-28 zu sehen. Das Elektroauto ermöglicht auch hier die höchste Minderung pro kg eingesetztem Waldrestholz, allerdings mit deutlich weniger Abstand zu SNG und FT-Diesel als das Elektro-Pendlerauto (Kap. 4.2.1, S. 91) oder bei der alleinigen Betrachtung der Substitution des fossilen durch den biogenen Kraftstoff (Kap. 4.1, S. 74). SNG hat im Allzweckauto ein höheres THG-Einsparpotential pro kg Waldrestholz als FT-Diesel.

Die Verwendung der in Baden-Württemberg verfügbaren Menge an Waldrestholz von 1 Mio. t TM/Jahr könnte somit zwischen 308.000 (FT-Diesel) und 1.154.000 t CO$_2$-Äq/Jahr (Biostrom) vermeiden.

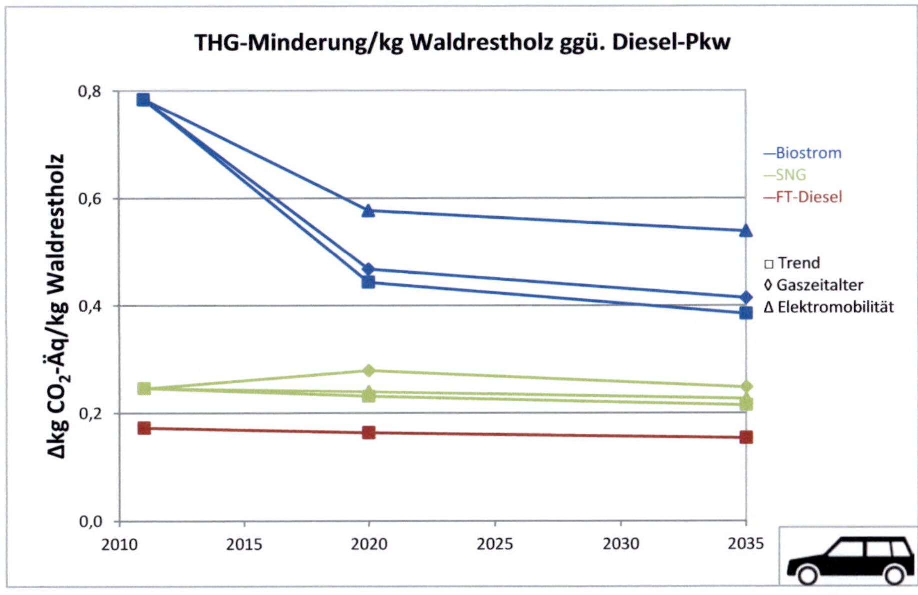

Abbildung 4-28:   THG-Minderung pro kg Waldrestholz der Allzweckautos gegenüber dem Diesel-Pkw –
Entwicklung 2011 bis 2035

Betrachtet man die **Kosteneffizienz der THG-Minderung** (Abbildung 4-29), ist die günstigste Alternative, THG-Emissionen zu mindern, immer Erdgas, allerdings mit einem geringen THG-Minderungspotential von ca. 10-30 g CO_2-Äq/Pkm. Unter den biogenen Kraftstoffen schneidet SNG in der Entwicklungslinie Gaszeitalter am besten ab, in den anderen Entwicklungslinien liegen FT-Diesel und SNG nahe beisammen. Das Elektro-Allzweckauto mit Biostrom verursacht selbst im Jahr 2035 deutlich höhere Kosten, und ermöglicht geringere THG-Einsparungen, als SNG und FT-Diesel.

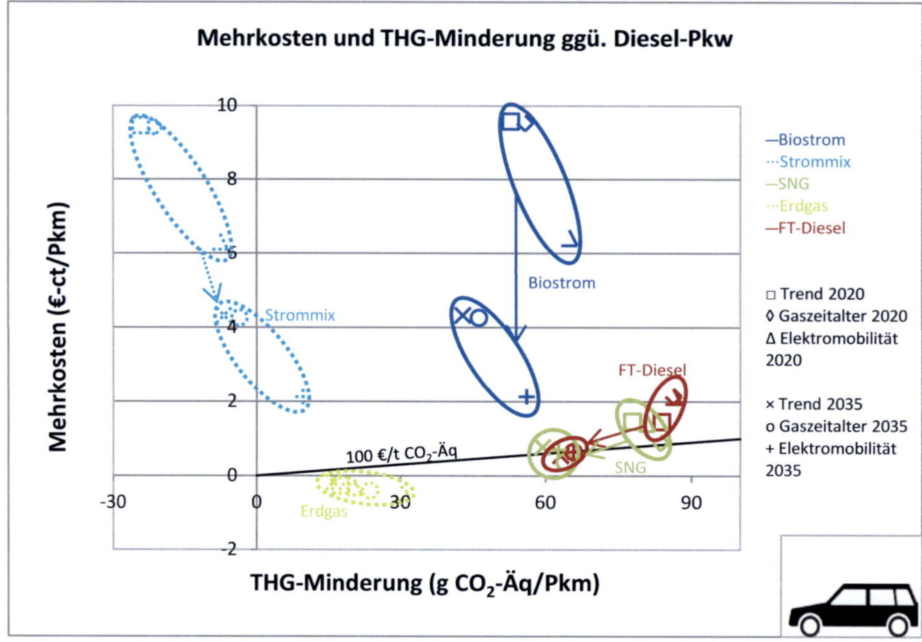

Abbildung 4-29:   Mehrkosten und THG-Minderung ggü. Diesel-Pkw der Allzweckautos – 2020 und 2035

Fazit: Im Allzweckauto ist der Einsatz von Strom nicht sinnvoll, da die nötige Batterie hohe Kosten und Umweltauswirkungen verursacht. FT-Diesel und SNG dagegen ermöglichen THG-Minderungen von ca. 50 % gegenüber dem Diesel-Pkw bei Minderungskosten von ca. 100 €/t CO_2-Äq.

4.3   SENSITIVITÄTSANALYSEN

In den Kap. 4.1 und 4.2 wurden die Ergebnisse für die drei Entwicklungslinien Trend, Gaszeitalter und Elektromobilität dargestellt, denen eine Vielzahl an Annahmen zugrunde liegt. Es zeigt sich, dass einige dieser Annahmen die Ergebnisse deutlich beeinflussen können. Daher werden in diesem Kapitel für die wichtigsten Parameter Sensitivitätsanalysen durchgeführt, um zu zeigen, welchen Einfluss diese Parameter auf die Ergebnisse haben.

4.3.1   VARIATION DER TECHNISCHEN PARAMETER

Wird Biostrom mit fossilem Strom verglichen, ist die Wahl des **Referenz-Strommixes** ein wichtiger Einflussfaktor für die Ergebnisse. Wie in Kap. 3.3.2 beschrieben, gibt es drei methodische Ansätze für den zugrunde gelegten Strommix. Als Basis wurde der *deutsche Strommix* gewählt, um die Ergebnisse mit anderen Studien vergleichbar zu machen. Wird Strom aus dem Netz durch biogenen Strom aus Waldrestholz ersetzt, kann ebenso der *ersetzte Strommix* als Referenz verwendet werden. Falls zusätzlicher Strom aus dem Netz entnommen wird, bietet sich der *marginale Strommix* an. Dieser bildet ab, mit welchen Kraftwerken dieser zusätzliche Strom erzeugt wird.

Bei Substitution des fossilen Referenz-Kraftstoffs (Kap. 4.1, S. 74) hat sich gezeigt, dass – selbst mit dem umweltfreundlichen *deutschen Strommix* als Referenz – Biostrom in praktisch allen Umweltaspekten am besten abschneidet. Dieser Vorsprung würde sich erhöhen, wenn der *ersetzte Strommix* als Referenz verwendet würde[32], da dieser mehr Emissionen verursacht (s. Abbildung 4-30). Ansonsten würde sich an den Ergebnissen nichts ändern.

Bei Substitution eines Diesel-Pkws (Kap. 4.2, S. 90) wiederum hat der gewählte Strommix nur eine Auswirkung auf die Emissionen des mit diesem Strommix betriebenen Elektroautos. Wird ein Diesel-Pkw durch ein Elektroauto substituiert, muss zusätzlicher Strom bereitgestellt werden. Dieser *marginale Strom* käme aus Kraftwerken, die in der Regel hohe THG-Emissionen haben. Daher könnte gegenüber dem Diesel-Pkw deutlich weniger THG eingespart werden. Allerdings ist das Elektroauto bei allen drei Strommixen dem mit Biostrom betriebenen Pkw in allen Punkten unterlegen, so dass die Wahl des Strommixes auch in diesem Fall an Bedeutung verliert. Eine Förderung von Elektroautos scheint daher nur in Kombination mit erneuerbarem Strom sinnvoll.

Bei der **Modellierung der Umweltauswirkungen** entstehen hohe Unsicherheiten. Insbesondere ist unklar, welche Technologien sich in der Kraftstoffbereitstellung durchsetzen und mit welchen Umweltauswirkungen diese verbunden sein werden. So werden in einigen Umweltkategorien hohe Auswirkungen durch einzelne Prozesse verursacht. Als Beispiel seien hier die hohen toxischen Auswirkungen der Zeolith-Herstellung genannt, der in der Synthesegasproduktion als Katalysator und zur Spaltung von Teer verwendet wird. Es ist nicht klar, ob in großtechnischen Anlagen die Produkte, die hohe Auswirkungen verursachen, in dem hier angenommenen Umfang benötigt werden. Zusätzlich hohe Unsicherheiten entstehen durch die Batterieproduktion für das Elektroauto, die in einigen Kategorien bis zu 30-fach höhere Auswirkungen bedingt als das Dieselauto. Dies bewirkt, dass die biogenen Kraftstoffe in einigen Kategorien deutlich höhere Auswirkungen verursachen als die fossilen Kraftstoffe. Geht man davon aus, dass für die genannten Problemfelder eine Lösung gefunden wird, bieten die biogenen Kraftstoffe noch deutlichere Vorteile gegenüber der Referenz als hier dargestellt.

---

[32] Auch bei der dann nötigen Reduktion des biogenen Anteils von Erdgas und Diesel auf null.

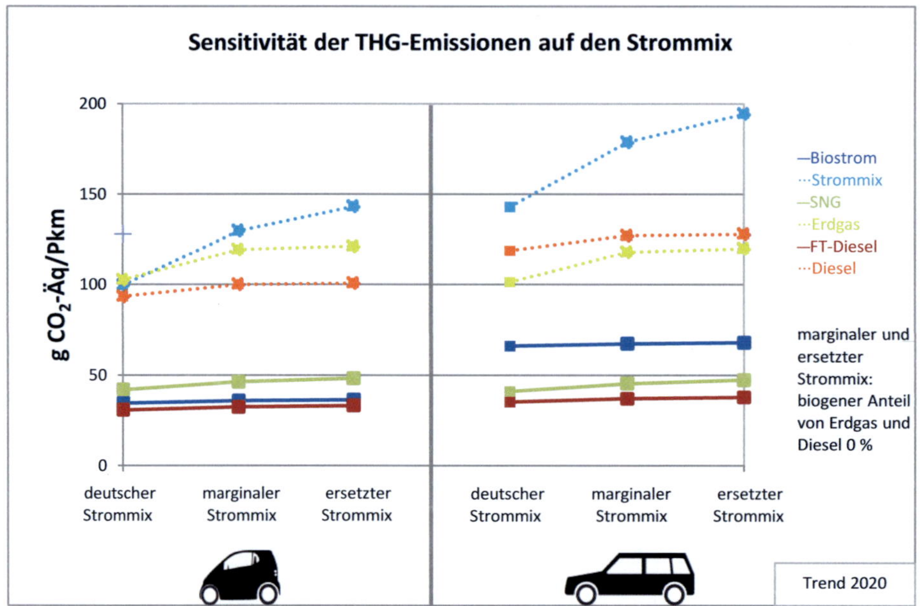

Abbildung 4-30:   Sensitivität der THG-Emissionen auf den gewählten Strommix – Trend 2020

4.3.2 VARIATION DER ÖKONOMISCHEN PARAMETER

Ein weiterer wichtiger Parameter sind die **Kraftstoffkosten**. Die Unsicherheiten sind hier sehr hoch, da für die betrachteten biogenen Kraftstoffe nur sehr wenige verlässliche Daten verfügbar sind. In Abbildung 4-31 ist dargestellt, welchen Einfluss eine Änderung der Kraftstoffkosten um 20 % auf die Ergebnisse hat.

Die Kosten für Biostrom haben dabei einen geringeren Einfluss auf die Gesamtkosten als die von SNG und FT-Diesel.

Unterstellt man eine durchaus plausible Unsicherheit von 20 %, kosten die meisten biogenen Kraftstoffe 0,6±0,5 ct/Pkm mehr als Diesel im Diesel-Pkw. Nur Biostrom im Pendlerauto in der Entwicklungslinie Elektromobilität ist um einen Cent pro Pkm günstiger und damit sogar günstiger als der Diesel-Pkw. Biostrom im Allzweckauto liegt dagegen in allen Szenarien deutlich über dem Bereich.

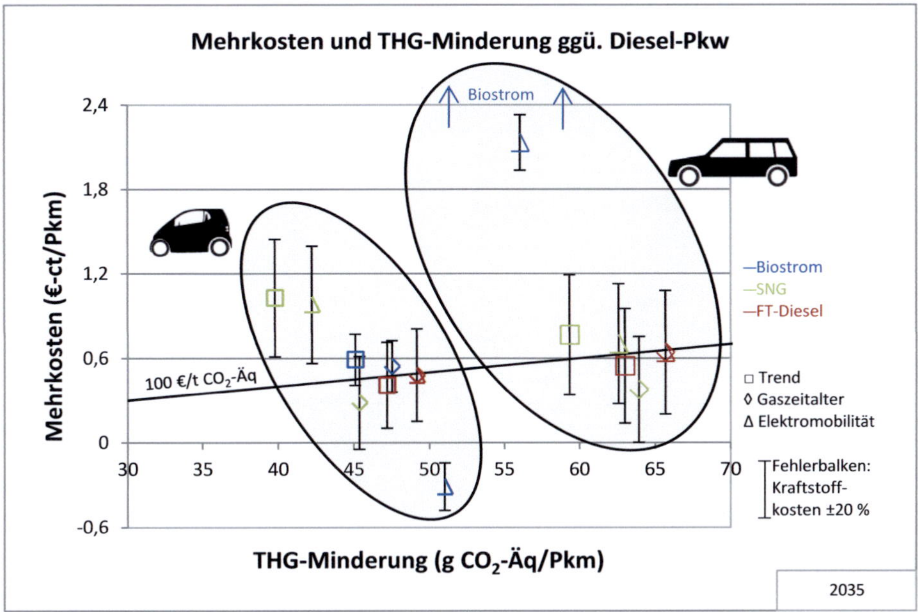

Abbildung 4-31:   Mehrkosten und THG-Minderung ggü. Diesel-Pkw: Einfluss der Kraftstoffkosten – 2035

Auch der gewählte **Zinssatz für die Diskontierung** zur Abzinsung der anfallenden Kosten auf das Anschaffungsjahr beeinflusst die Ergebnisse. So schneiden SNG und FT-Diesel bei höheren Zinssätzen besser ab, Biostrom und Strommix schlechter, da der hohe Anschaffungspreis des Elektroautos stärker ins Gewicht fällt, während die Bedeutung der hohen SNG- und FT-Diesel-Kraftstoffkosten abnimmt. Allerdings ist aus Abbildung 4-32 ersichtlich, dass sich die Reihenfolge der Alternativen bei den THG-Minderungskosten erst bei hohen Zinssätzen von ca. 9 % ändert, und auch dann nur in den Entwicklungslinien, bei denen die Unterschiede zwischen den Kraftstoffen schon sehr gering sind.

Der starke Anstieg der Minderungskosten für Erdgas liegt an der sehr geringen Differenz der THG-Emissionen im Vergleich zu Diesel, so dass die Minderungskosten sensibel auf Preisänderungen reagieren.

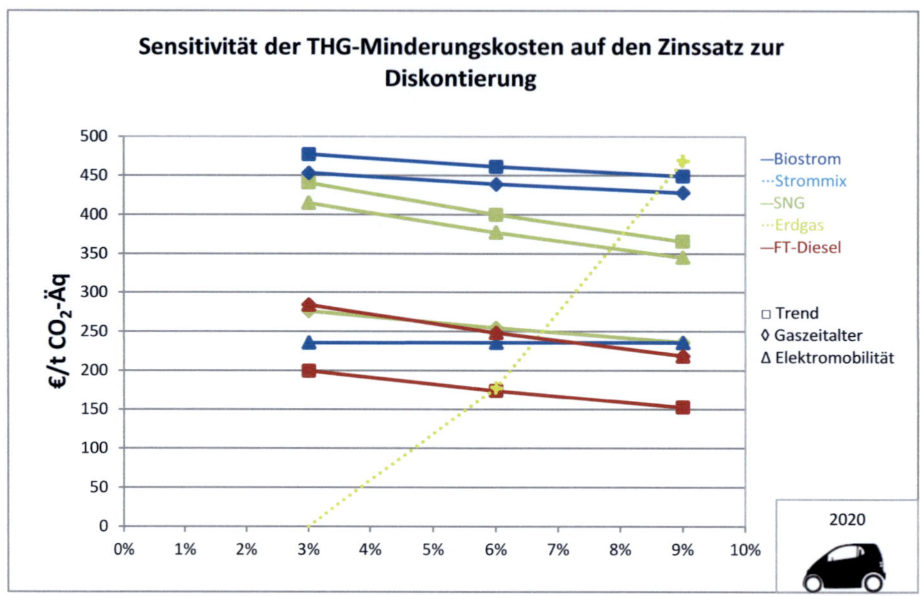

Abbildung 4-32: THG-Minderungskosten der Pendlerautos gegenüber dem Diesel-Pkw:
Einfluss des Zinssatzes zur Diskontierung – 2020

Nimmt man für **alle Input-Parameter eine Unsicherheit** von ± 10 % an, um die Robustheit der Ergebnisse zu prüfen, dann sind die Gesamtkosten näherungsweise normalverteilt (s. Abbildung 4-33).

Betrachtet man das Pendlerauto im Szenario *Trend 2020*, sind die Überlappungsbereiche der Alternativen groß, so dass die auf den Kosten aufbauenden Ergebnisse, wie z. B. die ökonomische THG-Minderungseffizienz, als wenig robust angesehen werden müssen. Dies bedeutet, dass zwar tendenziell Unterschiede zwischen den Kraftstoffen bestehen, die genauen Minderungskosten und die Reihenfolge der biogenen Kraftstoffe aber sensibel auf Inputparameter-Variationen reagieren.

Die Kostenergebnisse für das Allzweckauto hingegen sind deutlich robuster. Die Varianz der Ergebnisse ist geringer und die Abstände zwischen Erdgas/Diesel, SNG/FT-Diesel und Biostrom/Strommix sind größer. Hier reagieren die Ergebnisse daher weniger empfindlich auf Parameterschwankungen. Allerdings sind die Kosten von SNG und FT-Diesel nahezu identisch, so dass die Reihenfolge in der ökonomisch-umweltrelevanten Effizienz hauptsächlich von den Umweltauswirkungen abhängen.

Während sich die Kurven in den anderen Szenarien verschieben, bleibt die Bandbreite und die Überschneidung ähnlich.

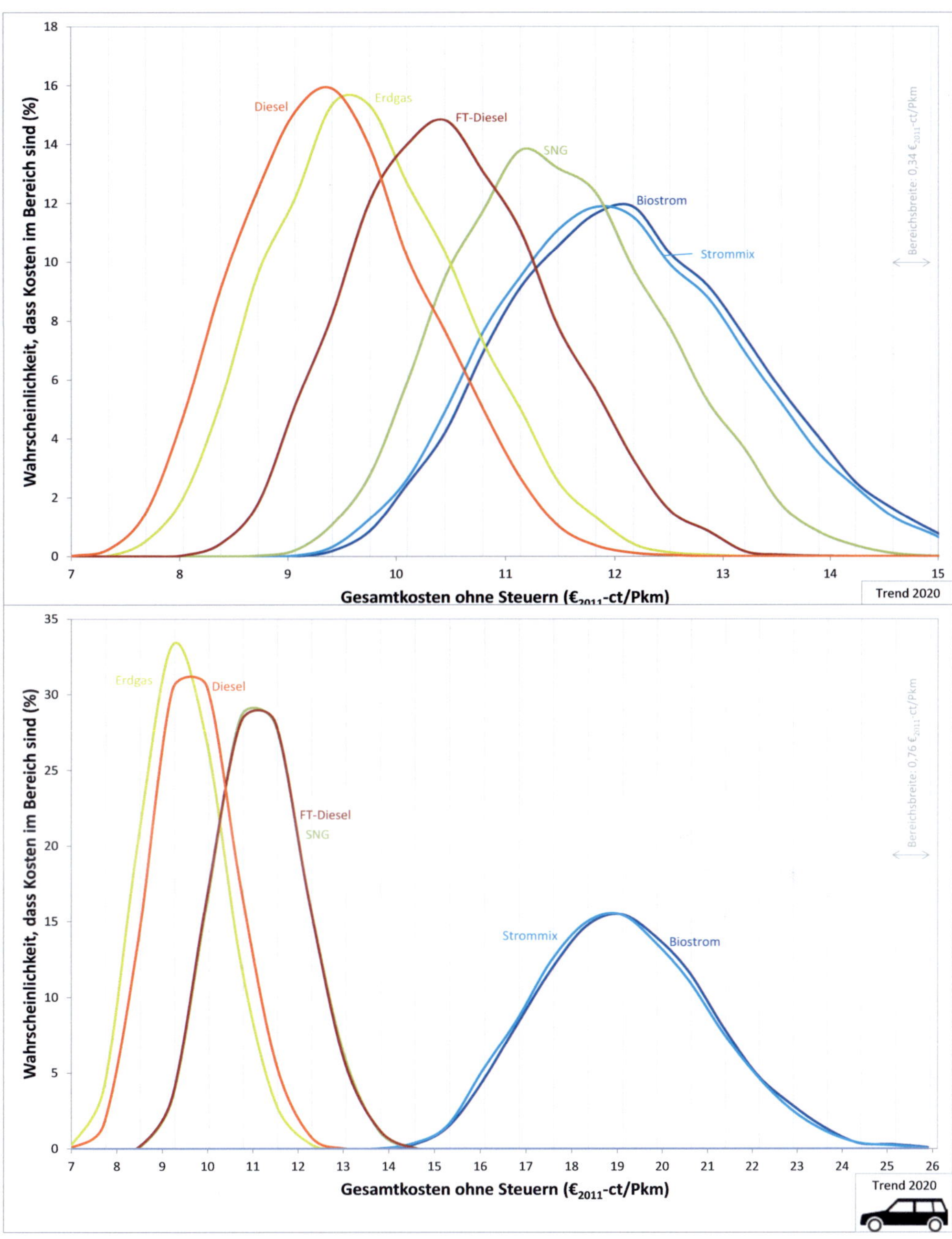

Abbildung 4-33: Unsicherheit der Ergebnisse bei unsicheren Input-Parametern (Monte-Carlo-Simulation mit 8016 Läufen, alle Input-Parameter gleichverteilt ± 10 % um die Trend 2020 Werte)

4.3.3 VARIATION DES FAHRVERHALTENS

Wie bereits ausführlich erläutert, spielt das Fahrverhalten ebenfalls eine maßgebliche Rolle bei den Analysen zu den Kosten und Emissionen. So hängen die Ergebnisse zu einem gewissen Grad auch von der **Gesamtfahrleistung** (das Produkt aus Jahresfahrleistung und Lebensdauer) eines Pkws ab. Diese hat einen ähnlichen Einfluss wie der Zinssatz zur Diskontierung: mit höherer Gesamtfahrleistung fällt die Nutzungsphase gegenüber der Pkw-Herstellung und -Entsorgung stärker ins Gewicht. Davon profitiert insbesondere das Elektroauto (vgl. Abbildung 4-34), da die hohen Kosten und Umweltauswirkung der Pkw-Herstellung auf eine höhere Anzahl gefahrener Kilometer verteilt werden.

Das Biostrom-Pendlerauto würde in der Entwicklungslinie Elektromobilität bei einer angenommenen Gesamtfahrleistung von 180.000 km (bei einer Lebensdauer von 15 Jahren) höhere THG-Minderungen als das FT-Diesel-Pendlerauto erreichen.

Die geringeren Kosten und höheren THG-Minderungen des Elektroautos durch eine höhere Gesamtfahrleistung würden aber für das Biostrom-Allzweckauto nicht ausreichen, um SNG oder FT-Diesel zu erreichen, weder bei den Umweltauswirkungen noch bei den Kosten (s. Anhang H.2, S. XXXIV).

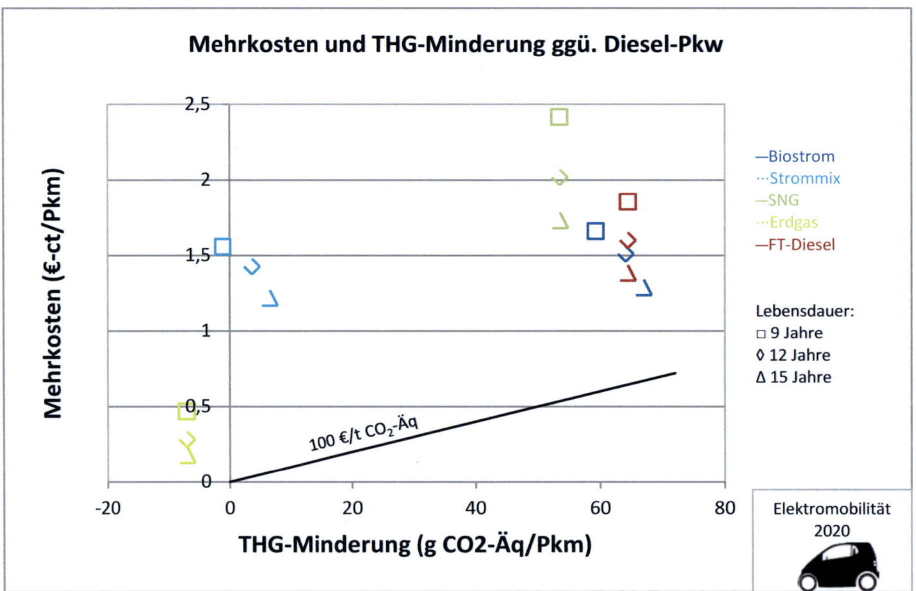

Abbildung 4-34:   Mehrkosten und THG-Minderung ggü. Diesel-Pkw: Einfluss der Lebensdauer – Pendlerauto, Elektromobilität 2020

Ebenso spielt der **Besetzungsgrad** der Pkw eine Rolle für deren Kosten- und Umweltbilanz. Bei einer Erhöhung des Besetzungsgrades nehmen die Kosten und Emissionen – bezogen auf einen Personenkilometer – automatisch im selben Umfang ab. Im Gegensatz zur Gesamtfahrleistung betrifft die Abnahme in gleichem Maße den Pkw- und Kraftstofflebenszyklus.

D.h., bei einer Erhöhung des Besetzungsgrades um 10 % und bei gleichbleibendem Personentransportaufkommen würden 10 % der Kosten und Emissionen eingespart, dies sowohl für die biogenen als auch für die fossilen Kraftstoffe, so dass sich pro Personenkilometer keine Änderungen in den relativen Ergebnissen der biogenen Kraftstoffe gegenüber den fossilen Kraftstoffen ergeben.

Geht man allerdings davon aus, dass bei gleichbleibender Pkw-Anzahl und gleichbleibendem Personentransportaufkommen der Besetzungsgrad zunimmt, würde die Jahresfahrleistung und damit die Gesamtfahrleistung pro Pkw abnehmen, wodurch Gas- und Diesel-Pkw gegenüber dem Elektroauto attraktiver würden (siehe Abschnitt oben zur Gesamtfahrleistung).

4.4 EXKURS: GAS-ELEKTRO-HYBRID

In Kap. 2.3.1 (S. 17) wurde beschrieben, warum Hybridfahrzeuge in dieser Arbeit nur am Rande untersucht wurden. Um einschätzen zu können, welches Potential diese Konzepte haben, wurde ein Gas-Hybridfahrzeug[33] als Allzweck-Pkw für das Szenario Trend 2035 modelliert. Es wurde davon ausgegangen, dass der Hybrid-Pkw entweder mit einer Kombination von SNG und Biostrom oder einer Kombination von Erdgas und Strommix betrieben wird.

Die mögliche THG-Minderung des Hybrids ist in den meisten Fällen höher als die des reinen Gasautos (vgl. Abbildung 4-35). Wird der Hybrid ausschließlich mit SNG betrieben und nicht elektrisch geladen, entstehen aber deutliche Mehrkosten gegenüber dem reinen Gasauto (ca. 0,5 ct/Pkm, aufgrund des höheren Pkw-Preises), bei einer nur geringen Erhöhung der THG-Einsparungen. Erhöht sich der Anteil an elektrisch bereitgestellter Energie (aus Biostrom), dann nehmen die Mehrkosten gegenüber dem Gasauto ab und die THG-Einsparungen zu.

Wenn man die Minderungskosten für THG-Emissionen gegenüber dem SNG-Pkw ohne Hybrid konstant halten will, sollte daher mindestens die Hälfte der Energie für den Hybrid-Pkw elektrisch bereitgestellt werden. Im Gegensatz zum Elektro-Allzweckauto

---

[33] Es wurde ein Gas-Hybrid gewählt, da dieser die umweltfreundlichste Alternative darstellt. Aktuell sind hauptsächlich Benzin- oder Diesel-Hybride in der Diskussion.

mit Biostrom sind jedoch in jedem Fall deutliche Vorteile bezüglich der Kosten und Umweltauswirkungen erkennbar.

Wird der Hybrid mit Erdgas betrieben, sind die THG-Minderungen mit grob 40 g CO_2-Äq/Pkm höher als beim reinen Erdgasauto, allerdings bei deutlich höheren Kosten. Der Betrieb mit fossilem Strom bringt hier keine Vorteile; bei Verwendung des *marginalen Strommixes* ergeben sich sogar geringere THG-Einsparungen als im Erdgasauto.

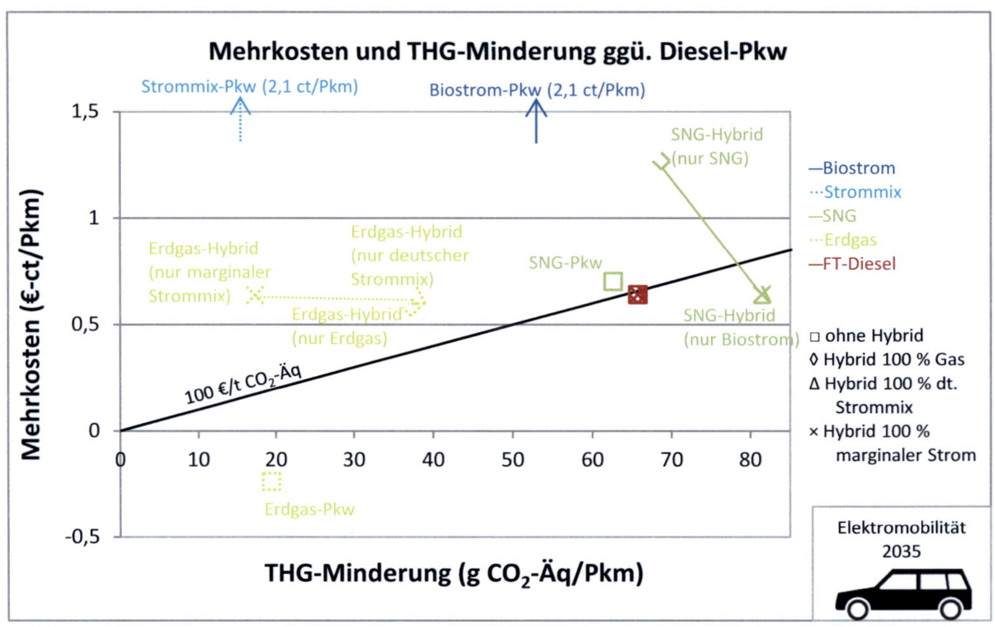

Abbildung 4-35:   Mehrkosten und THG-Minderung ggü. Diesel-Pkw der Allzweckautos mit und ohne Gas-Hybrid – Elektromobilität 2035

Noch deutlicher sind die Vorteile des Betriebs des Hybrid-Pkws mit Biostrom im Re-CiPe Total (s. Anhang H.2). Hier können im mehrheitlich (ab 50 % der gefahrenen km) elektrischen Betrieb deutliche Einsparungen bei nur geringen Mehrkosten gegenüber dem SNG-Pkw erzielt werden.

Fazit: Der Einsatz von Hybridkonzepten für Allzweckautos erscheint immer dann sinnvoll, wenn ca. die Hälfte der gefahrenen km Kurzstrecken sind und somit elektrisch über Biostrom abgedeckt werden können. Für reine Langstreckenfahrzeuge sind Hybridfahrzeuge nicht geeignet, da nur minimale THG-Minderungen hohen Mehrkosten gegenüberstehen.

Für die vielversprechenden Einsatzgebiete könnte die Untersuchung um weitere Hybridkonzepte wie z. B. FT-Diesel-Hybride, Parallelhybride oder Hybride mit unterschiedlichen elektrischen Reichweiten erweitert werden. Für die genauere Untersuchung müssten zusätzlich Regelungsstrategien berücksichtigt werden, die festlegen, wann der Verbrennungsmotor eingeschaltet wird.

4.5 ZUSAMMENFASSUNG DER ERGEBNISSE

Wie in den vorangegangenen Kapiteln (4.1-4.3) ausführlich und differenziert dargelegt, gibt es keine allgemeingültige Antwort auf die Frage nach dem effizientesten Einsatz von Waldrestholz im Pkw-Kraftstoff-Bereich.

Wird davon ausgegangen, dass jeder biogene Kraftstoff in einem schon vorhandenen Pkw eingesetzt wird, und somit nur den jeweils fossilen Kraftstoff ersetzt, ist Biostrom aus Waldrestholz in fast allen Kategorien in der hier dargestellten Modell-Untersuchung am effizientesten. Die erreichbare Minderung sowohl bei den THG-Emissionen als auch beim ReCiPe Total Score sind zwar pro Personenkilometer (Pkm) nicht immer die höchsten, dafür sind die Mehrkosten gering und die technische Effizienz sehr hoch. Daher sind die möglichen Umweltauswirkungs-Einsparungen sowohl pro Euro als auch pro Kilogramm Waldrestholz durchgehend die besten.

Soll der biogene Kraftstoff genutzt werden, um einen Diesel-Pkw zu ersetzen, bleibt die technische Effizienz von Biostrom am höchsten. Die ökonomische und umweltrelevante Effizienz hängen allerdings stark von den zukünftigen Annahmen für zentrale Parameter wie der Marktdurchdringung von Elektro- und Gasautos und der damit verbundenen technischen Pkw-Optimierung sowie der Kostenentwicklung der biogenen Kraftstoffe ab.

In Abbildung 4-36 sind die Ergebnisse aller untersuchten Alternativen in den betrachteten Szenarien und Sensitivitätsanalysen von 2011 bis 2035 in einem Gesamtkosten/THG-Emissionen-Diagramm dargestellt. Bei großen Unterschieden sind die Ergebnisse für 2011 einzeln ausgewiesen, die anderen Ergebnisse wurden zu einer „Möglichkeitswolke" zusammengefasst.

Im Pendlerauto schneidet Biostrom sehr gut ab, hat aber zu Beginn noch deutlich höhere Kosten als FT-Diesel. Die Bandbreite bei FT-Diesel ist relativ klein und die Umweltauswirkungen sehr gering. SNG verursacht im Schnitt etwas höhere THG-Emissionen.

Im Allzweckauto ist der Elektroantrieb in nahezu allen Szenarien deutlich teurer als Gas- und Diesel-Pkw. Es bestätigt sich zudem, was in einer Vielzahl an Studien zur Elektromobilität festgestellt wurde: je nach gewählten Annahmen des verwendeten (fossilen) Strommixes kann das Elektroauto deutlich mehr oder weniger THG-Emissionen verursachen als ein Diesel-Pkw. SNG verursacht etwas geringere Kosten und etwas höhere THG-Emissionen als FT-Diesel. Hybridautos (hier am Beispiel des

Elektro-Gas-Hybrids untersucht) sind insbesondere dann interessant, wenn ein hoher Anteil des Energiebedarfs elektrisch (durch Laden von Biostrom über die Plug-In-Funktionalität) gedeckt wird. Dies ist vor allem bei Kurzstreckenfahrten möglich.

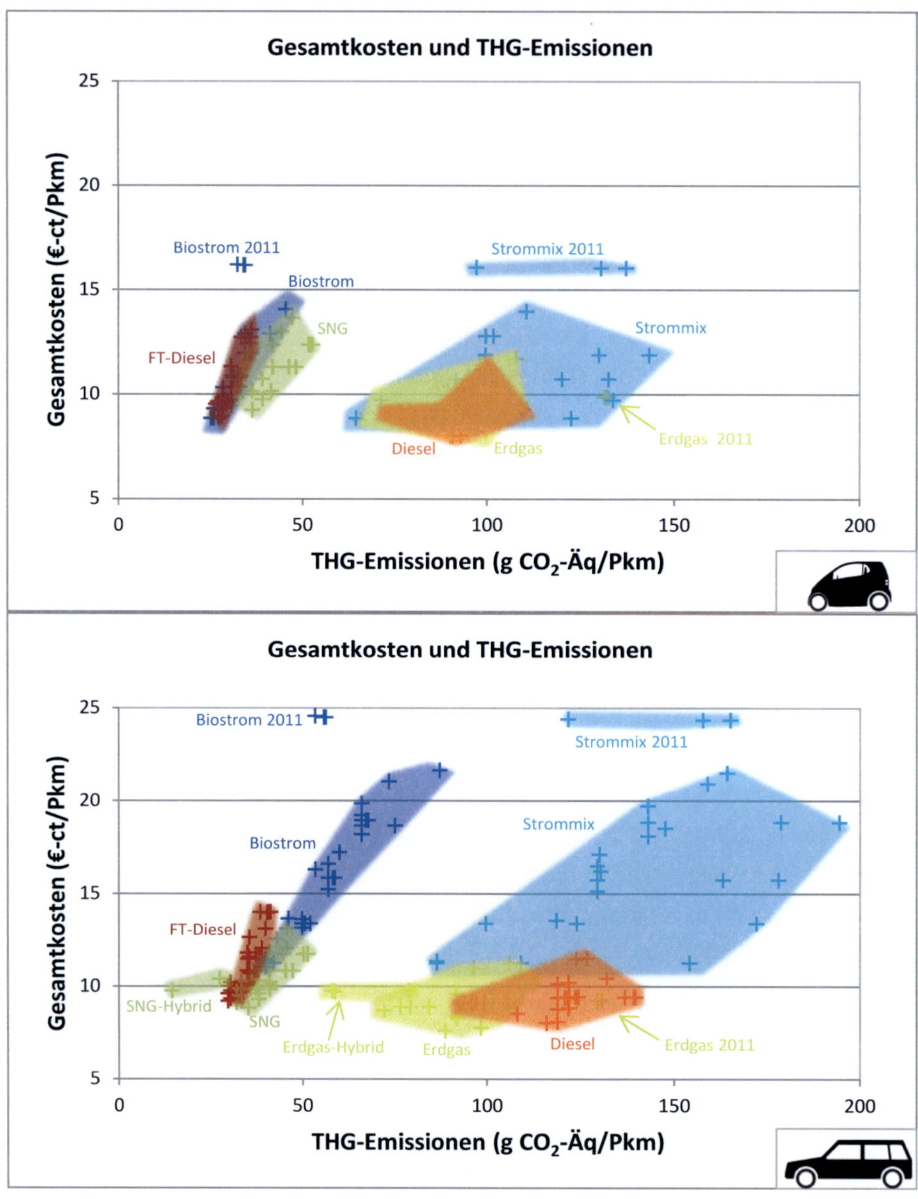

Abbildung 4-36:   Gesamtkosten und THG-Emissionen: ausgewählte Szenarien 2011 bis 2035 für alle Kraftstoff-Pkw-Kombinationen

Ein ähnliches Bild ergibt sich, wenn man anstatt der THG-Emissionen den Umweltindikator ReCiPe Total verwendet, mit dem Unterschied, dass SNG hier meistens geringere Auswirkungen verursacht als FT-Diesel (s. Anhang H.2, S. XXXIV).

Die Ergebnisse sind für **alle Effizienzkriterien** in Abbildung 4-37 und Abbildung 4-38 noch einmal zusammengefasst. Dargestellt ist die mittlere Platzierung der biogenen Kraftstoffe im jeweiligen Kriterium (als mögliche Minderung gegenüber dem Diesel-Pkw) in den drei Entwicklungslinien Trend (T), Gaszeitalter (G) und Elektromobilität (E), jeweils für die Jahre 2020 und 2035. Dies ist eine stark komprimierte Darstellung der Ergebnisse aus Kap. 4.2 (S. 90).

Beim **Pendlerauto** als Beispiel für kleinere Pkw mit kürzeren Fahrstrecken sind die Mehrkosten und THG-Minderungen für Biostrom, SNG und FT-Diesel alle auf einem sehr ähnlichen Niveau. Es schneidet die Kraftstoff-Pkw-Kombination am besten ab, bei der durch höhere Marktdurchdringung die stärksten Skaleneffekte und Effizienzsteigerungen umgesetzt werden. Ökonomisch ist so bei einem Batteriepreis von unter 300 €/kWh (2011-Preise bei ca. 700 €/kWh) das Elektroauto interessant, bei einer Preisdifferenz von FT-Diesel zu SNG bis ca. 1 €-ct/kWh bietet FT-Diesel sich an und in den meisten anderen Fällen SNG. Die höchsten THG-Einsparungen pro Pkm ermöglichen dagegen FT-Diesel und Biostrom. Die höchsten Einsparungen an kumulierten Umweltauswirkungen (ReCiPe Total) leistet Biostrom.

SNG und FT-Diesel haben ähnlich gute THG-Minderungskosten und Biostrom ermöglicht die höchste THG-Minderung pro kg Waldrestholz.

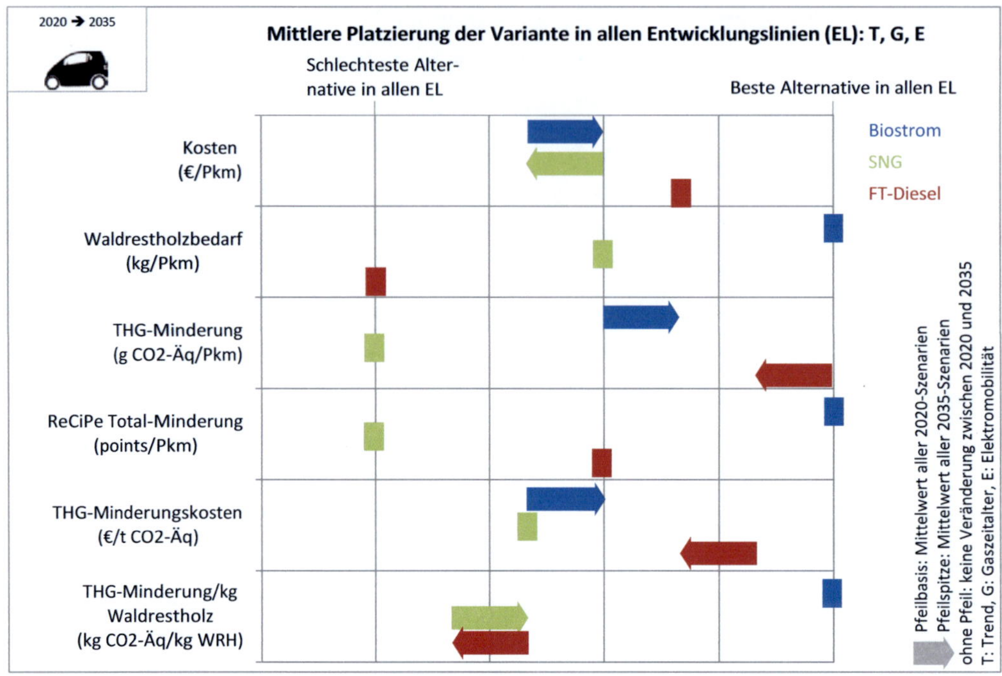

Abbildung 4-37: Mittlere Platzierung der biogenen Kraftstoffe im Pendlerauto im Vergleich zum Diesel-Pkw
für alle Effizienzkriterien – 2020 und 2035

Bei größeren Autos (vgl. Abbildung 4-38) wie dem in dieser Arbeit untersuchten **Allzweckauto** hingegen ist das Elektroauto ökonomisch nicht konkurrenzfähig. SNG ist in den meisten Fällen die günstigste biogene Variante. Die höchsten THG-Einsparungen pro Pkm ermöglicht FT-Diesel, die höchsten Einsparungen des ReCiPe Total Score durchgehend SNG.

Die günstigsten THG-Minderungskosten ergeben sich somit bis 2020 tendenziell für SNG, anschließend je nach Entwicklungslinie für FT-Diesel oder SNG. Die höchste THG-Minderung pro kg eingesetztem Waldrestholz ermöglicht hingegen auch im Allzweckauto Biostrom.

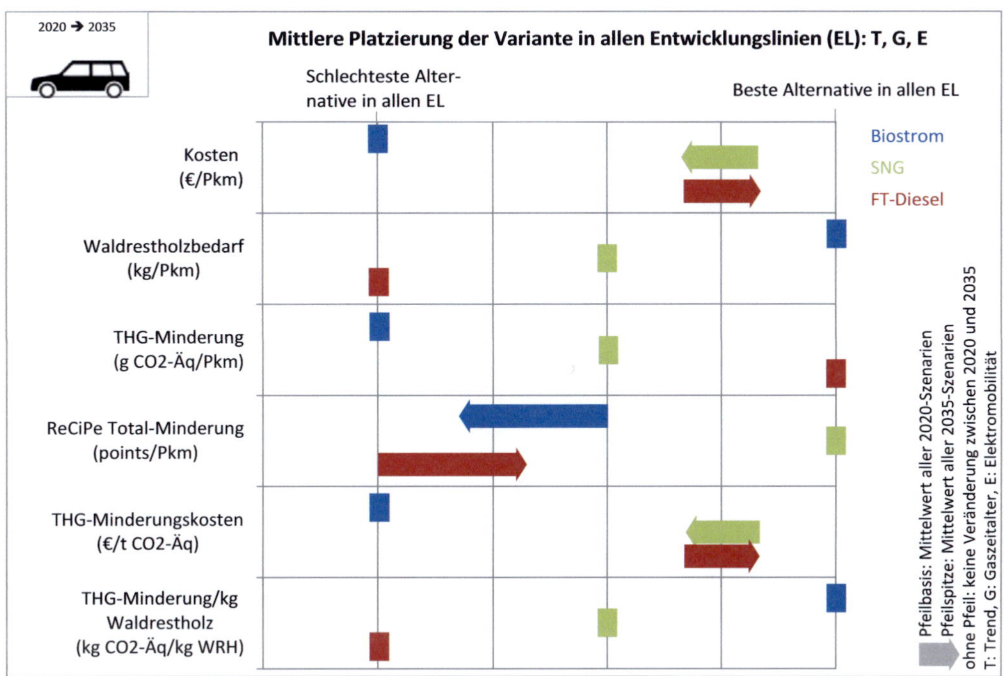

Abbildung 4-38:   Mittlere Platzierung der biogenen Kraftstoffe im Allzweckauto im Vergleich zum Diesel-Pkw für alle Effizienzkriterien – 2020 und 2035

In Abbildung 4-39 sind entlang der Kraftstoffkette noch einmal die wichtigsten Parameter und Ergebnisse für die technische Effizienz, die Kosten und die THG-Emissionen dargestellt, so dass die vorgestellten Ergebnisse besser nachvollzogen werden können. Die Pkw-Herstellung ist in dem Schema aus Platzgründen nicht dargestellt.

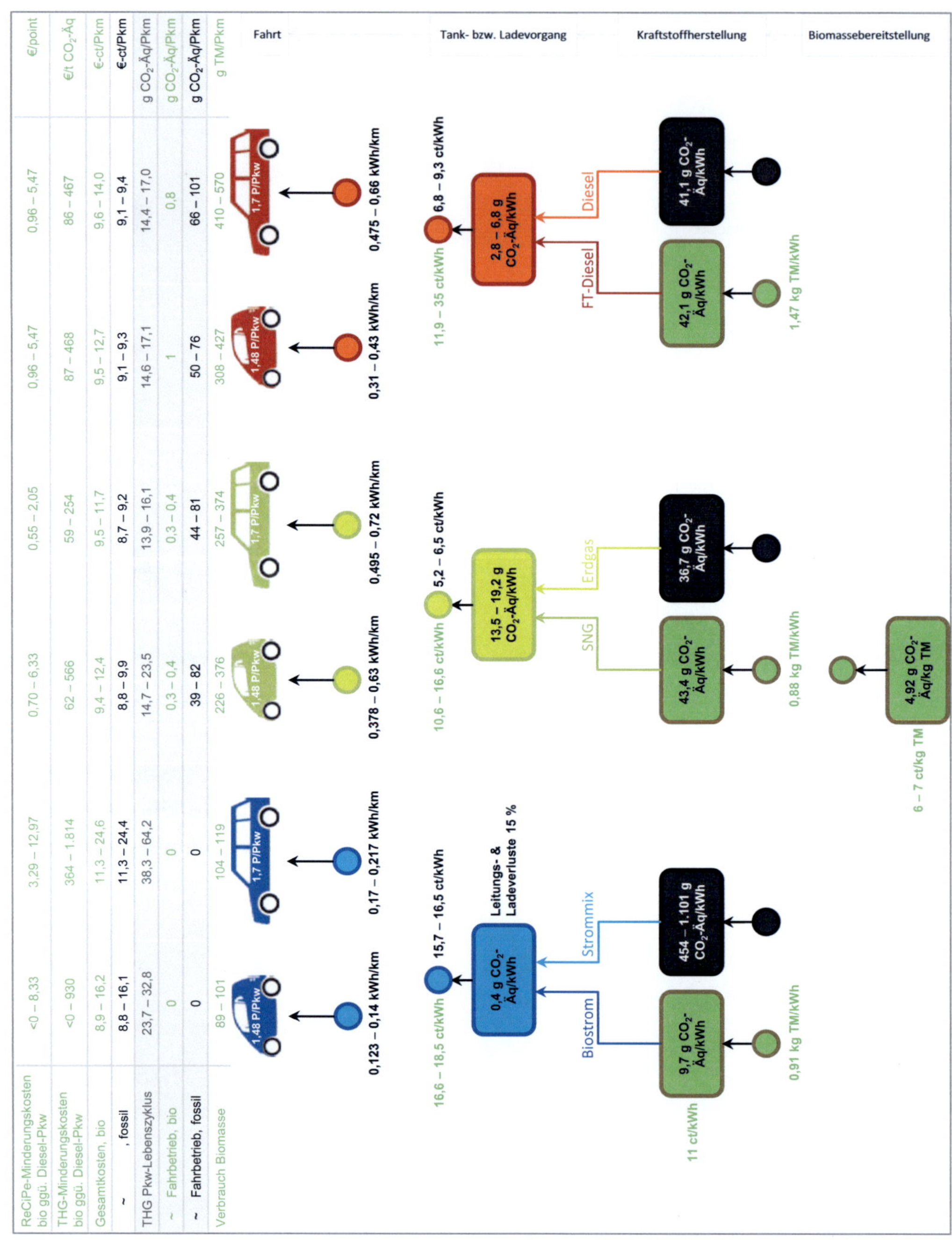

0,96 – 5,47	86 – 467	9,6 – 14,0	9,1 – 9,4	14,4 – 17,0	0,8	66 – 101	410 – 570
0,96 – 5,47	87 – 468	9,5 – 12,7	9,1 – 9,3	14,6 – 17,1	1	50 – 76	308 – 427
0,55 – 2,05	59 – 254	9,5 – 11,7	8,7 – 9,2	13,9 – 16,1	0,3 – 0,4	44 – 81	257 – 374
0,70 – 6,33	62 – 566	9,4 – 12,4	8,8 – 9,9	14,7 – 23,5	0,3 – 0,4	39 – 82	226 – 376
3,29 – 12,97	364 – 1.814	11,3 – 24,6	11,3 – 24,4	38,3 – 64,2	0	0	104 – 119
<0 – 8,33	<0 – 930	8,9 – 16,2	8,8 – 16,1	23,7 – 32,8	0	0	89 – 101

Abbildung 4-39: Zusammenfassung der Effizienz, Kosten- und THG-Ergebnisse für die Szenarien Trend, Gaszeitalter, Elektromobilität 2011, 2020, 2035

5 DISKUSSION UND AUSBLICK

5.1 METHODISCHE DISKUSSION

Wie in jeder Untersuchung ergeben sich aufgrund der Fragestellung und der verfügbaren Zeit und Informationen verbesserungswürdig erscheinende oder **erweiterbare** Aspekte, die kurz zusammengefasst werden sollen.

Bei Untersuchungen von zukünftigen technischen Entwicklungen, Kosten und Umweltauswirkungen spielen **Datenunsicherheiten** immer eine wichtige Rolle. Den Datenunsicherheiten für zukünftige Entwicklungen wurde insbesondere im Pkw-Lebenszyklus durch die drei Entwicklungslinien (Trend, Gaszeitalter, Elektromobilität) Rechnung getragen.

Da **zu wenige Daten** verfügbar waren, sind die Umweltauswirkungen der Kraftstoffbereitstellung von SNG und FT-Diesel als besonders unsicher anzusehen. Hier wären aktuelle Studien zu kommerziellen Anlagen in der angenommenen Größe (ca. 500 $MW_{th,in}$) nötig, um die Unsicherheiten zu reduzieren.

Veraltet sind die ecoinvent-Daten zum Kraftwerkspark in Deutschland. Die wichtigsten Punkte (Zusammensetzung des Strommixes, THG-Emissionen der Kohlekraftwerke) wurden daher in dieser Arbeit aktualisiert, allerdings wären für einige Umweltauswirkungen aktuellere Emissionsdaten dringend nötig.

Eine weitere Quelle für Unsicherheiten ist die Tatsache, dass in der **Literatur große Bandbreiten** für die biogenen und fossilen Kraftstoffkosten, aber auch für die Kosten und Umweltauswirkungen der Elektroauto-Batterieherstellung zu finden sind. Diese Unsicherheiten liegen nicht an mangelnden Daten, sondern an unterschiedlichen Annahmen. Die eigenen Abschätzungen und Ergebnisse für diese Werte liegen in den meisten Fällen im zentralen Bereich der Literaturwerte und wurden – zusätzlich zu der Variation in den Entwicklungslinien – durch Sensitivitätsanalysen auf ihre Wichtigkeit bezüglich der Ergebnisse untersucht. Dabei hat sich herausgestellt, dass bereits eine Variation der biogenen Kraftstoffkosten im einstelligen Prozentbereich eine Änderung in der Reihenfolge der Varianten (insbesondere von SNG und FT-Diesel) bei den Gesamtkosten bewirken kann.

Die hier vorgelegte Untersuchung bezieht in den Technologievergleich der Kraftstoffe und Pkw das Mobilitätsverhalten und zukünftige Entwicklungen ein. Daraus ergeben sich **Vereinfachungen** sowohl im Detailbereich der Technologien als auch in den ökonomischen Zusammenhängen und dem komplexen Wechselspiel von technischen Entwicklungen, Kosten und Nutzungsverhalten. Die verwendeten Entwicklungslinien zur Darstellung möglicher Zukünfte bilden dieses Wechselspiel nur stark vereinfacht durch lineare Entwicklungen ab. Hier wäre eine Verknüpfung mit detaillierteren Szenariostudien möglich, um gesamtwirtschaftliche Zusammenhänge und Rückkopplungseffekte besser zu berücksichtigen. Eine solche Anpassung der Entwicklungslinien würde es ermöglichen, die Ergebnisse dieser Arbeit in größere Szenariostudien zu integrieren, da sie auf den gleichen Annahmen beruhten.

Eine weitere Erweiterungsmöglichkeit wäre der durchgehende Einbezug von **Hybrid-Pkw**. Da viele konkurrierende Hybrid-Konzepte mit Stärken in unterschiedlichen Nutzungsszenarien existieren, wurde hier nur beispielhaft ein serielles (hintereinandergeschaltetes) Gashybrid-Konzept berücksichtigt. Dessen vorteilhafte Umweltauswirkungen bei vertretbaren Mehrkosten (bei einem hohen Anteil an Pendlerstrecken) sind jedoch ein Indiz dafür, dass für einige Nutzergruppen mit entsprechendem Fahrverhalten ein solches Konzept eine sinnvolle Lösung darstellt. Auch andere Studien sehen ein hohes Potential für Hybrid- und insbesondere Plug-In-Hybrid-Pkw [Elgowainy et al. 2010; Grahn et al. 2009].

Die durchgeführten Simulationen zeigen, dass es wichtig ist, das **Mobilitätsverhalten** zu berücksichtigen. In dieser Dissertation wurden beispielhaft zwei Mobilitätsverhalten anhand des Pendlerautos und des Allzweckautos dargestellt. Um das Mobilitätsverhalten umfassender berücksichtigen zu können, wäre zudem der Einbezug anderer Pkw-Nutzungsverhalten und anderer Pkw-Typen in den Vergleich interessant. Nach Umsetzung all dieser Erweiterungen wäre es so möglich, detailliert für jede Nutzergruppe in verschiedenen zukünftigen Szenarien die effizienteste Lösung zu finden und die Waldrestholznutzung möglichst effizient unter den Nutzergruppen aufzuteilen. Hier bestände z. B. ein Anknüpfungspunkt an das Marktpenetrationsmodell VECTOR21 [Mock 2011].

Ein weiterer Aspekt, der in dieser Arbeit noch nicht berücksichtigt werden konnte, ist der von Pkw verursachte **Lärm**. So zeigen neuere Untersuchungen, die versuchen, den Lärm als Umweltauswirkung quantifizierbar zu machen, dass je nach Tageszeit, Ort und Verkehrssituation die Auswirkungen der Pkw-Nutzung auf die menschliche Gesundheit zu einem großen Teil durch den Lärm verursacht werden [Althaus 2012; Althaus et al. 2009]. Rein qualitativ hat hier das Elektroauto durch einen leiseren Motor Vorteile, genauere und quantitative Studien zu diesem Thema wären jedoch von Interesse, um diese Auswirkung ebenfalls in den Vergleich mit einbeziehen zu können.

5.2   INHALTLICHE DISKUSSION

Die Ergebnisse zeigen, dass der empfehlenswerteste Kraftstoff aus Waldrestholz stark von den gewählten Effizienzkriterien und der gewählten Betrachtung (Kraftstoffsubstitution oder Diesel-Pkw-Substitution) abhängt. Es ist daher essentiell, die Zielsetzung beim Einsatz biogener Kraftstoffe klar zu definieren.

Wird nur die **Kraftstoffsubstitution** (WtW-Kette ohne Pkw-Lebenszyklus) betrachtet, so ist Biostrom aus Waldrestholz in den allermeisten Fällen zu empfehlen, da er hohe Umweltauswirkungsminderungen gegenüber dem fossilen Strom bei geringen Mehrkosten und einer hohen technischen Effizienz ermöglicht. Dies gilt sogar bei der Verwendung des relativ umweltfreundlichen deutschen Strommixes als fossilem Referenzstrom[34]. Diese Betrachtungsweise eignet sich z. B. für die Politik, wenn in einem bestehenden System (d.h. ohne gleichzeitige Förderung bestimmter Pkw-Antriebe) Waldrestholz effizient als Kraftstoff eingesetzt werden soll.

Andere Studien enthalten häufig im Detail unterschiedliche Werte[35] (z. B. THG-Emissionen der Erdgaskette von 89 bis 285 g/km, der FT-Diesel-Kette von 0 bis 28 g/km), stimmen aber in der Reihenfolge der jeweils untersuchten Kraftstoffe mit den Ergebnissen dieser Arbeit überein [LBST & GM 2002; Svensson et al. 2007; MacLean & Lave 2003b; Lave et al. 2000; Bishop et al. 2012; JEC et al. 2011; Bandivadekar et al. 2008; Felder 2007; Kolke 2004; WBCSD 2004], bis auf das sehr gute Abschneiden des Strommixes im Elektroauto in Felder [2007], das hier nicht bestätigt werden kann[36]. Der Bericht des IPCC hat basierend auf zahlreichen Studien, wie z. B. dem IEA World Energy Outlook und dem JEC Well-to-Wheel Report [IEA 2006; JEC et al. 2007], grobe THG-Minderungskosten von 25 \$/t CO_2-Äq für Biokraftstoffe ermittelt [Kahn Ribeiro et al. 2007], was mit Blick auf die Ergebnisse dieser Arbeit zumindest in Deutschland deutlich zu optimistisch erscheint.

Betrachtet man hingegen nur den **Pkw-Lebenszyklus**, der sowohl für die Automobilindustrie als auch für die Gesetzgebung eine Rolle spielt, dann bietet das Elektroauto nur in kleinen Pkw (Pendlerauto) und auch erst ab ca. dem Jahr 2030 eine ernsthafte Alternative zu Pkw mit Verbrennungsmotoren. Bei Pkw, die eine elektrische Reichwei-

---

[34] Im Vergleich zu dem tatsächlich durch den Biostrom ersetzten Strommix, der hauptsächlich aus Kohlestrom besteht.

[35] Meist aufgrund des gewählten Fahrzyklus oder anderen Rahmenbedingungen.

[36] Ein wichtiger Grund liegt in der Verwendung des schweizerischen Strommixes in der genannten Studie.

te von über 100 km brauchen, muss eine große Batterie verbaut werden, die neben hohen Kosten auch hohe Umweltauswirkungen verursacht. Auch McManus [2012] ermittelt hohe Auswirkungen in der Toxizität, im Ozonabbau und anderen Kategorien für die Batterieherstellung. Das Dieselauto als etablierte Technik ist ökonomisch und umweltrelevant in der reinen Pkw-Lebenszyklus-Betrachtung effizient, das Gasauto hat aufgrund des Drucktanks zumindest in naher Zukunft höhere Kosten und Umweltauswirkungen, könnte aber schon im Jahr 2020 ein ähnliches Niveau wie das Dieselauto erreichen.

Geht man schließlich von der ganzheitlichen Annahme aus, dass gleichzeitig mit den biogenen Kraftstoffen (inkl. Biostrom) auch die entsprechenden Pkw gefördert werden sollen, um **Diesel-Pkw zu substituieren**[37] (WtW-Kette und Pkw-Lebenszyklus), dann ergibt sich ein differenzierteres Bild. Während in kleineren Pkw (Pendlerautos) langfristig Biostrom attraktiv zu sein scheint, ist SNG in größeren Pkw (Allweckautos) ein guter Kompromiss zwischen technischer Effizienz, Kosten und THG-Minderung und bietet darüber hinaus ein hohes Einsparungspotential bei dem kumulierten Umweltindikator ReCiPe Total. Für die reine THG-Einsparung pro Kilometer ist allerdings FT-Diesel die beste Wahl. Zu ähnlichen Ergebnissen kommt auch Felder [2007], der allerdings FT-Diesel nicht untersucht hat. Jeder Kraftstoff verursacht aber mindestens in einer Umweltkategorie höhere Auswirkungen als der Diesel-Pkw, auf die jeweils bei der Einführung eines neuen Kraftstoffs ein besonderes Augenmerk gelegt werden sollte.

Die Ergebnisse zeigen, dass die Mehrkosten der biogenen Kraftstoffe anfangs noch recht hoch sind, aber bei entsprechender Marktpenetration schon um das Jahr 2020 auf unter 1 €-ct/Pkm fallen könnten. Da die Kunden nur eine sehr geringe Bereitschaft zeigen, Mehrkosten für umweltfreundlichere Pkw aufzubringen [Schmidt-Sandte & Hammer 2012; Peters & de Haan 2006], sind hier kosteneffiziente Alternativen besonders wichtig. Bei zu hohen Kostenunterschieden muss die Politik in der Anfangsphase **Subventionen** aufbringen, um die Mehrkosten für den Kunden gering zu halten. So könnten z. B. für die Kraftstoffsubstitution durch einen kompletten Erlass der Steuern auf SNG und FT-Diesel diese schon heute zu nahezu den gleichen Preisen verkauft werden wie Erdgas und Diesel. Es besteht zudem die Hoffnung, dass aufgrund von Pfadabhängigkeiten und Lerneffekten nach anfänglichen Subventionen sogenannte „tipping points" erreicht werden, die bewirken, dass die geförderten Varianten auch ohne Subventionen ökonomisch konkurrenzfähig werden. Bei einer ausreichend geringen Preis-

---

[37] Ob letztendlich Diesel-Pkw oder Benzin-Pkw substituiert werden, macht keinen Unterschied für die hier vorgestellten Ergebnisse; alle biogenen Kraftstoffe werden mit der gleichen Referenz verglichen.

differenz könnten sich so neue Kraftstoff- und Antriebsvarianten bereits 2035 durchsetzen [Götz et al. 2011; Mock 2011].

Die Ergebnisse beruhen auf optimistischen Annahmen für die biogenen Kraftstoffe und auf einer angenommenen Optimierung der Pkw auf geringe Umweltauswirkungen. Diese Entwicklungen sind nur dann wahrscheinlich, wenn politischer und gesellschaftlicher Druck in diese Richtung ausgeübt wird.

5.3   AUSBLICK

Die Entwicklungslinien wurden als drei mögliche Zukünfte eingeführt und dargestellt. Es ist kaum möglich, vorauszusagen, welche der Entwicklungslinien am wahrscheinlichsten ist. Allerdings sind die Zulassungszahlen der Elektroautos in der Entwicklungslinie Elektromobilität sehr optimistisch. Sie sind nur möglich, wenn neben Deutschland auch andere Länder in den nächsten Jahren massiv auf diese Technologie setzen. Als Brückentechnologie bieten sich hier Hybridautos an, deren Zulassungszahlen in den letzten Jahren stark zugenommen haben. Andererseits ist für das Eintreten der Entwicklungslinie Gaszeitalter nötig, dass Erdgas als Kraftstoff in den nächsten Jahren schnell – und ebenfalls international – an Bedeutung gewinnt.

Eine gute Möglichkeit, neue Kraftstoffe und Pkw einzuführen, sind **Fuhrparks und Carsharing**-Konzepte, bei denen eventuell abschreckende höhere Anschaffungs- oder Kraftstoffkosten nicht von einem privaten Nutzer getragen werden müssen, sondern die Kosten pro Kilometer eine wichtigere Rolle spielen. Ein Anreiz für Firmen, umweltfreundliche Mobilität einzusetzen, ist u.a. der Imagegewinn.

Die Ergebnisse dieser Arbeit geben Einblicke in die effiziente energetische Nutzung von Waldrestholz im Pkw-Bereich. Es bleibt zu vergleichen, ob dieser Einsatz besser abschneidet, als der **Einsatz z. B. im Strom- bzw. Wärmemarkt**. Der große Vorteil, flüssigen oder gasförmigen Kraftstoff herstellen zu können, muss abgewogen werden gegen die vermutlich geringeren THG-Minderungskosten im Strom- und Wärmesektor [Leible et al. 2007]. Das Elektro-Pendlerauto scheint hier eine interessante Kopplungsmöglichkeit des Strom- und Kraftstoffmarktes zu sein. Es mindert einerseits den Bedarf an flüssigen und gasförmigen Kraftstoffen und ermöglicht andererseits die günstige und effiziente Umwandlung von Waldrestholz in Strom.

Letztendlich beruht die Entscheidung der Einsatzweise zu einem großen Teil auch auf dem angewandten Wertesystem[38], das von der Gesellschaft und der Politik ausgehandelt werden muss[39].

Schlussendlich können die politisch geforderten ambitionierten THG-Minderungsziele im Verkehr nicht alleine durch technische Optimierung und neue Kraftstoffe erreicht werden, sondern müssen immer mit Einsparungen durch **Verhaltensänderungen** kombiniert werden, wie z. B. erhöhte Nutzung des öffentlichen Nahverkehrs, höhere Besetzungsgrade der Autos, geringere Motorisierung, Carsharing-Konzepte usw., nicht zuletzt, um Rebound-Effekte zu vermeiden. Es ist daher wichtig, dass der Gesetzgeber die Nutzer mit einbezieht und die richtigen Anreize setzt [Bandivadekar et al. 2008:ES 11]. Daher gilt neben der technischen Optimierung der Kraftstoffe und Fahrzeuge:

> *"Policies that discourage driving not only reduce emissions of conventional pollutants; they also tend to reduce congestion, accidents, and emissions of greenhouse gases."* *[Harrington & McConnel 2003:29][40]*

---

[38] Subjektive Bewertung von Umweltauswirkungen, Auswirkungen auf die Gesundheit, Möglichkeit der Beibehaltung heutiger Mobilitätsmuster, Mehrkosten u.a..

[39] Hierbei sei darauf verwiesen, dass eine reine Abwälzung der Verantwortung auf den Konsumenten als nicht zielführend angesehen wird [Grunwald 2011].

[40] Übersetzung: „Strategien, die das Fahren [im Pkw] vermeiden, vermindern nicht nur die Emission konventioneller Schadstoffe, sondern reduzieren außerdem Staus, Unfälle, und THG-Emissionen."

ANHANG

Im Bereich der Ökobilanzierung werden die Auswirkungen von menschlichem Handeln in der Regel zu Wirkungskategorien zusammengefasst, die eine bestimmte Auswirkung beschreiben (s. Kap. 2.3.3). Die Ergebnisse dieser Wirkungskategorien werden im Allgemeinen als *midpoint*-Ergebnisse ausgedrückt, da sie einzelne, untereinander nicht vergleichbare Umweltauswirkungen beschreiben. Im Gegensatz dazu wird insbesondere in der Politikberatung häufig ein *endpoint*-Ergebnis dargestellt, das über eine Wertung der verschiedenen Wirkungskategorien einen „Gesamtumweltschaden" abbilden soll.

<u>Klimawandel (THG-Emissionen)</u> fasst alle Emissionen zusammen, die eine Auswirkung auf das Klima haben. Diese Emissionen verschiedener sogenannter Treibhaus-Gase werden über ihren jeweiligen Strahlungsantrieb (radiative forcing) in CO_2-Äquivalente umgerechnet. Die Emissionen dieser Gase spielen im Kontext internationaler und nationaler Ziele (Kyoto-Protokoll etc.) eine Rolle, da ein zu starker Anstieg eine Klimaerwärmung mit negativen Folgen wie Wüstenausbreitung, Anstieg des Meeresspiegels etc. zur Folge hätte. Wichtigste Vertreter der Treibhausgase sind Kohlendioxid (CO_2), Distickstoffmonoxid (N_2O) und Methan (CH_4).

Unter <u>Versauerung</u> versteht man die Veränderung des pH-Wertes des Bodens, insbesondere des Waldbodens. Die meisten Pflanzen vertragen eine Versauerung des Bodens nicht, so dass eine Versauerung zur Veränderung der Fauna führt. Die Versauerung ist ein lokal zu betrachtendes Phänomenen, da verschiedene Regionen unterschiedliche Böden haben. Zudem tritt die Versauerung im Gegensatz zu z. B. dem Klimawandel im regionalen Maßstab auf. Daher wird hier die Versauerung in Europa betrachtet. Wichtige versauernde Emissionen sind NO_x, NH_3 und SO_2. Diese werden als SO_2-Äquivalente zusammengefasst.

<u>Stratosphärischer Ozonabbau</u> ist die Auswirkung verschiedener anthropogener Substanzen auf die Ozonschicht in der Stratosphäre. Die Ozonschicht verhindert, dass schädliche UV-B-Strahlung die Erdoberfläche erreicht und dort beim Menschen Haut-

krebs und Augenschäden sowie bei Pflanzen Schäden hervorruft. Das bekannte Ozonloch über der Antarktis ist ein Beispiel für diese Auswirkung. Verantwortlich für den Ozonabbau sind insbesondere chlor- und bromhaltige Verbindungen und insbesondere Fluor-Chlor-Kohlenwasserstoffe. Als Äquivalenzstoff dient FCKW-11.

Ökotoxizität und Humantoxizität beschreiben die Auswirkungen anthropogener Emissionen auf die Tierwelt und die menschliche Gesundheit. Dabei werden ebenso krebserregende Stoffe berücksichtigt wie andere gesundheitsschädliche Substanzen. Als Einheit dient CTU (comparative toxic unit).

Feinstaub hat einen Einfluss auf die menschliche Gesundheit. Das Einatmen feiner Partikel kann zu verschiedenen Gesundheitsschäden führen. Neben natürlichen Ursachen sind insbesondere Schwefeldioxid (SO_2), Ammoniak (NH_3) und Stickoxide (NO_x) verantwortlich für die Feinstaubbildung. Beim Pkw spielen neben den Auspuffemissionen auch Brems- und Reifenabrieb sowie Aufwirbelung eine Rolle.

Ionisierende Strahlung beschreibt die Freisetzung radioaktiv strahlender Stoffe in die Umwelt. Die negativen Auswirkungen radioaktiver Strahlung beinhalten insbesondere die Erhöhung des Krebsrisikos. Als Äquivalenz-Einheit wurde Uran-235 gewählt.

Photochemische Oxidation bezeichnet den Prozess der Ozonbildung in der Atmosphäre. Ozon verursacht beim Einatmen Schäden und Entzündungen in Lunge und Atemwegen. Eine erhöhte Ozonkonzentration verursacht damit auch eine Häufung von Atemproblemen wie Asthma. Neben NO_x spielen auch Nicht-Methan-Kohlenwasserstoffe (englisch NMVOC) eine Rolle bei der Ozonbildung. Die Emissionen werden daher als NMVOC-Äquivalente zusammengefasst.

Überdüngung oder Eutrophierung bezeichnet den übermäßigen Eintrag von Nährstoffen in Ökosysteme. Bei diesen Ökosystemen wird zwischen Salzwasser, Süßwasser und Land unterschieden, so dass drei verschiedene Wirkungskategorien entstehen. Die zugrunde liegende Modellierung bezieht sich auch hier auf Europa. Zu berücksichtigende Stoffe sind Stickstoff- und Phosphorverbindungen, also neben Düngemitteln auch NH_3 und NO_x.

Als *endpoint*-Ergebnis wurde hier der ReCiPe Total (H,A) Score verwendet. Dieser fasst anhand von subjektiven Wertungen, die als *„hierarchist, average"* zusammengefasst wurden, alle Umweltauswirkungen zusammen. Der erhaltene Wert drückt aus, wie starke Nachteile eine Person mit diesem Wertekodex potentiell durch die Umweltauswirkungen hat. Der *hierarchist* berücksichtigt sowohl heutige als auch zukünftige Auswirkungen und liegt zwischen den beiden extremeren Sichtpunkten *individualist* und *egalitarian*.

B   RAHMENBEDINGUNGEN

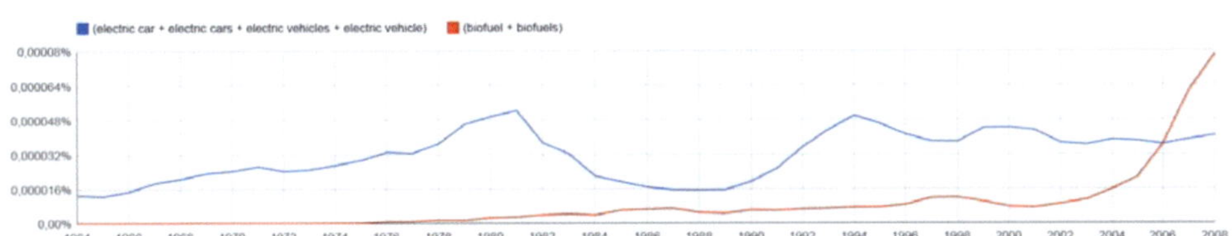

Abbildung A-1:   Nennung der Begriffe „electric car" und „biofuel" und deren Variationen in von google books katalogisierten Büchern von 1964 bis 2008

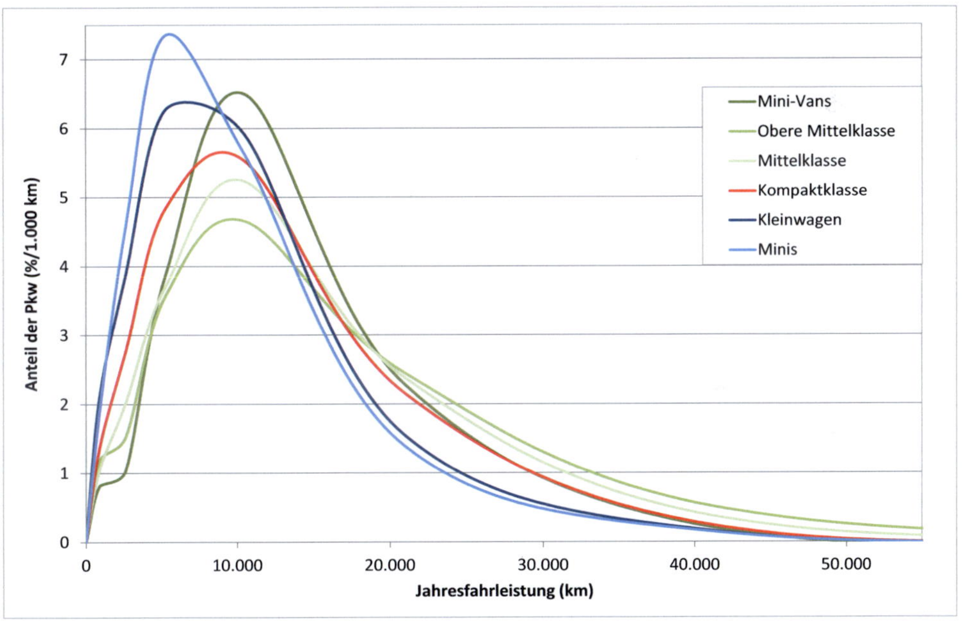

Abbildung A-2:   Verteilung der Jahresfahrleistung und durchschnittliche Jahresfahrleistung je Fahrzeug-klasse in Deutschland im Jahr 2008. Quelle: infas & DLR [2010a], eigene Darstellung.

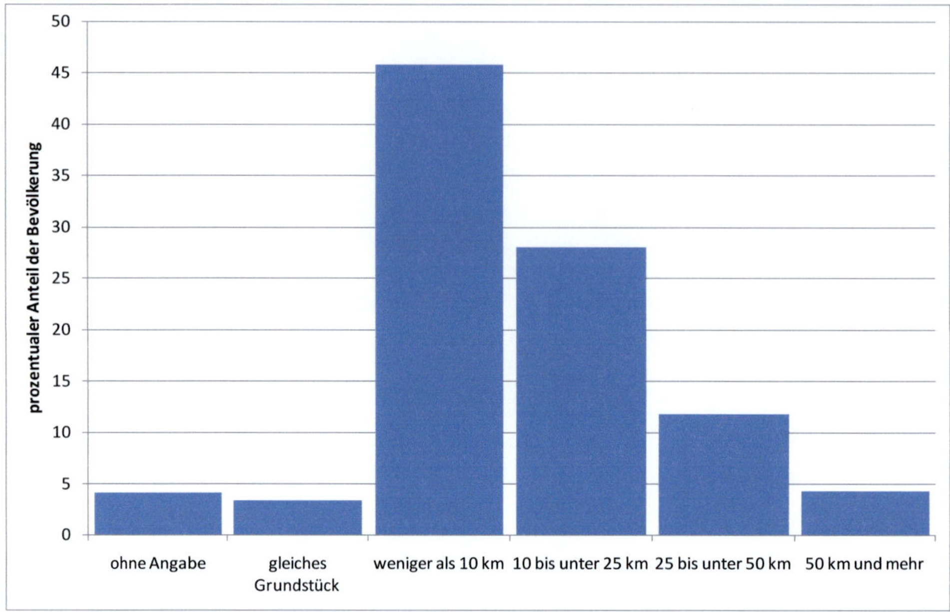

Abbildung A-3:   Berufspendler nach Entfernung zwischen Wohnung und Arbeitsstätte in Deutschland im Jahr 2008. Quelle: Statistisches Bundesamt [2009], eigene Darstellung.

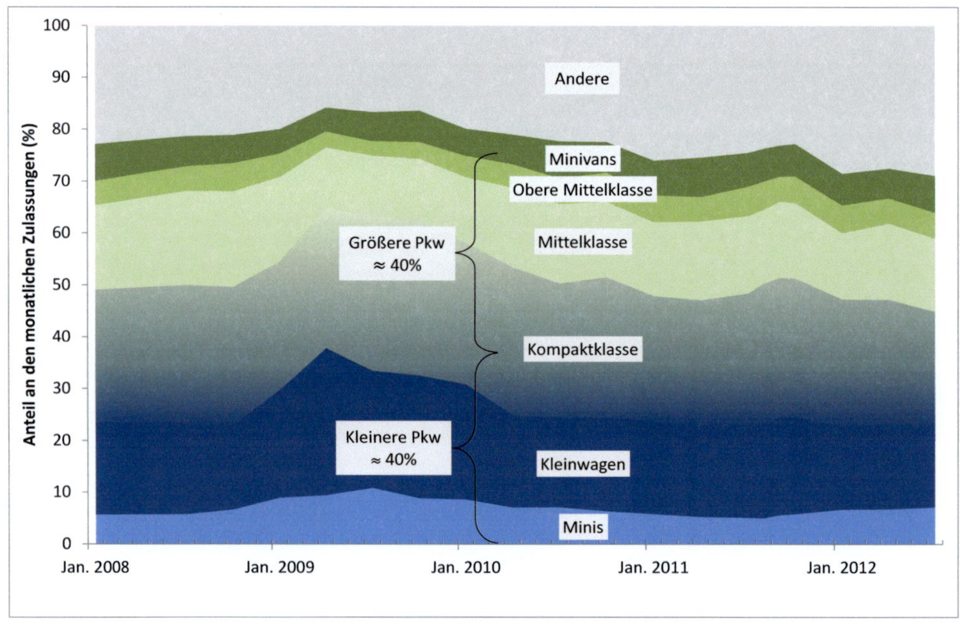

Abbildung A-4:   Neuzulassungen nach Segmenten in Deutschland in den Jahren 2009-2012. Quelle: infas & DLR [2010a], eigene Darstellung.

Der Peak an kleineren Pkw im Jahr 2009 ist auf die Umweltprämie („Abwrackprämie")
zurückzuführen.

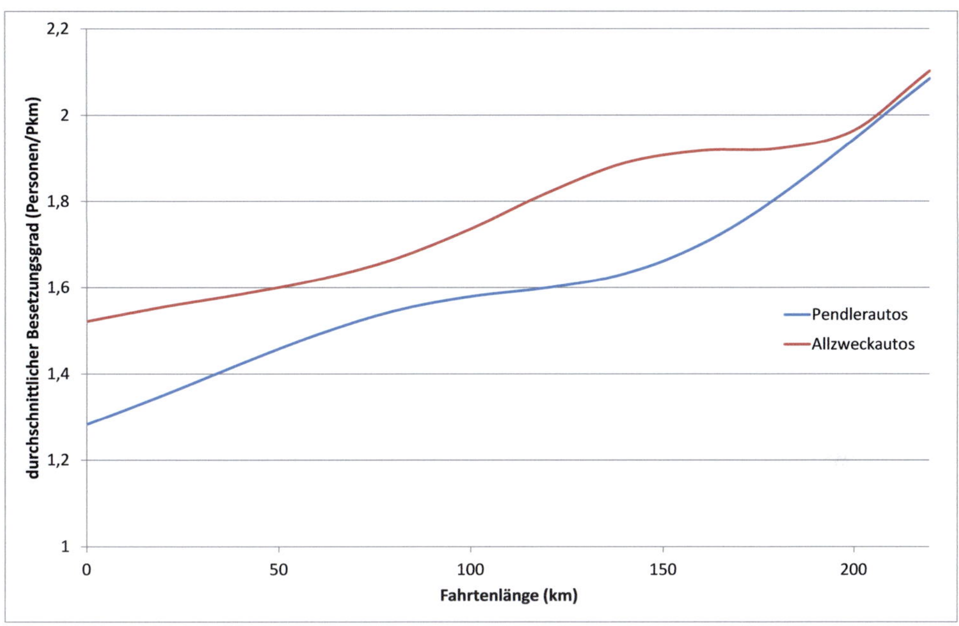

Abbildung A-5:　　Besetzungsgrad nach Fahrtenlänge in Deutschland im Jahr 2008. Quelle: infas & DLR
　　　　　　　　[2010a], eigene Darstellung.

C　FAHRZYKLEN, VERBRAUCHSBESTIMMUNG

C.1　GRUNDSÄTZLICHE ÜBERLEGUNGEN

Zur Motor- und Batterieauslegung von effizienten Fahrzeugen wurde anhand von einfachen Gleichungen der Leistungsbedarf eines Fahrzeugs berechnet. In Abbildung A-6
ist als blaue durchgezogene Linie die maximal nötige Beschleunigung zur Absolvierung
des ARTEMIS-Testzyklus (nach André [2004]) vereinfacht aufgetragen. Anhand eines
Beispielfahrzeugs der Mittelklasse (Masse 1500 kg, Rollwiderstandsbeiwert k_{Roll} 0,014,
c_W-Wert 0,3 und projizierte Stirnfläche 1,8 m^2) wurde daraus die benötigte Leistung
berechnet (gestrichelte blaue Linie). Wird die Gesamtleistung auf 60 kW beschränkt,
müssen leichte Einbußen bei der Beschleunigung ab ca. 100 km/h hingenommen
werden. Anhand analoger Überlegungen wurde die Leistung der zukünftigen Fahrzeuge grob vordimensioniert, bevor detaillierte Verbrauchssimulationen durchgeführt
wurden.

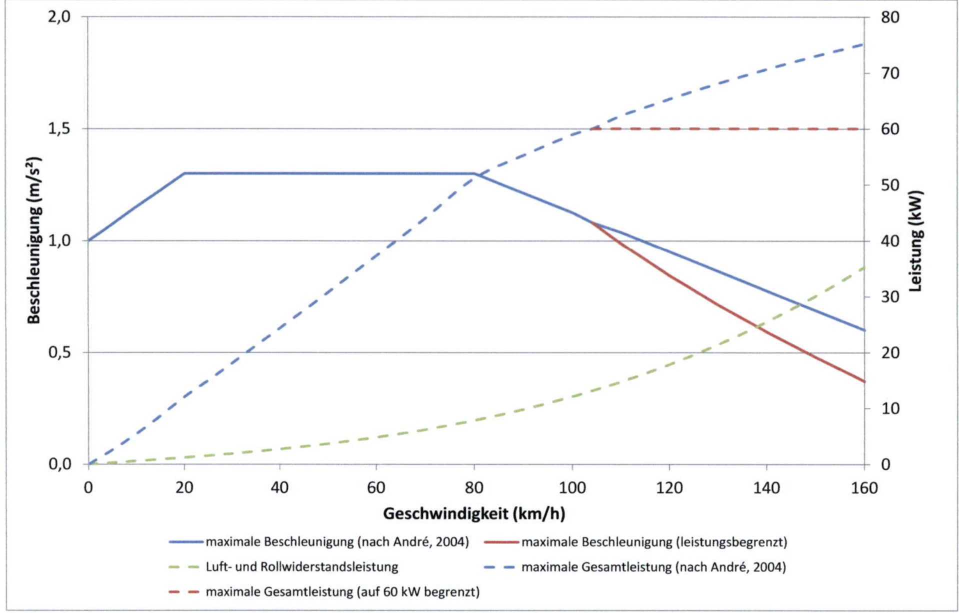

Abbildung A-6:   maximal nötiger Beschleunigungs- sowie Leistungsbedarf im CADC

C.2   VERBRAUCHSMODELL FÜR ELEKTROAUTOS

Mithilfe von *MATLAB/Simulink* wurde ein Modell erstellt, das den Verbrauch von Elektroautos simuliert. Dazu wurden anhand des Geschwindigkeitsprofils des Fahrzyklus sowie der Pkw-, Motor- und Batteriekenndaten zu jedem Zeitpunkt der Leistungsbedarf und daraus der gesamte Energiebedarf berechnet. Dieses Vorgehen ist in Abbildung A-7 dargestellt.

Als ein wichtiger Parameter hat sich dabei der durchschnittliche Energiebedarf der Zusatzverbraucher herausgestellt. Hierzu zählen insbesondere Klimaanlage und Heizung sowie Scheinwerfer, aber auch das Infotainment-System und Scheibenwischer. Deren Verbrauch kann recht unterschiedlich sein, er liegt je nach Bedingungen zwischen 600 W und 4.000 W [Käbisch 2012:2 f; Reif 2011:441]. In der Simulation mit einem stadtlastigen Zyklus des Pendlerautos (50 % CADC-Stadt, 35 % CADC-Land, 15 % CADC-Autobahn) erhöhte sich der Gesamtverbrauch bei einer Anhebung des durchschnittlichen Bedarfs der Zusatzverbraucher von 1.000 auf 1.500 W von 13,9 auf 16,1 kWh/100 km und damit die Batteriemasse von 166 auf 193 kg. In dem Modell wurde ein konstanter Energiebedarf der Nebenverbraucher von 900 W für das Pendlerauto und 1.200 W für das Allzweckauto angenommen. Diese Werte liegen etwas höher als in IFEU [2011:50], aber in etwa auf gleicher Höhe mit Spicher [2012a:103]; Linssen et al. [2012].

Die Wirkungsgrade von Motor und Leistungselektronik wurden als Wirkungsgradkennfeld basierend auf [Kushnir & Sandén 2011; Delucchi et al. 2000:235; Lukic & Emado 2003; Stanton 2008; Parker 2010] angenommen; für die Batterieladung und -entladung wurde ein Wirkungsgrad von 90 % angenommen.

Vereinfachend wurde ein Rollreibungskoeffizient von 0,014 zugrunde gelegt. Dieser beinhaltet alle Reibungsverluste im Elektroauto (vgl. „Car 2010" in Holmberg et al. [2012:226]). Die in dem Artikel angenommenen sehr optimistischen Verbesserungen bis 2020 wurden nicht im Modell berücksichtigt.

Die durch das Modell produzierten Ergebnisse stimmen gut mit anderen Studien wie z. B. Linssen et al. [2012] überein.

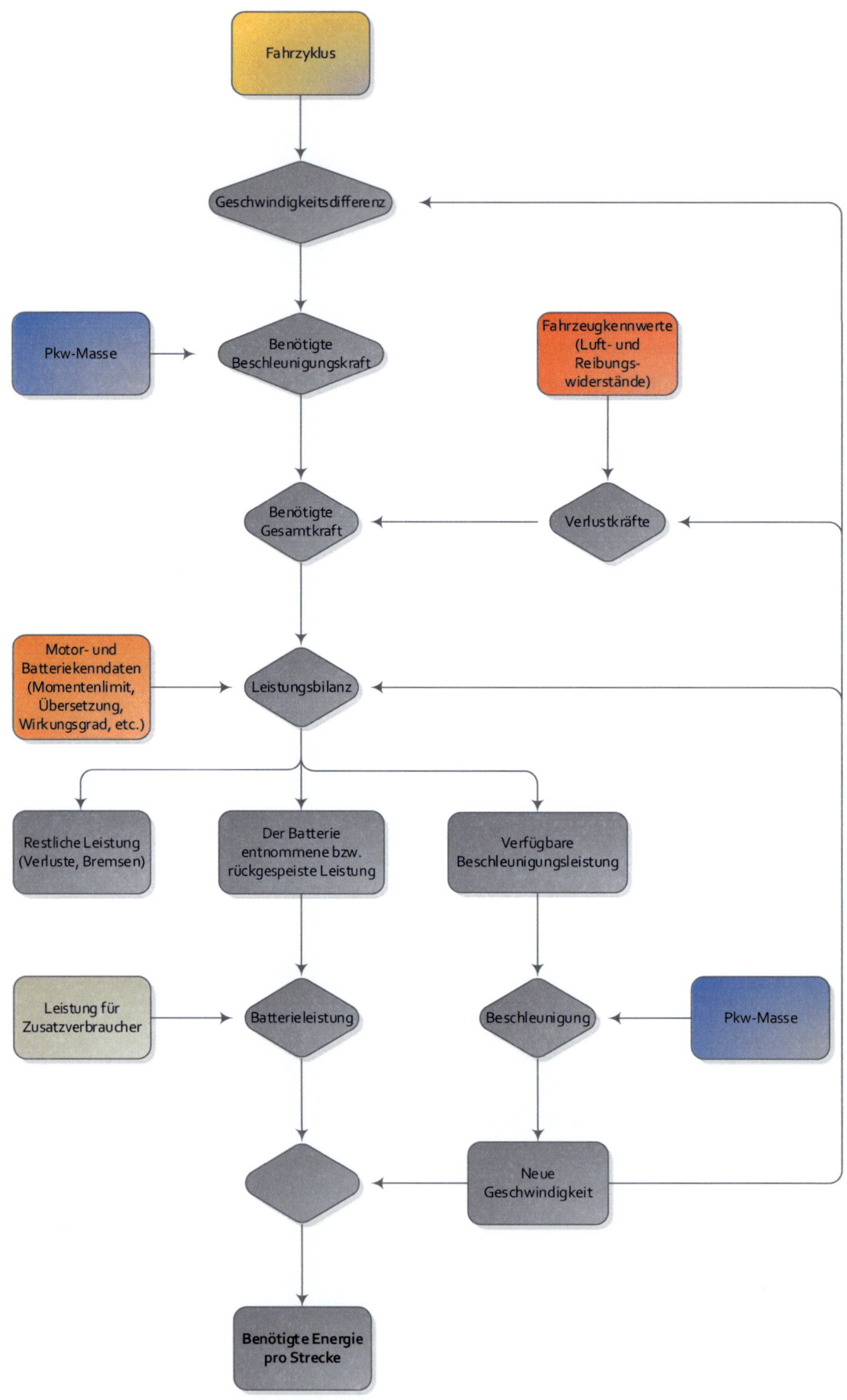

Abbildung A-7:   Vorgehensweise bei der Simulation des Energiebedarfs von Elektroautos

D   LERNKURVEN UND SKALENEFFEKTE (GRÖßENDEGRESSIONEN)

Aufbauend auf einem Überblick über Lernkurven und Größendegressionen in Riederer von Paar [2011] wurden Lernkurven abgeleitet, die die Abhängigkeit der Batteriekosten von Elektroautos sowie der Mehrkosten der Gasautos von der produzierten Stückzahl darstellen können.

Allgemein wird zwischen Lerneffekten und Skaleneffekten unterschieden. Während Lernen die Tatsache beschreibt, dass bei der Produktion ein Lerneffekt einsetzt, der durch ein besseres Verständnis der Produktionsabläufe Optimierungen ermöglicht, beschreiben Skaleneffekte die Tatsache, dass bei den meisten technischen Anlagen bei größerer Anlagengröße geringere Stückkosten aufgrund des geringeren Anstiegs z. B. der Fixkosten entstehen.

Lernen passiert einerseits endogen (innerhalb der Firma) z. B. durch Erfahrung der Beschäftigten, stärkere Automatisierung, oder aber durch Forschung und Entwicklung. Andererseits können exogene Einflüsse wie neue wissenschaftliche und technische Erkenntnisse sowie Lernen bei Zulieferern eine Auswirkung haben.

Bei der Untersuchung dieser Effekte ist aufgefallen, dass häufig ein logarithmischer Zusammenhang zwischen den Produktionskosten und der kumulierten Produktionsmenge besteht. Dieser Zusammenhang kann wie in den Formeln (1) und (2) auf Seite 16 beschrieben werden:

$$K_2 = K_1 \times \left(\frac{M_2}{M_1}\right)^{-b} \tag{1}$$

$$r = 2^{-b} \tag{2}$$

K_1 = Produktionskosten bei kumulierter Produktionsmenge M_1
K_2 = Produktionskosten bei kumulierter Produktionsmenge M_2
M_1 = kumulierte Produktionsmenge 1
M_2 = kumulierte Produktionsmenge 2
b   = Steigungsparameter der Lernkurve
r   = Lernrate

Als erste Näherung und Überprüfung der Validität kann zum Beispiel die Lernrate bei Lithium-Ionen-Zellen hauptsächlich für den Consumer-Bereich herangezogen werden. Anhand der Zahlen in Brodd [2005:62] lässt sich ermitteln, dass für diese Zellen im Zeitraum von 1995 bis 2001 ein Lernrate von ca. 0,77 galt. Dies ist im Vergleich zum Industrieschnitt von 0,82 sehr gut, wobei bei der Herstellung integrierter Schaltkreise sogar ein Wert von 0,72 erreicht wurde [Dutton & Thomas 1984]. Aufgrund geringerer erwarteter Fortschritte beim Packaging (Zusammenbau der Zellen zu einer

Batterie) wird für diesen Teil mit einer Lernrate von 0,82 gerechnet. Daraus lassen sich mithilfe von Annahmen über die weltweiten jährlichen Zulassungen und einem Batteriepreis im Jahr 2010 von 900 €/kWh die in Tabelle A-1 abgebildeten Lernkurven erstellen.

Tabelle A-1:   Angenommene Ausbringung an Elektroautos und Li-Ionen-Zellen sowie spezifische Batteriekosten über die Zeit

| | Weltweite kumulierte Ausbringung | | | | Kosten (€/kWh) | | | |
| | Elektroautos (Mio. Stück) | | Li-Ionen-Zellen (Mrd. Stück) | | Li-Ionen-Zellen | | Batteriepack (Systemebene) | |
Entwicklungslinie	T, G	E	T, G	E	T, G	E	T, G	E
2011	0,2	0,2	25,1	25,1	266	266	773	773
2012	0,4	0,5	30,4	32,1	251	247	668	637
2013	0,7	1,1	36,1	41,2	239	230	594	542
2014	1,1	2,0	42,2	52,1	229	215	540	477
2015	1,6	3,4	48,7	64,7	220	203	500	429
2016	2,2	5,2	55,4	78,8	212	191	467	391
2017	2,9	7,5	62,3	94,4	205	182	441	362
2018	3,7	10,3	69,5	111,4	198	173	419	337
2019	4,6	13,8	76,9	129,7	193	166	400	317
2020	5,6	17,9	84,4	149,3	188	159	383	300
2021	6,7	22,7	92,1	170,1	183	154	369	285
2022	7,9	28,2	99,9	192,1	179	148	356	271
2023	9,2	34,5	107,9	215,2	175	144	345	260
2024	10,6	41,5	116,0	239,5	171	139	334	249
2025	12,1	49,4	124,2	264,9	168	135	325	240
2026	13,7	58,2	132,6	291,3	165	132	316	232
2027	15,4	67,9	141,0	318,8	162	128	308	224
2028	17,2	78,5	149,6	347,3	159	125	301	217
2029	19,1	90,0	158,3	376,8	157	122	294	211
2030	21,1	102,6	167,1	407,3	154	120	288	205
2031	23,2	116,2	175,9	438,8	152	117	282	199
2032	25,4	130,8	184,9	471,2	150	115	277	194
2033	27,7	146,5	194,0	504,5	148	112	272	189
2034	30,1	163,4	203,1	538,8	146	110	267	185
2035	32,6	181,4	212,4	573,9	144	108	262	181

Würde man auch für das Packaging die sehr optimistische Lernrate von 0,77 annehmen, könnten die Batteriepack-Kosten noch deutlich stärker sinken (117-186 €/kWh in 2035), dies scheint aber unrealistisch.

E   MODELLIERUNG

Die Modellierung erfolgte in *Excel* und in *umberto 5.5*. Mithilfe der COM-Schnittstellen der beiden Programme und der *Excel*-Programmiersprache *vba* wurde ein Simulationsprogramm erstellt (vgl. Abbildung A-8), das eine automatische Berechnung der Kosten und Umweltauswirkungen der Kraftstoffe Biostrom, Strommix, SNG, Erdgas, FT-Diesel und Diesel ermöglicht. Es können in einem Durchlauf mehrere Szenarien berechnet werden, was in dieser Arbeit benutzt wurde, um die Entwicklungslinien und Untersuchungszeitpunkte abzubilden. Im Anschluss daran ermöglicht eine flexible Ergebnisauswertung die schnelle Erstellung von Vergleichen und grafischen Darstellungen.

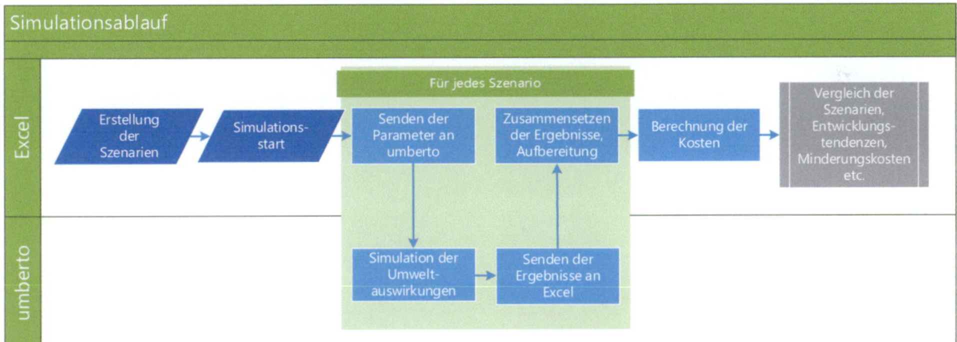

Abbildung A-8:   Ablauf einer Simulation

Um ein möglichst einfaches Modell mit wenigen Dopplungen zu erstellen, wurde dafür eine neue Methodik entwickelt. Ziel war es, jede Variable nur einmal einzugeben und jeden Berechnungsschritt nur einmal zu definieren. Dafür wurde das *umberto*-Netz so aufgebaut, dass alle mehrmals verwendeten Prozesse als unabhängiges Netz modelliert wurden, und die Zusammensetzung der Prozesskette in Excel erfolgte. Die Methodik ermöglicht zudem eine höhere Flexibilität bei der Modellierung, da mehrere unabhängige Modellteile mit teilweise gleichen Bestandteilen parallel simuliert werden können, und die Ergebnisse trotzdem eindeutig zugeordnet werden können. In Abbildung A-9 ist schematisch dargestellt, wie der Modellierungsansatz funktioniert. Es wird ersichtlich, dass der Vorteil gegenüber der Modellierung der tatsächlichen Flüsse (oberer Teil der Abbildung) eine Zuordnung der Umweltauswirkungen zu den einzelnen Prozessen ist. Bei der Modellierung der tatsächlichen Flüsse in *umberto* wäre es nicht möglich, den Anteil der Umweltauswirkungen aus „Prozess 2" automatisch den einzelnen nachgeschalteten Prozessen zuzuordnen.

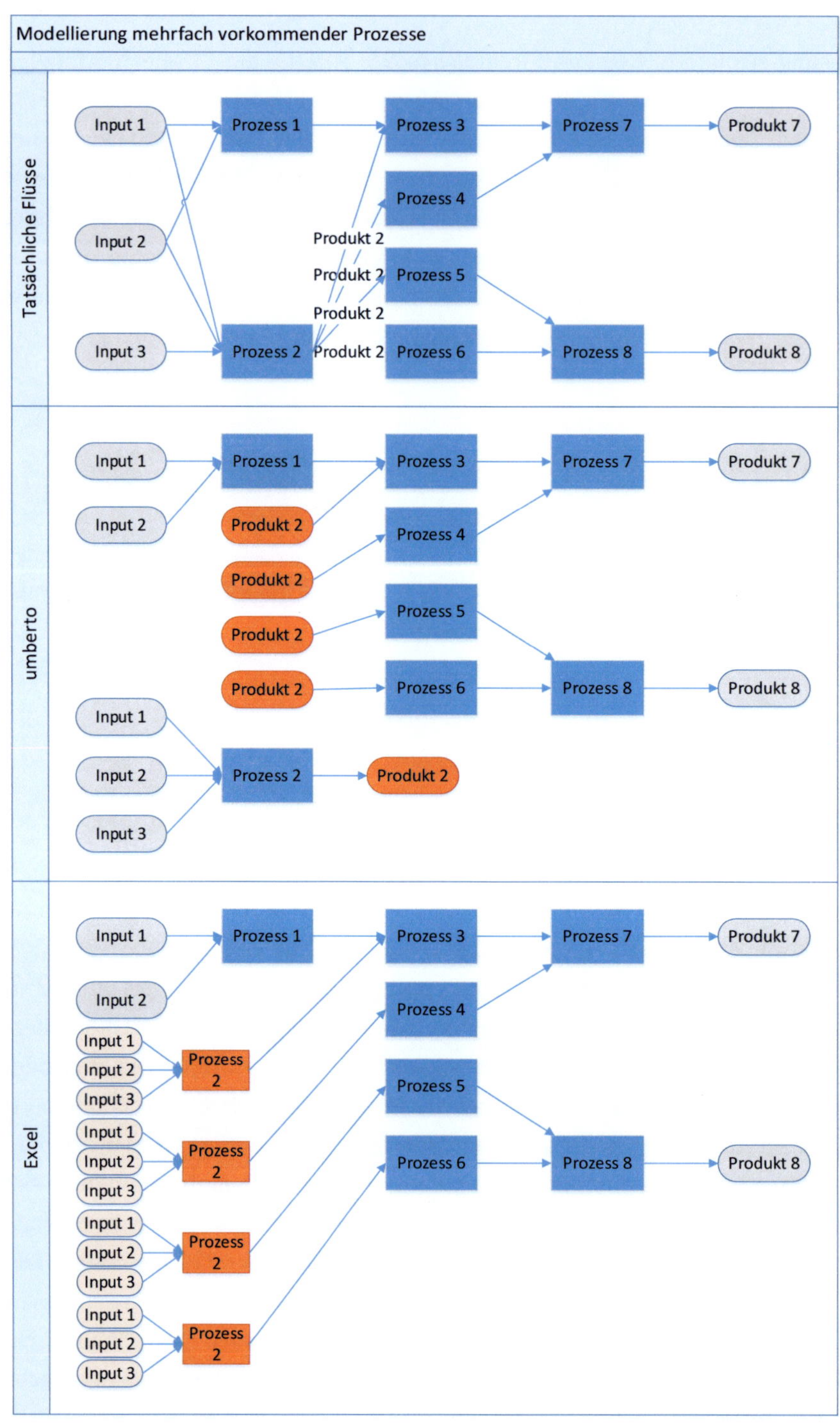

Abbildung A-9:   Modellierung mehrfach vorkommender Prozesse

Aufgrund der flexiblen Szenariendefinition in dem erstellten Modell kann dieses auch verwendet werden, um andere Analysen, wie z. B. zu den Auswirkungen von Mobilitätsverhaltensänderungen, durchzuführen.

F   DATENBASIS UND DATENBEWERTUNG

F.1   KRAFTSTOFFHERSTELLUNG UND -VERTEILUNG SOWIE BETANKUNG

A)   STOFFSTROM-DATEN DER KRAFTSTOFFHERSTELLUNG

In den folgenden Tabellen ist die funktionale Einheit immer gelb hinterlegt, aus *ecoinvent* übernommene Vorketten-Prozesse sind kursiv geschrieben.

Tabelle A-2:   Stoffstrom-Daten der Holzbereitstellung

Input			Output		
Name	**Wert**	**Einheit**	**Name**	**Wert**	**Einheit**
Holz, im Wald, 50%TM	1	kg	Holz, frei Waldstraße, 50 %TM	1	kg
Transport, Traktor und Pneuwagen [CH]	0,00795	tkm			

Tabelle A-3:   Stoffstrom-Daten der Synthesegas-Produktion

Input			Output		
Name	**Wert**	**Einheit**	**Name**	**Wert**	**Einheit**
Holz, frei Waldstraße, 50 %TM	2,3899441	kg	Synthesegas, aus Holz, ab Wirbelschichtvergasung	1	Nm^3
Synthesegasanlage [CH, Infra]	4,9E-10	Einheit	Kohlendioxid, biogen [Luft/Stadt]	0,32194	kg
Industriefeuerung, Erdgas [RER, Infra]	7,264E-10	Einheit	Acetaldehyd [Luft/Stadt]	3,893E-10	kg
Trinkwasser, ab Hausanschluss [CH]	0,1046801	kg	Essigsäure [Luft/Stadt]	5,84E-08	kg
Dolomit, ab Werk [RER]	0,0074217	kg	Benzol [Luft/Stadt]	1,557E-07	kg
Zeolith A, Pulver, ab Werk [RER]	0,0015201	kg	Benzo(a)pyren [Luft/Stadt]	3,893E-12	kg
Quarzsand, ab Werk [DE]	0,0092054	kg	Butan [Luft/Stadt]	2,725E-07	kg
Natriumhydroxid, 50% in H2O, Produktionsmix, ...	0,000605	kg	Kohlenmonoxid, biogen [Luft/Stadt]	8,176E-07	kg
Schwefelsäure, flüssig, ab Werk [RER]	0,0024039	kg	Lachgas [Luft/Stadt]	3,893E-08	kg
Entsorgung, Holzasche gemischt, rein, 0% Was...	0,002238	kg	TCDD-Äquivalente, als 2,3,7,8-tetrachlorodibenzo...	1,168E-17	kg
Entsorgung, Holzasche gemischt, rein, 0% Was...	0,0016905	kg	Formaldehyd [Luft/Stadt]	3,893E-08	kg
Entsorgung, Inertstoff, 5% Wasser, in Inertstoffde...	0,022755	kg	Quecksilber [Luft/Stadt]	1,168E-11	kg
Entsorgung, Zeolith, 5% Wasser, in Inertstoffdep...	0,0015201	kg	Methan, biogen [Luft/Stadt]	7,787E-07	kg
Transport, Fracht, Schiene [CH]	0,0025745	tkm	Stickoxide [Luft/Stadt]	6,969E-06	kg
Transport, Lkw >16t, Flottendurchschnitt [RER]	0,1689946	tkm	PAH, polyzyklische aromatische Kohlenwassers...	3,893E-09	kg
Behandlung, Abwasser, ab Grundstück, in Abwa...	4,453E-05	m^3	Partikel, < 2.5 um [Luft/Stadt]	7,787E-08	kg
			Pentan [Luft/Stadt]	4,672E-07	kg
			Propan [Luft/Stadt]	7,787E-08	kg
			Propionsäure [Luft/Stadt]	7,787E-09	kg
			Schwefeldioxid [Luft/Stadt]	2,141E-07	kg
			Toluol [Luft/Stadt]	7,787E-08	kg
			Abwärme [Luft/Stadt]	4,2837	MJ

Skalierung von 7,5 auf 500 MW:
- Größendegression der Synthesegasanlage: 0,9 pro Leistungs-Verdopplung, ergibt einen Hochskalierungsfaktor von 0.5249*66,67=35.
- Größendegression Hilfsstoffe: 0,95 pro Leistungsverdopplung, ergibt 0.7307*66,67=48,71.

Holzbedarf aus Leible et al. [2007] Sankey (2,078 kg Holz$_{50\%\,TM}$/kg Synthesegas).

Dichte Gas 1,15 kg/Nm3.

Transportdistanz 70,71 km (Einzugsradius 75 km, Formel aus Kappler [2008:61]) → 0,16899 tkm Transport

Angaben aus *ecoinvent*: "Composition (% mol.) of the resulting gas is 15.5% H2, 39.2% CO, 34.9% CO2, 8.7% CH4 and 1.7% CnHm on a nitrogen and water free basis. Nitrogen content is 50.4%. Density is 1.15 kg/Nm3. Lower heating value of the gas is 5.4 MJ/Nm3 (1.512 kWh/Nm³, 1.3148 kWh/kg). Heat is supplied by syngas combustion. Inventory refers to the net production of 1 Nm3 syngas."

Tabelle A-4:   Stoffstrom-Daten der Biostrom-Produktion

Input			Output		
Name	**Wert**	**Einheit**	**Name**	**Wert**	**Einheit**
Holz, frei Waldstraße, 50 %TM	1,8227848	kg	Biostrom	1	kWh
Kies, im Boden [Ressource/im Boden]	0,0235834	kg	Kohlendioxid, biogen [Luft/allgemein]	1,5867109	kg
Kalkstein, im Boden [Ressource/im Boden]	0,002774	kg	Rostasche	0,0377676	kg
Eisen, 46% in Erz, 25% in Roherz, im Boden [R...	0,0014618	kg	Kohlendioxid, fossil [Luft/allgemein]	0,0034657	kg
Kohle, Stein-, im Boden [Ressource/im Boden]	0,0013668	kg	Kohlendioxid, fossil [Luft/Stadt]	0,001506	kg
Ton, allgemein, im Boden [Ressource/im Boden]	0,0008876	kg	Kohlendioxid, fossil [Luft/Land]	0,0008666	kg
Rohöl, im Boden [Ressource/im Boden]	0,0007592	kg	Flugasche	0,0006124	kg
Kohle, Braun-, im Boden [Ressource/im Boden]	0,0002396	kg	Sulfate [Wasser/Grund-, Langzeitemission]	0,000252	kg
Kohlendioxid, in Luft [Ressource/in Luft]	3,932E-05	kg	Stickoxide [Luft/allgemein]	0,0002068	kg
Nickel, 1.98% in Silikaten, 1.04% in Roherz, im ...	3,371E-05	kg	Aluminum [water/ground-, long-term]	0,0001241	kg
Magnesit, 60% in Roherz, im Boden [Ressource/...	2,074E-05	kg	Silizium [Wasser/Grund-, Langzeitemission]	7,468E-05	kg
Ton, Bentonit, im Boden [Ressource/im Boden]	1,817E-05	kg	Natrium, Ion [Wasser/Grund-, Langzeitemission]	5,084E-05	kg
Chromium, 25.5 in chromite, 11.6% in crude ore,...	9,485E-06	kg	Kohlenmonoxid, fossil [Luft/allgemein]	4,215E-05	kg
Steinsalz, im Boden [Ressource/im Boden]	9,094E-06	kg	Kohlenmonoxid, biogen [Luft/allgemein]	3,167E-05	kg
Dolomit, im Boden [Ressource/im Boden]	3,509E-06	kg	Kohlendioxid, biogen [Luft/Stadt]	2,27E-05	kg
Barit, 15% in Roherz, im Boden [Ressource/im B...	2,198E-06	kg	Chloride [Wasser/Fluss-]	1,753E-05	kg
Aluminium, 24% in Bauxit, 11% in Roherz, im B...	1,747E-06	kg	Magnesium [Wasser/Grund-, Langzeitemission]	1,378E-05	kg
Umwandlung, von unbekannt [Ressource/Fläche]	2,737E-06	m2	Chloride [Wasser/Grund-]	1,342E-05	kg
Nutzung, Wald, intensiv, normal forstlich bewirts...	7,916E-05	m2a	Methan, fossil [Luft/Land]	1,243E-05	kg
Nutzung, Industriareal, bebaut [Ressource/Fläc...	5,853E-05	m2a	CSB, Chemischer Sauerstoff Bedarf [Wasser/Gr...	1,078E-05	kg
Nutzung, Verkehrsweg, Strasse [Ressource/Fläc...	2,328E-05	m2a	Natrium, Ion [Wasser/Fluss-]	1,059E-05	kg
Nutzung, Deponie [Ressource/Fläche]	2,246E-05	m2a	Eisen, Ion [Wasser/Grund-, Langzeitemission]	1,013E-05	kg
Nutzung, Ressourcenabbau [Ressource/Fläche]	1,015E-05	m2a	Radon-222 [Luft/Land, Langzeitemission]	0,4522341	kBq
Nutzung, Baustelle [Ressource/Fläche]	9,35E-06	m2a	Edelgase, radioaktiv, allgemein [Luft/Land]	0,2217539	kBq
Nutzung, Industriareal [Ressource/Fläche]	6,825E-06	m2a	Radon-222 [Luft/Land]	0,0108266	kBq
Nutzung, Industriareal, bepflanzt [Ressource/Fl...	3,711E-06	m2a	Hydrogen-3, Tritium [Wasser/Ozean-]	0,0089244	kBq
Nutzung, Wasserfläche, künstlich [Ressource/Fl...	3,362E-06	m2a	Calcium, Ion [Wasser/Grund-, Langzeitemission]	0,0016849	kBq
Nutzung, Krautvegetation, Hartlaubbewuchs [Res...	2,488E-06	m2a	Hydrogen-3, Tritium [Wasser/Fluss-]	0,0009859	kBq

Wasser, Turbinier-, allgemein [Ressource/im Wa...	0,0155659	m3	Hydrogen-3, Tritium [Luft/Land]	0,0001277	kBq
Wasser, allgemein [Ressource/im Wasser]	6,062E-05	m3	Xenon-133 [Luft/Land]	9,274E-05	kBq
Wasser, Kühl-, allgemein [Ressource/im Wasser]	2,554E-05	m3	Radium-226 [Wasser/Fluss-]	4,277E-05	kBq
Volumennutzung, Speichersee [Ressource/im W...	2,319E-05	m3	Xenon-135 [Luft/Land]	3,728E-05	kBq
Wasser, Fluss- [Ressource/im Wasser]	8,386E-06	m3	Kohlenstoff-14 [Luft/Land]	2,631E-05	kBq
Wasser, Grund- [Ressource/im Wasser]	3,145E-06	m3	Strontium-90 [Wasser/Fluss-]	2,402E-05	kBq
Energie, potentiell (im Staubecken), umgewandel...	0,0017733	MJ	Xenon-135m [Luft/Land]	2,32E-05	kBq
Energie, Brennwert, in Biomasse [Ressource/bio...	0,0003848	MJ	Radioaktive Isotope, Nuklidgemisch [Wasser/Oz...	2,241E-05	kBq
Energie, kinetisch (Wind), umgewandelt [Ressou...	9,83E-05	MJ	Abwärme [Luft/allgemein]	0,0383047	MJ
Energie, Sonne, umgewandelt [Ressource/in Luft]	1,823E-06	MJ	Abwärme [Luft/Stadt]	0,0193436	MJ
Gas, Erd-, im Boden [Ressource/im Boden]	0,0002766	Nm3	Abwärme [Luft/Land]	0,0120881	MJ
Gas, Gruben-, als Ressource [Ressource/im Bod...	1,391E-05	Nm3	Abwärme [Wasser/Fluss-]	0,0026855	MJ
Transport, Lkw >16t, Flottendurchschnitt [RER]	0,0262002	tkm	Abwärme [Boden/allgemein]	6,23E-05	MJ
...			...		

Hier sind nur die zahlenmäßig größten In- und Outputs dargestellt. Das übernommene Modell [Sartorius 2012] enthält zahlreiche Unterprozesse, die in der Summe 195 Inputs und 1.106 Outputs ergeben.

Tabelle A-5:   Stoffstrom-Daten der SNG-Produktion

Input			Output		
Name	Wert	Einheit	Name	Wert	Einheit
Industriefeuerung, Erdgas [RER, Infra]	9,218E-09	Einheit	SNG, at 4 bar pipeline	1	kg
Holzkohle, ab Werk [GLO]	0,0263364	kg	Kohlendioxid, biogen [Luft/Stadt]	3,3628856	kg
Rapsölmethylester, ab Veresterung [CH]	0,0194441	kg	Kohlenmonoxid, biogen [Luft/Stadt]	0,0045586	kg
Entsorgung, Altöl, 10% Wasser, in Sonderabfallv...	0,0194441	kg	Stickoxide [Luft/Stadt]	0,0005319	kg
Zink, primär, ab Regionallager [RER]	0,0024859	kg	Kohlenwasserstoffe, Alkene [Luft/Stadt]	0,0003335	kg
Aluminiumoxid, ab Werk [RER]	5,71E-10	kg	Kohlenwasserstoffe, Alkane [Luft/Stadt]	9,791E-05	kg
Nickel, 99.5%, ab Werk [GLO]	5,71E-10	kg	NMVOC, Flüchtige organische Verbindungen [Luf...]	6,563E-05	kg
Behandlung, Abwasser, ab Grundstück, in Abwa...	0,0006515	m3	Partikel, < 2.5 um [Luft/Stadt]	2,66E-05	kg
Heizöl EL, in Heizkessel 100kW, nicht-moduliere...	0,0008153	MJ	Methan, biogen [Luft/Stadt]	1,198E-05	kg
Synthesegas, aus Holz, ab Wirbelschichtvergasu...	9,611527	Nm3	Pentan [Luft/Stadt]	7,189E-06	kg
Transport, Lkw 3.5-20t, Flottendurchschnitt [CH]	0,4706117	tkm	Lachgas [Luft/Stadt]	4,516E-06	kg
Transport, Fracht, Schiene [CH]	0,037082	tkm	Butan [Luft/Stadt]	4,193E-06	kg
			Schwefeldioxid [Luft/Stadt]	3,295E-06	kg
			Benzol [Luft/Stadt]	2,394E-06	kg
			PAH, polyzyklische aromatische Kohlenwassers...	1,243E-06	kg
			Propan [Luft/Stadt]	1,198E-06	kg
			Toluol [Luft/Stadt]	1,198E-06	kg
			Essigsäure [Luft/Stadt]	8,986E-07	kg
			Formaldehyd [Luft/Stadt]	5,991E-07	kg
			Propionsäure [Luft/Stadt]	1,198E-07	kg
			Acetaldehyd [Luft/Stadt]	5,991E-09	kg
			Quecksilber [Luft/Stadt]	1,797E-10	kg
			Benzo(a)pyren [Luft/Stadt]	5,991E-11	kg
			TCDD-Äquivalente, als 2,3,7,8-tetrachlorodibenzo...	1,795E-16	kg
			Abwärme [Luft/Stadt]	10,771277	MJ

Basierend auf *ecoinvent* [Hischier et al. 2010], NO_x- und Partikelemissionen angepasst an [Bauer 2008]

Tabelle A-6:   Stoffstrom-Daten der FT-Diesel-Produktion

Input			Output		
Name	Wert	Einheit	Name	Wert	Einheit
Methanolfabrik [GLO, Infra]	4,813E-11	Einheit	FT-Diesel	1	kg
Raffinerie [RER, Infra]	3,033E-11	Einheit	Kohlendioxid, biogen [Luft/allgemein]	6,4172527	kg
Synthesegas, aus Holz, ab Wirbelschichtvergasu...	14,500904	Nm3	Methan, fossil [Luft/allgemein]	0,0001177	kg
Aluminiumoxid, ab Werk [RER]	0,0002637	kg	Lachgas [Luft/allgemein]	0,0001498	kg
Cobalt, ab Werk [GLO]	1,099E-05	kg	Stickoxide [Luft/allgemein]	0,0047554	kg
Sinter, Eisen, ab Werk [GLO]	5,495E-05	kg	Kohlenmonoxid, fossil [Luft/allgemein]	0,0011549	kg
Wasser, entionisiert, ab Werk [CH]	0,9340659	kg	Partikel, > 2.5 um, and < 10 um [Luft/allgemein]	0,0001019	kg
			NMVOC, Flüchtige organische Verbindungen [Luf...	0,0002033	kg

Methanolfabrik und Raffinerie als Vergleichsanlagen für FT-Produktionsanlage. Skalierung auf 500 MW$_{th,in}$ der Anlagen mit einem Skalierungsfaktor von 0,9.
Energetischer Wirkungsgrad von Synthesegas bis FT-Produkt 61,15 % [Leible et al. 2007], von FT-Produkt bis FT-Diesel 91 %. Energiegehalt FT-Diesel 12,2 kWh/kg, Synthesegas 1,512 kWh/Nm³.
Katalysatorenmaterialen Cobalt und Eisen [Leible et al. 2007], Mengenbedarf in Anlehnung an Methanolproduktion [Hischier et al. 2010].
Emissionen sind mit erheblichen Unsicherheiten behaftet.

Strommix:

- Verwendung der Kraftwerksdaten aus Hischier et al. [2010]. Kraftwerkszusammensetzung des Strommixes siehe Tabelle 3-3 auf S. 44.
- Anpassung der CO_2-Emissionen an 2011-Werte:
    - Steinkohle: 833,55 g/kWh [Umweltbundesamt 2012]
    - Braunkohle: 1.074,34 g/kWh [Umweltbundesamt 2012]
- Annahme, dass die spezifischen Emissionen der Kraftwerke bis 2050 konstant bleiben. Kompensation des dadurch entstehenden Fehlers durch etwas erhöhte Annahme von Erdgas und erneuerbaren Energien im Strommix.

B) KRAFTSTOFFKOSTEN

Tabelle A-7: Literaturwerte der Produktionskosten biogener Kraftstoffe

in ct/kWh	Biostrom	SNG	FT-Diesel
2011	7,79 (Einspeisevergütung) [EEG 2012]	3,8 [Hamelinck & Faaij 2006:table 4] 10-11[Rönsch et al. 2009:1422–1428] Kosten für Endkunden: ca. 12,2 [EnBW AG 2010]	6,9 [Hamelinck & Faaij 2006:table 3] 7,7-10,3 [Schade & Wiesenthal 2011] 18-28 [Toro & Jain 2010]
2020	11 [Leible et al. 2007:96]	9,9 (für Endkunden) [Gassner & Maréchal 2012]	12,5 [Schade et al. 2008:34] 6,8-8,7 [Guerrero-Lemus et al. 2012:table 1] Ca. 8,3 [Seyfried et al. 2008:132] Ca. 5 [Manganaro & Lawal 2012] Ca. 7,1 [Searcy & Flynn 2010]
2035		3,0 [Hamelinck & Faaij 2006:table 4] 5,6 [Leible et al. 2012]	5,0 [Hamelinck & Faaij 2006:table 3] 11,2 [Leible et al. 2007:81] 9 [Schade et al. 2008:34] 4,6-5,9 [Guerrero-Lemus et al. 2012:table 1] (US, Diesel 4,0-6,7)

Tabelle A-8: Angenommene Preise der biogenen Kraftstoffe an der Tankstelle, ohne Steuern (=Tabelle 3-2)

in ct_{2011}/kWh	Biostrom	SNG		FT-Diesel	
		T,E	G	E,G	T
2011	18,54	16,56		35,01	
2020	18,54	14,06	13,36	20,01	16,01
2035	16,57	11,36	10,56	12,51	11,91
2050	16,57	10,56		11,91	

C) TANK- BZW. LADEVORGANG

Tabelle A-9: Stoffstrom-Daten des Ladevorgangs von Elektroautos

Input			Output		
Name	Wert	Einheit	Name	Wert	Einheit
Strom, biogen bzw. fossil, an Ladestelle	1,1696	kWh	Strom, in Traktionsbatterie	1	kWh
Ladesäule	KSLSK	Einheit			

Die Anzahl der Ladesäulen (KSLSK) variiert in den untersuchten Szenarien von 6,78E-07 bis 2,56E-06

Tabelle A-10: Stoffstrom-Daten der Ladesäulen-Herstellung

Input			Output		
Name	Wert	Einheit	Name	Wert	Einheit
Stahl, niedriglegiert, ab Werk [RER]	60	kg	Ladesäule	1	Einheit
Desktop Computer, ohne Monitor, ab Werk [GLO]	0,4	Einheit			
Beton, normal, ab Werk [CH]	0,4	m³			
Glasfaserverstärkter Kunststoff, Polyesterharz, h...	7	kg			

Eigene Abschätzungen basierend auf Lucas, Alexandra Silva, et al. [2012]; Lucas, Neto, et al. [2012] und
http://www.belectric-drive.com/index.php/de/produkte/ladebox-online.html

Tabelle A-11: Stoffstrom-Daten der Gaskompression an der Tankstelle

Input			Output		
Name	Wert	Einheit	Name	Wert	Einheit
Gas, SNG bzw. Erdgas, 4 bar, an Tankstelle	1,0002	kg	Gas, komprimiert 200 bar, im Tank	1	kg
Fossiler Strom	0,32627	kWh	Abwärme [Luft/Stadt]	0,81886	MJ
			Methan, fossil [Luft/Stadt]	0,00015	kg
			Kohlendioxid, fossil [Luft/Stadt]	2,815E-06	kg
			Ethan [Luft/Stadt]	8,552E-06	kg
			Propan [Luft/Stadt]	3,262E-06	kg
			Butan [Luft/Stadt]	1,48E-06	kg
			NMVOC, Flüchtige organische Verbindungen [Luf...	8,169E-07	kg

Kompression von 4 auf 200 bar, Leckage von ca. 0,02 % des Gases.

SNG und Erdgas müssen an der Tankstelle auf 250 bar (25 MPa) <u>komprimiert</u> werden. Der dafür nötige Energiebedarf kann durch folgende Formel angenähert werden, die auf Herstellerangaben zu Tankstellenkompressoren beruht [Bauer Kompressoren 2012]:

$$E_{el} = -0,006 \ln p_{in} + 0,01932 \qquad (7)$$

E_{el} = nötige elektrische Energie [kWh$_{el}$/kWh$_{Gas}$]
p_{in} = Eingangsdruck des Gases vor Kompression [MPa]

Bei einem angenommenen durchschnittlichen Eingangsdruck von 4 bar (0,4 MPa) entsteht somit ein Energieaufwand von 0,025 kWh$_{el}$/kWh$_{Gas}$. Dies verursacht Kosten von ca. 0,2-0,3 ct/kWh$_{Gas}$.

Der Zubau der Erdgaskompressoren und -Zapfsäulen kostet ca. 180.000-320.000 € pro Tankstelle. Bei einer angenommenen Lebensdauer von 10 Jahren, 100-200 Ladevorgängen pro Tag mit je 18 kg Kraftstoff müssen so zusätzlich 0,11-0,37 ct/kWh$_{Gas}$ umgelegt werden [Umweltbundesamt 2010; Gerbio 2010]. Da vermutlich eher 100 als 200 Ladevorgänge pro Tag erfolgen werden und unter Einberechnung von Verlusten wurde hier von Gesamtkosten für die Kompression von 0,54 ct/kWh$_{Gas}$ ausgegangen.

Tabelle A-12: Stoffstrom-Daten des Tankstellenbetriebs der Gastankstelle

Input			Output		
Name	Wert	Einheit	Name	Wert	Einheit
Gas, SNG bzw. Erdgas, 4 bar, an Tankstelle	1	kg	Gas, SNG bzw. Erdgas, 4 bar, an Tankstelle	1	kg
Fossiler Strom	0,080132	kWh			
Nutzwärme, Erdgas, ab Heizkessel kond. mod. ...	0,008073	MJ			

Eigene Abschätzungen, basierend auf http://www.autobild.de/artikel/led-tankstelle-von-aral-1118721.html **und** http://www.boerse-express.com/cat/pages/218515/fullstory, **Abzug von 8 % des Strombedarfs für Dieselpumpen**

Tabelle A-13: Stoffstrom-Daten des Tankstellenbetriebs der Dieseltankstelle

Input			Output		
Name	Wert	Einheit	Name	Wert	Einheit
FT-Diesel bzw. Diesel, an Tankstelle	1	kg	FT-Diesel bzw. Diesel, im Tank	1	kg
Fossiler Strom	0,0727365	kWh			
Nutzwärme, Erdgas, ab Heizkessel kond. mod. ...	0,0073278	MJ			

Eigene Abschätzungen, basierend auf http://www.autobild.de/artikel/led-tankstelle-von-aral-1118721.html **und** http://www.boerse-express.com/cat/pages/218515/fullstory

F.2   FAHRZEUGLEBENSZYKLUS

Tabelle A-14: Materialzusammensetzung der Glider (Pkw ohne Antrieb und Batterie/Tank) in den Jahren 2011, 2020 und 2035

Masseanteil in %	2011 [a)]	2020 [a,b)]	2035 [a,b)]
Stahl, niedrig legiert c)	65,0	55,0	40,0
Kunststoffe (inkl. faserverstärkten)	15,0	18,0	20,0
Aluminium	5,0	10,0	20,0
Gummi	4,0	5,0	5,0
Glas	3,0	4,0	5,0
Kupfer, Zink, Blei (je)	1,0	1,0	1,0
Magnesium	1,0	1,5	2,0

Masseanteil in %	2011 [a]	2020 [a,b]	2035 [a,b]
Lack	0,5	0,7	0,8
Chrom, Nickel, Blei (je)	0,2	0,3	0,4
Mangan, Silizium (je)	0,1	0,1	0,1

a) basierend u.a. auf Bandivadekar et al. [2008]; Weiss et al. [2000]; Hischier et al. [2010]; Öko-Institut & DLR [2009:90 (Teil 1)]

b) zusätzlich basierend auf Eckstein et al. [2010a]; Eckstein et al. [2010b]; Goede et al. [2008]; VW [2008]

c) Der Modellteil „Stoffströme" modelliert Hochleistungsstähle durch Verbindung von niedrig legierten Stählen, Mangan, Silizium und Aluminium sowie den verwendeten Herstellungsprozessen. Dazu wurden in Anlehnung an ThyssenKrupp [2003:17] Tiefziehstähle, Zweiphasen- und Complexphasenstähle zugrunde gelegt.

Tabelle A-15: Zusammenfassung der verwendeten Parameter für das Pendlerauto

Pendlerauto		Entwicklungslinie, Jahr	Einheit	Elektroauto	Gasauto	Dieselauto	Anmerkungen
Glider	Gesamtmasse	2011	kg		700		
		2020			595		
		2035			490		
	Anteil Stahl	2011	Massen-%		65		
		2020			55		
		2035			40		
	Anteil Aluminium	2011			5		
		2020			10		
		2035			20		
	Anteil Plastik	2011			15		
		2020			18		
		2035			20		
	Andere Bestandteile			Gummi, Glas, Magnesium, Kupfer, Andere			
Motor (VM, EM)	Masse	2011	kg	50	70	96	
		2020			57	88	
		2035					
	Anteil Stahl		Massen-%	49	45		
	Anteil Aluminium			26	50		
	Anteil Kupfer			19			
	Anteil Plastik			2	5		
	Andere Bestandteile			Ferrite, Neodym, Borkarbid, Kabel			
Getriebe	Masse	2011	kg	18	45		
		2020		18	37		
		2035					
	Anteil Stahl		Massen-%	52			
	Anteil Aluminium			48			
	Herstellungsverfahren			Fließpressen, spanende Bearbeitung, Wärmebehandlung			
Batterie	Typ	2011, T2020, G2020		Li-Ionen	Bleiakku		
		E2020,		Li-Ionen	Li-Ionen		

Komponente	Größe	Jahr / Variante	Einheit	Wert (blau)	Glasfaser-kunstoff	Plastik	Anmerkung
	Masse	2035	kg				
		2011	kg	145	10		
		T2020, G2020	kg	174			
		E2020	kg	143	8,3 [a]		
		T2035, G2035	kg	126	8,75 [a]		
		E2035	kg	92	6,7 [a]		
LE	Masse			17			
	Anteil Aluminium		Massen-%	57			
	Anteil Schaltkreise		Massen-%	21			
	Anteil Kabel		Massen-%	17			
	Anteil Plastik		Massen-%	5			
Tank	Typ				Glasfaser-kunstoff	Plastik	
	Masse	2011	kg		39	11	
		2020	kg		35		
		2035	kg		34		
Startersystem	Masse		kg		9,2		
	Anteil Plastik		Massen-%		31		
	Anteil Stahl		Massen-%		25		
	Anteil Aluminium		Massen-%		18		
	Anteil Kabel		Massen-%		26		
Katalysator	Masse		kg		6	8	
	Anteil Stahl		Massen-%		70	70	
	Anteil Keramiken & Sand		Massen-%		28	28	
	Anteil aktive Bestandteile		Massen-%		0,04	0,06	
	Art aktive Bestandteile				Platin, Palladium	Platin	
Verbrauch	Gesamtenergie	2011	kWh/100 km	14	63	43	
		T2020	kWh/100 km		56,7	38,7	
		G2020	kWh/100 km		50,4	39,8	
		E2020	kWh/100 km	13	56,7		
		T2035	kWh/100 km	13,3	45,4	31	
		G2035	kWh/100 km		37,8	32,3	
		E2035	kWh/100 km	12,3	45,4		
Auspuff-Emissionen	CO	2011	mg/km		360	110	
		2020	mg/km		290		
		2035	mg/km		250		
	HC	2011	mg/km		12,7	24,6	
		2020	mg/km		11,4	23	
		2035	mg/km		10	16	
	NO$_x$	2011	mg/km		57	520	
		2020	mg/km		53	200	
		2035	mg/km		48	50	
	PM	2011	mg/km		1,4	1,8	
		2020	mg/km		1,2		
		2035	mg/km		0,5	0,5	
Reifenabrieb	Zink und andere Metalle	2011		0,36	0,48	0,34	Anm.: Zink-Emissionen 1.000-mal höher als die der anderen Metalle, sonstige erfasste: Blei, Cadmium,
		T2020, G2020		0,33	0,29		
		E2020		0,32			
		T2035, G2035		0,27	0,25		

Bereich	Unterkategorie	Jahr/Typ	Einheit				Anmerkung
		E2035		0,26			Chrom, Kupfer, Nickel
Bremsabrieb	Partikel	2011		27,9	37,7	26,4	
		T2020, G2020		25,6	22,5	22,7	
		E2020		24,7	22,4		
		T2035, G2035		21	19,3	19,6	
		E2035		20	19,2	19,5	
	Zink und andere Metalle	2011		0,23	0,62	0,43	
		T2020, G2020		0,17	0,31	0,32	
		E2020		0,16		0,31	
		T2035, G2035		0,1	0,2	0,21	
		E2035					
	Partikel	2011		14	37,7	26,4	
		T2020, G2020		10,3	19,1	19,3	
		E2020		9,9			
		T2035, G2035		6,3	12,5	12,7	
		E2035		6			
Wartung und Reparatur	Batteriewechsel: Masse Zweitbatterie	2011		111	11	11	Anm.: Li-Ion für Elektroauto, Blei für Gas- und Dieselauto
		T2020, G2020		147			
		E2020		111			
	Reifenwechsel: Gesamtmasse über Lebensdauer		kg		56		
	Ölwechsel: Gesamtmasse				42		
	Reparaturen (Stahl, Al, Kunststoff)				12		

a) Energieinhalt Batterie: Pendler 2020 1,2 kWh 2035 1,4 kWh. Allzweck 2020 1,4 kWh, 2035 1,8 kWh in Anlehnung an Hrach & Cifrain [2011:17]

Tabelle A-16: Zusammenfassung der verwendeten Parameter für das Allzweckauto

Allzweckauto		Entwicklungslinie, Jahr	Einheit	Elektroauto	Gasauto	Gas-Hybrid	Dieselauto
Glider	Gesamtmasse	2011	kg	590	1.250		
		2020		1.060			
		2035		875			
	Anteil Stahl	2011	Massen-%	65			
		2020		55			
		2035		40			
	Anteil Aluminium	2011		5			
		2020		10			
		2035		20			
	Anteil Plastik	2011		15			
		2020		18			
		2035		20			
	Andere Bestandteile			Gummi, Glas, Magnesium, Kupfer, Andere			
Motor (VM, EM)	Masse	2011	kg	60	80		173
		2020			72		145
		2035			70	45	137
	Anteil Stahl		Massen-%	49	45		
	Anteil Aluminium			26	50		
	Anteil Kupfer			19			
	Anteil Plastik			2	5		
	Andere Bestandteile			Ferrite, Neodym, Borkarbid, Kabel			
Getriebe	Masse	2011	kg	21	51		
		2020			46		
		2035			45		
	Anteil Stahl		Massen-%	52			
	Anteil Aluminium			48			
	Herstellungsverfahren			Fließpressen, spanende Bearbeitung, Wärmebehandlung			
Batterie	Typ	2011, T2020, G2020		Li-Ionen	Bleiakku		
		E2020, 2035		Li-Ionen	Li-Ionen		
	Masse	2011	kg	530			
		T2020, G2020		868	11		
		E2020		710	9,7		
		T2035, G2035		603	11,3		
		E2035		432	8,6		
LE	Masse			19		12	
	Anteil Aluminium		Massen-%	57		57	
	Anteil Schaltkreise			21		21	
	Anteil Kabel			17		17	
	Anteil Plastik			5		5	
Tank	Typ				Glasfaserkunstoff	Glasfaserkunstoff	Plastik
	Masse	2011	kg		63		19

Bereich	Parameter	Variante	Einheit	(blau)	(grün)	(grün mitte)	(rot)
		2020					
		2035			58	37	
Startersystem	Masse		Massen-%		10,1		
Startersystem	Anteil Plastik		Massen-%		31		
Startersystem	Anteil Stahl		Massen-%		25		
Startersystem	Anteil Aluminium		Massen-%		18		
Startersystem	Anteil Kabel		Massen-%		26		
Katalysator	Masse		kg		8		10
Katalysator	Anteil Stahl		Massen-%		70		70
Katalysator	Anteil Keramiken & Sand		Massen-%		28		28
Katalysator	Anteil aktive Bestandteile		Massen-%		0,04		0,06
Katalysator	Art aktive Bestandteile				Platin, Palladium		Platin
Verbrauch	Gesamtenergie	2011	kWh/100 km	17	72		66
Verbrauch	Gesamtenergie	T2020	kWh/100 km	19	64,8		59,4
Verbrauch	Gesamtenergie	G2020	kWh/100 km		57,6		61,1
Verbrauch	Gesamtenergie	E2020	kWh/100 km	17,9	64,8		
Verbrauch	Gesamtenergie	T2035	kWh/100 km	17,8	53,2		47,5
Verbrauch	Gesamtenergie	G2035	kWh/100 km		49,5		49,5
Verbrauch	Gesamtenergie	E2035	kWh/100 km	16,6	53,2	38,9	
Verbrauch	Hybrid rein elektrisch (Plugin)	E2035	kWh/100 km			15,56	
Auspuff-Emissionen	CO	2011	mg/km		490		80
Auspuff-Emissionen	CO	2020	mg/km		380		90
Auspuff-Emissionen	CO	2035	mg/km		340		
Auspuff-Emissionen	HC	2011	mg/km		14,8		20,6
Auspuff-Emissionen	HC	2020	mg/km		12,7		20
Auspuff-Emissionen	HC	2035	mg/km		11		15
Auspuff-Emissionen	NO$_x$	2011	mg/km		53		510
Auspuff-Emissionen	NO$_x$	2020	mg/km		49		200
Auspuff-Emissionen	NO$_x$	2035	mg/km		44		50
Auspuff-Emissionen	PM	2011	mg/km		1,9		1,7
Auspuff-Emissionen	PM	2020	mg/km		1,6		1,7
Auspuff-Emissionen	PM	2035	mg/km		0,5		0,5
Reifenabrieb	Zink und andere Metalle	2011	mg/km	0,47	0,56		0,58
Reifenabrieb	Zink und andere Metalle	T2020, G2020	mg/km	0,78	0,49		0,5
Reifenabrieb	Zink und andere Metalle	E2020	mg/km	0,72			
Reifenabrieb	Zink und andere Metalle	T2035, G2035	mg/km	0,6	0,41		0,42
Reifenabrieb	Zink und andere Metalle	E2035	mg/km	0,54		0,42	
Reifenabrieb	Partikel	2011	mg/km	36,6	44,2		45,7
Reifenabrieb	Partikel	T2020, G2020	mg/km	60,8	38,1		39
Reifenabrieb	Partikel	E2020	mg/km	56,1			
Reifenabrieb	Partikel	T2035, G2035	mg/km	47,3	32,3		33,2
Reifenabrieb	Partikel	E2035	mg/km	42,2	32,2	33,2	33,1
Bremsabrieb	Zink und andere Metalle	2011	mg/km	0,3	0,72		0,75
Bremsabrieb	Zink und andere Metalle	T2020, G2020	mg/km	0,4	0,53		0,54
Bremsabrieb	Zink und andere Metalle	E2020	mg/km	0,37			
Bremsabrieb	Zink und andere Metalle	T2035, G2035	mg/km	0,23	0,34		0,35
Bremsabrieb	Zink und andere Metalle	E2035	mg/km	0,21		0,35	

		Jahr	Einheit				
Partikel		2011		18,3	44,2		45,7
		T2020, G2020		24,3	32,4		33,2
		E2020		22,4			33,1
		T2035, G2035		14,2	21		21,6
		E2035		12,7		21,6	21,5
Wartung und Reparatur	Batteriewechsel: Masse Zweitbatterie	2011	kg	405	12		12
		T2020, G2020		733			
		E2020		547			
	Reifenwechsel: Gesamtmasse über Lebensdauer			96			
	Ölwechsel: Gesamtmasse				58,8		
	Reparaturen (Stahl, Al, Kunststoff)			16			

Für Anmerkungen vgl. Tabelle A-15

Tabelle A-17: Stoffstrom-Daten der Lithium-Ionen-Batterie

Input			Output		
Name	Wert	Einheit	Name	Wert	Einheit
Wasser, entkarbonisiert, ab Werk [RER]	380	kg	Lithium-Ionen-Batterie	1	kg
Wasser, entionisiert, ab Werk [CH]	10,005	kg	N-Methyl-2-pyrrolidon, ab Werk [RER]	0,07	kg
Blech walzen, Aluminium [RER]	0,236	kg	Lithium, ion [water/unspecified]	0,02175	kg
Aluminium, Produktionsmix, ab Werk [RER]	0,236	kg	Phosphate [water/ground-]	0,00696	kg
Eisensulfat, ab Werk [RER]	0,2175	kg	Iron, ion [water/unspecified]	0,00413	kg
Spritzgiessen [RER]	0,203	kg			
Polyethylenterephthalat-Granulat, amorph, ab Werk [RER]	0,17	kg			
Phosphorsäure, Industriequalität, 85% in H2O, ab Werk [RER]	0,141375	kg			
Chemikalien organisch, ab Werk [GLO]	0,1056	kg			
Lithiumhydroxid, ab Werk [GLO]	0,10005	kg			
Kupfer, primär, ab Raffinerie [GLO]	0,093	kg			
N-Methyl-2-pyrrolidon, ab Werk [RER]	0,0924	kg			
Blech walzen, Kupfer [RER]	0,083	kg			
Graphit, ab Werk [RER]	0,076	kg			
Tetrafluoroethylene, ab Werk [RER]	0,024	kg			
Polyethylen-Granulat, LDPE, ab Werk [RER]	0,0165	kg			
Polypropylen-Granulat, ab Werk [RER]	0,0165	kg			
Chemikalien anorganisch, ab Werk [GLO]	0,0144	kg			
Russ, ab Werk [GLO]	0,0125	kg			
Draht ziehen, Kupfer [RER]	0,01	kg			
Blech walzen, Stahl [RER]	0,008	kg			
Chromstahl 18/8, ab Werk [RER]	0,008	kg			
Integrierte Schaltung, IC, Logik-, ab Werk [GLO]	0,002	kg			

Daten aus Simon [2012]; Simon et al. [2012], basierend auf Majeau-Bettez et al. [2011]

Es gibt noch keine Untersuchungen, wie sich N-Methyl-2-pyrrolidon auf die Umwelt auswirkt, genauere Studien insbesondere zur Toxizität wären hier interessant.

Tabelle A-18: Von Öko-Institut & DLR [2009] angenommene mögliche Verbrauchsminderungen von Pkw

Technologie	Durchschnittsminderung nach TNO (NEFZ-basiert) [%]	Innerorts Minderung [%]	Außerorts Minderung [%]	AB Minderung [%]
Rollwiderstandsoptimierte Reifen	2	2,3	1,5	1
Verbesserung der Aerodynamik	1,5	1,4	1,75	2
Start-Stopp -Funktion(Otto)	4	5	2	0
Start-Stopp + Rekuperation (Otto)	7	8,5	4	0
Mild hybrid (Otto)	11	13	7	3
Full hybrid (Otto)	22	27	12	6
Start-Stopp-Funktion (Diesel)	3	4	1	0
Start-Stopp + Rekuperation (Diesel)	6	7,5	3	0
Mild hybrid (Diesel)	10	12	6	2
Full hybrid (Diesel)	18	23	9	4

Quelle: Berechnungen Öko-Institut

Tabelle A-19: Zusammenfassung der Kosten für das Pendlerauto

Kosten ($€_{2011}$-ct/Pkm)			Biostrom	Strom-mix	SNG	Erdgas	FT-Diesel	Diesel
Pkw-Abschreibung	2011		10,65		5,58		4,73	
	2020	T	7,24		5,37		4,73	
		G			5,28			
		E	6,40		5,37			
	2035	T	6,03		5,19			
		G			4,93			
		E	5,32		5,19			
davon Batterie	2011		5,43					
	2020	T+G	3,29					
		E	2,46					
	2035	T+G	2,09					
		E	1,37					
Fixkosten	2011		4,30		2,86		3,27	
	2020	T+G	3,55					
		E	3,33					
	2035	T+G	2,67		2,87			
		E	2,63					
davon Batterie	2011		0,86					
	2020	T+G	0,53					
		E	0,31					
	2035	T+G	-0,07					
		E	-0,11					
Kraftstoff	2011		1,07	0,93	3,94	1,42	4,73	1,28
	2020	T	1,04	0,95	3,09	1,36	2,35	1,26
		G			2,60	1,21	2,90	1,30
		E	0,96	0,88	3,09	1,36		
	2035	T	0,91	0,91	2,08	1,16	1,53	1,12
		G			1,65	0,97	1,64	1,16
		E	0,84	0,84	2,08	1,16		
Steuern	2011		3,58	3,55	2,89	2,41	3,71	3,05
	2020	T	2,79	2,77	2,73	2,43	2,98	3,01
		G			2,40	2,23	3,20	3,06
		E	2,39	2,52	2,73	2,43		
	2035	T	2,47	2,47	2,59	2,42	2,77	2,84
		G			2,28	2,22	2,97	2,88
		E	2,26	2,36	2,59	2,42		

Tabelle A-20: Zusammenfassung der Kosten für das Allzweckauto

Kosten ($€_{2011}$-ct/Pkm)			Biostrom	Strom-mix	SNG	Erdgas	FT-Diesel	Diesel
Pkw-Abschreibung	2011		19,56		5,37		5,19	
	2020	T	14,02		5,30			
		G	14,02		5,28			
		E	11,56		5,30			
	2035	T	10,30		5,25			
		G	10,30		5,17			
		E	8,26		5,25			
davon Batterie	2011		11,52					
	2020	T+G	9,52					
		E	7,05					
	2035	T+G	5,79					
		E	3,75					
Fixkosten	2011		3,76		2,46		2,49	
	2020	T+G	3,43					
		E	2,90					
	2035	T+G	1,89				2,38	
		E	1,89					
davon Batterie	2011		1,45					
	2020	T+G	1,13					
		E	0,59					
	2035	T+G	-0,42					
		E	-0,42					
Kraftstoff	2011		1,13	0,98	3,92	1,41	6,32	1,72
	2020	T	1,22	1,12	3,08	1,35	3,14	1,69
		G			2,58	1,20	3,87	1,74
		E	1,15	1,05	3,08	1,35		
	2035	T	1,06	1,06	2,13	1,18	2,04	1,49
		G			1,88	1,10	2,19	1,55
		E	0,99	0,99	2,13	1,18		
Steuern	2011		5,22	5,19	2,77	2,29	4,40	3,52
	2020	T	4,19	4,17	2,81	2,51	3,56	3,60
		G			2,44	2,28	3,86	3,68
		E	3,39	3,56	2,81	2,51		
	2035	T	3,27	3,27	2,76	2,58	3,26	3,35
		G			2,46	2,39	3,53	3,41
		E	2,80	2,92	2,76	2,58		

G   KOSTENRECHNUNG

Die Berechnung der Kosten erfolgte über eine Barwert-Rechnung. D.h. alle Kosten wurden auf das Anschaffungsjahr abgezinst, wenn sie später anfallen. Eine solche Rechnung wird in der Regel für Investitionsentscheidungen verwendet. Man spricht auch von *Total Cost of Ownership* (TCO). Da die Gesamtkosten als nicht sehr anschaulich angesehen wurden, sind die Kosten in dieser Arbeit auf einen Personenkilometer bezogen, d.h. die TCO wurden durch die gesamte Anzahl der gefahrenen km geteilt. Dies ist methodisch nicht ganz sauber, da der Barwert keine tatsächlichen Kosten sind, die in dieser Weise aufgeteilt werden könnten. Daher wird in der folgenden Tabelle am

Beispiel des Allzweckautos im Szenario „Trend 2020" dargestellt, wie sich die tatsächlichen Kosten verhalten.

Tabelle A-21: tatsächlich anfallende Kosten pro Jahr, Allzweckauto, Trend 2020

Jahr	Pkw-Anschaffung	Batterie-wechsel	Kreditkosten Pkw-Anschaffung	Kreditkosten Batteriewechsel	Fix-kos-ten	Kraftstoff-kosten biogen	Kraftstoff-kosten fossil
Strom							
2020	61.278		7.309	863	1.200	724	633
2021			7.309	863	1.200	719	634
2022			7.309	863	1.200	714	636
2023			7.309	863	1.200	709	637
2024			7.309	863	1.200	704	639
2025			7.309	863	1.200	699	641
2026			7.309	863	1.200	693	641
2027			7.309	863	1.200	688	642
2028			7.309	863	1.200	683	643
2029			7.309	863	1.200	678	644
2030		24.706	7.309	863	1.200	673	644
2031			7.309	863	1.200	668	644
2032		-17.066					
Barwert			5.106	443	838	509	465
Gas							
2020	23.167		2.763		1.280	1.640	661
2021			2.763		1.280	1.619	664
2022			2.763		1.280	1.598	667
2023			2.763		1.280	1.577	671
2024			2.763		1.280	1.556	674
2025			2.763		1.280	1.535	677
2026			2.763		1.280	1.514	680
2027			2.763		1.280	1.493	683
2028			2.763		1.280	1.472	686
2029			2.763		1.280	1.451	689
2030			2.763		1.280	1.430	692
2031			2.763		1.280	1.409	695
2032							
Barwert			1.931		894	1.121	492
Diesel							
2020	22.700		2.708		1.299	1.712	817
2021			2.708		1.299	1.683	823
2022			2.708		1.299	1.653	829
2023			2.708		1.299	1.624	834
2024			2.708		1.299	1.595	840
2025			2.708		1.299	1.566	846
2026			2.708		1.299	1.536	852
2027			2.708		1.299	1.507	858
2028			2.708		1.299	1.478	864
2029			2.708		1.299	1.449	869
2030			2.708		1.299	1.420	875
2031			2.708		1.299	1.390	881
2032							
Barwert			1.892		908	1.145	615

In den ersten zwei Spalten sind die einmalig anfallenden Kosten dargestellt, in den zwei nächsten Spalten die jährlichen Kosten, wenn diese Investitionen auf Kredit finanziert werden, mit einem Zins von 6 %.

Zum Vergleich ist in der jeweils letzten Zeile aufgeführt, welcher Barwert für das Anschaffungsjahr (2020) ermittelt wurde, zum einfacheren Vergleich auf ein Jahr bezogen.

H ZUSÄTZLICHE ERGEBNISGRAFIKEN

H.1 SUBSTITUTION DES JEWEILIGEN FOSSILEN KRAFTSTOFFS

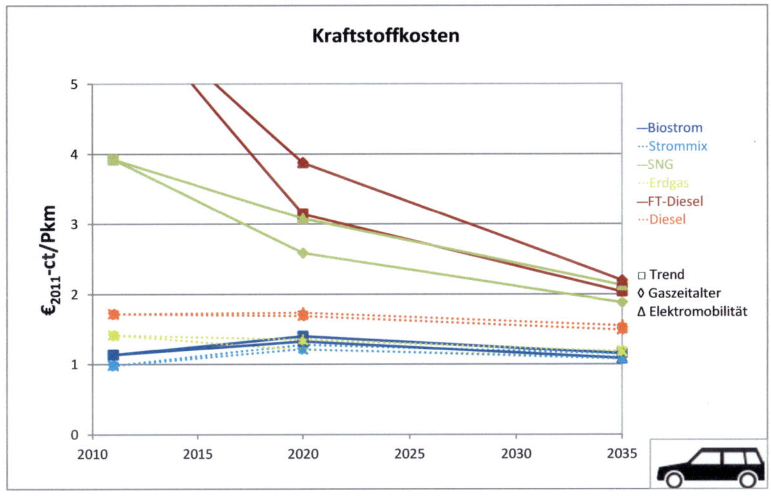

Abbildung A-10:   Kraftstoffkosten der Allzweckautos – Entwicklung 2011 bis 2035

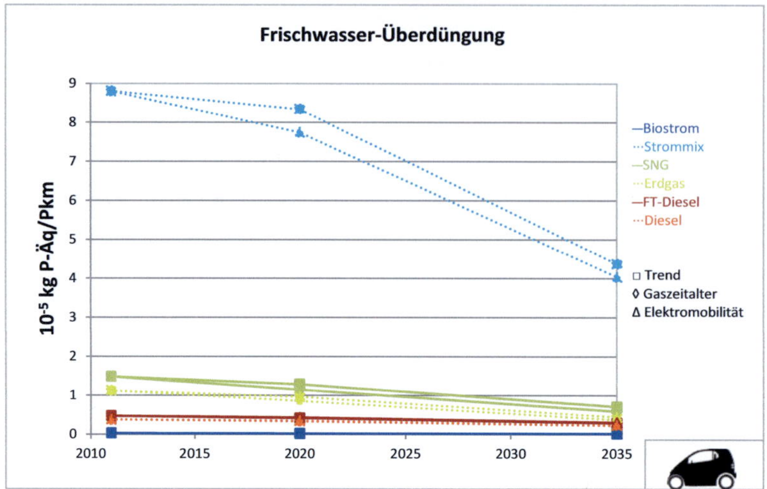

Abbildung A-11: Überdüngung der Kraftstoffe für Pendlerautos – Entwicklung 2011 bis 2035

H.2 SUBSTITUTION EINES DIESEL-PKW

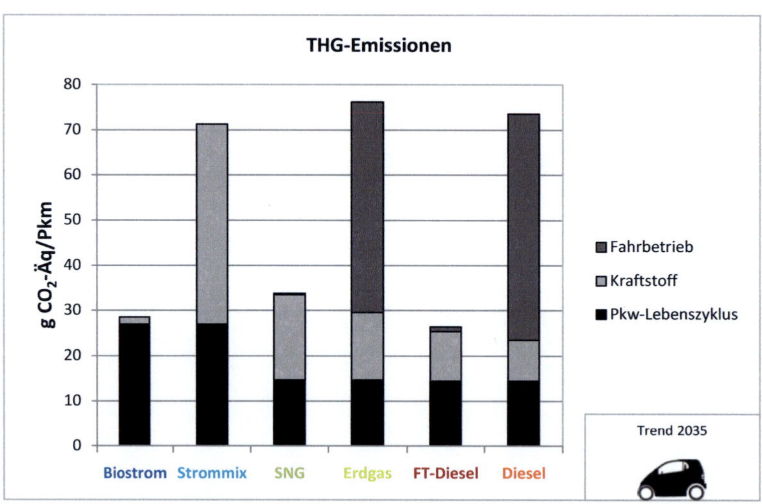

Abbildung A-12: THG-Emissionen der Pendlerautos – Trend 2035

Abbildung A-12 zeigt, dass die unerwartet hohen THG-Emissionen des Erdgas-Pkw im Vergleich zum Diesel-Pkw u.A. durch die Strombereitstellung für die Erdgas-Kompression an der Tankstelle verursacht werden, ebenso für SNG im Vergleich zu FT-Diesel.

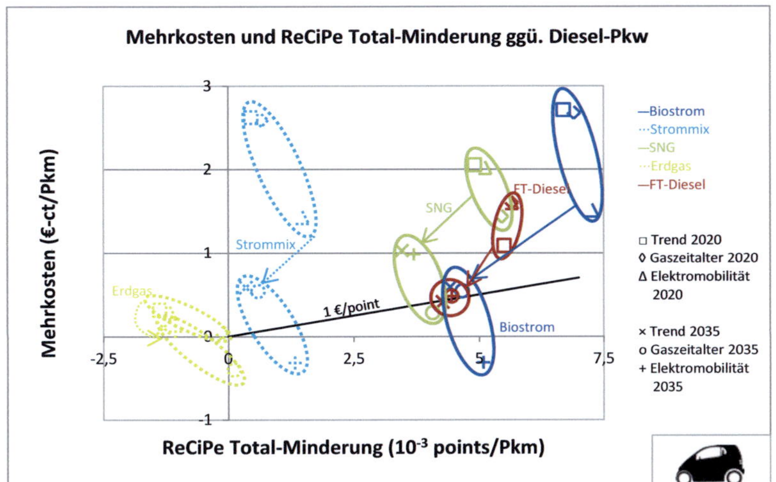

Abbildung A-13:   Mehrkosten und ReCiPe Total-Minderung ggü. Diesel-Pkw der Pendlerautos – 2020 und 2035

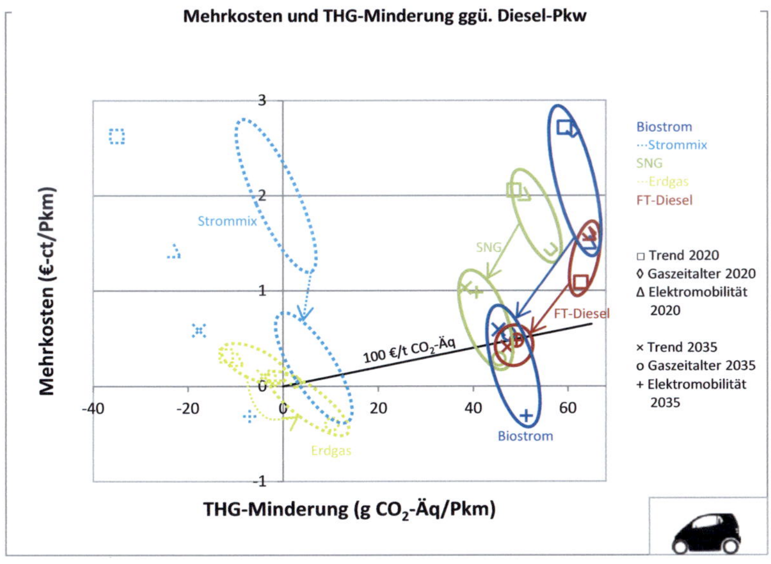

Abbildung A-14:   Mehrkosten und THG-Minderung ggü. Diesel-Pkw der Pendlerautos: Änderung bei Verwendung des marginalen Strommixes (Punkte) gegenüber dem deutschen Strommix (Ellipsen) – 2020 und 2035

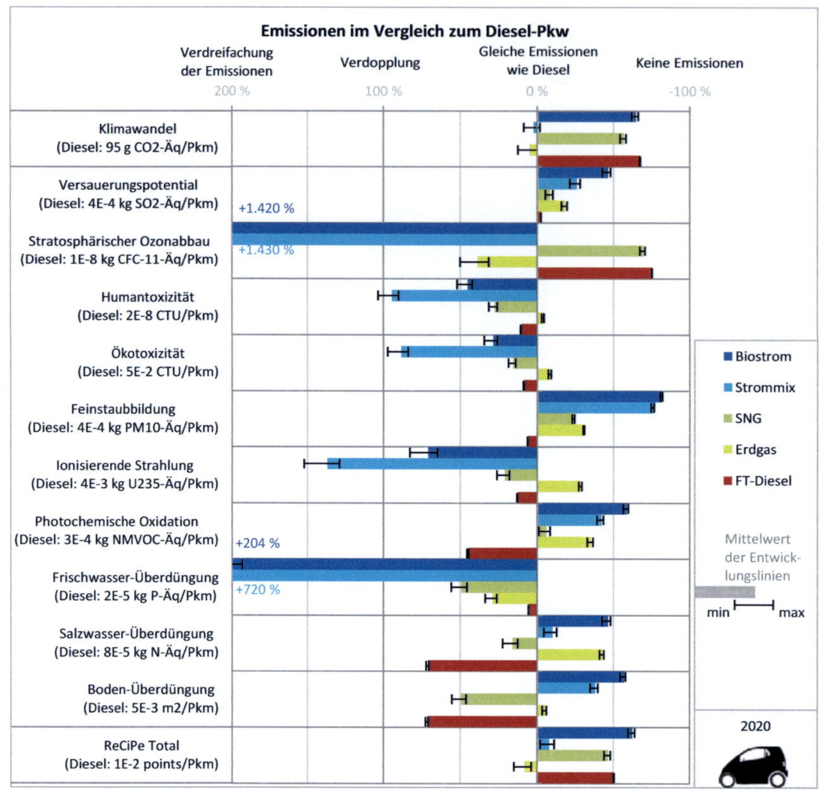

Abbildung A-15:   Umweltauswirkungsdifferenz im Vergleich zum Diesel-Pkw – Pendler, Bandbreite 2020

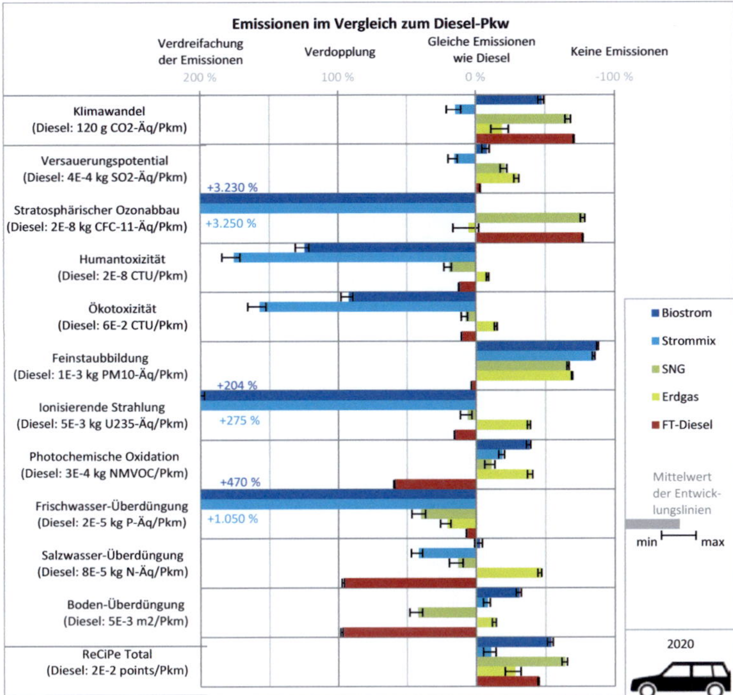

Abbildung A-16:   Umweltauswirkungsdifferenz im Vergleich zum Diesel-Pkw – Allzweck, Bandbreite 2020

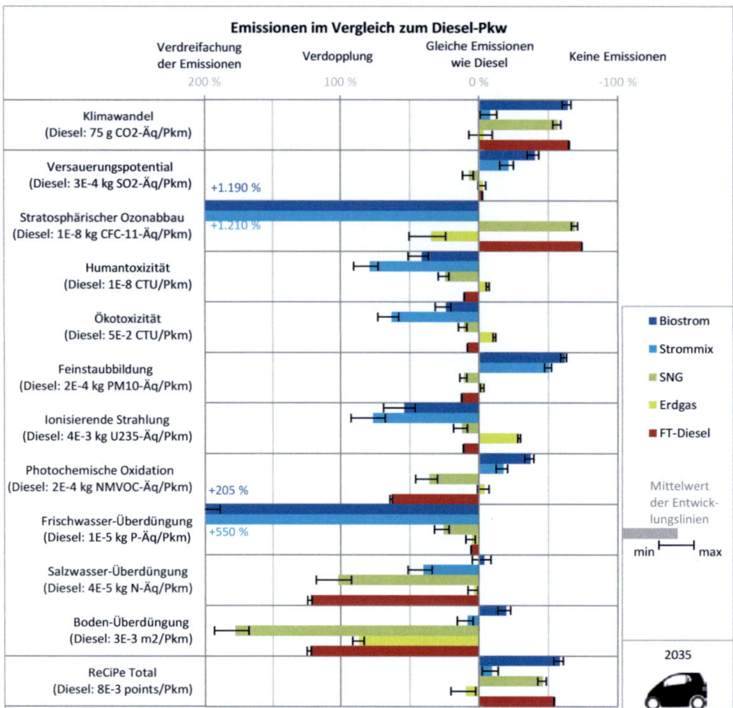

Abbildung A-17:   Umweltauswirkungsdifferenz im Vergleich zum Diesel-Pkw – Pendler, Bandbreite 2035

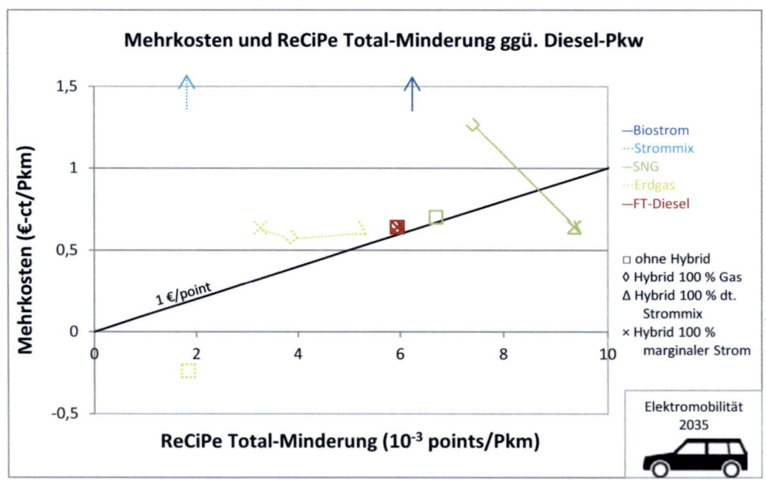

Abbildung A-18:   Mehrkosten und ReCiPe Total-Minderung ggü. Diesel-Pkw der Allzweckautos
             mit Gas-Hybrid – Trend 2035

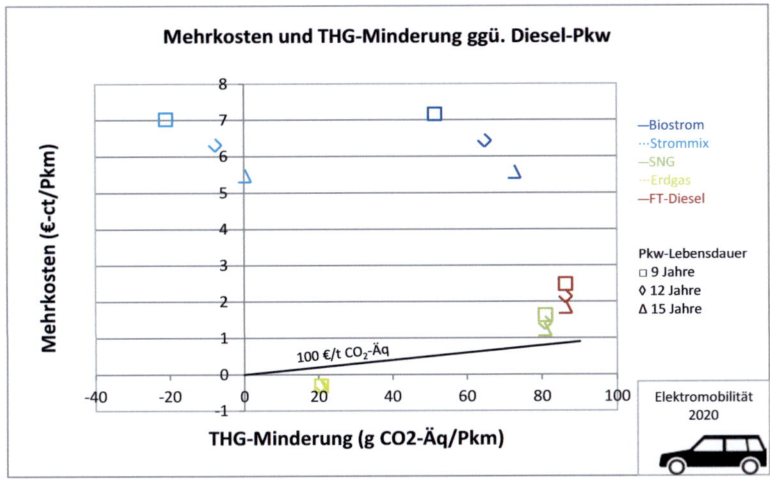

Abbildung A-19:   Mehrkosten und THG-Minderung ggü. Diesel-Pkw: Einfluss der Lebensdauer – Allzweckauto, Elektromobilität 2020

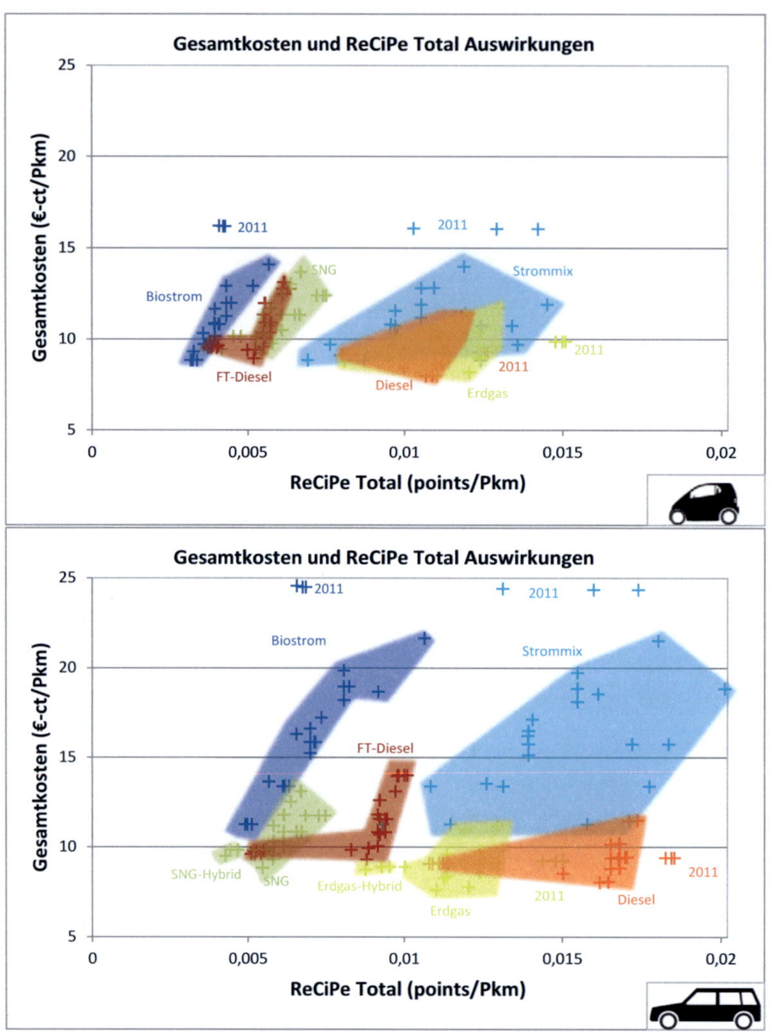

Abbildung A-20:   Gesamtkosten und ReCiPe Total Auswirkungen: ausgewählte Szenarien 2011 bis 2035 für alle Kraftstoff-Pkw-Kombinationen

ABBILDUNGSVERZEICHNIS

TABELLENVERZEICHNIS

LITERATURVERZEICHNIS

[**ADAC 2011a**] ADAC 2011. *Autokosten Vergleich.*
http://www.adac.de/infotestrat/autodatenbank/autokosten/autokosten-vergleich/default.aspx (Stand 2013-03-12).

[**ADAC 2011b**] ADAC 2011. *Tankstellen in Deutschland: Entwicklung der Zahl seit 1965 und aktuelle Markenverteilung.* http://www.adac.de/infotestrat/tanken-kraftstoffe-und-antrieb/probleme-tankstelle/anzahl-tankstellen-markenverteilung/default.aspx?ComponentId=51774&SourcePageId=48532 (Stand 2013-03-12).

[**ADAC 2010**] ADAC 2010. ADAC Kostenvergleich: Erdgas- und Autogas gegen Benziner und Diesel.
http://www1.adac.de/images/g-b-d-vgl_tcm8-107689.pdf (Stand 2010-08-4).

[**AEE & BEE 2009**] AEE & BEE 2009. *Der Strommix im Jahr 2020: Erneuerbare Energien sichern 47 % der Versorgung.* Agentur für Erneuerbare Energien, Bundesverband Erneuerbare Energien. http://www.unendlich-viel-energie.de/uploads/media/Strommix_2020.pdf (Stand 2013-03-11).

[**AG Energiebilanzen 2012**] AG Energiebilanzen 2012. Bruttostromerzeugung in Deutschland von 1990 bis 2011 nach Energieträgern. http://www.ag-energiebilanzen.de/componenten/download.php?filedata=1326461230.pdf (Stand 2013-03-13).

[**AltfahrzeugV 1998**] *Verordnung über die Überlassung, Rücknahme und umweltverträgliche Entsorgung von Altfahrzeugen, Fassung vom 21.6.2002.* http://www.gesetze-im-internet.de/altautov/index.html (Stand 2012-04-17).

[**Althaus 2012**] Althaus, H.J. 2012. Inventories and Impact Assessment for Road Transport Noise in Generic Life Cycle Assessments. IEA HEV Task 19 Meeting, Braunschweig, 2012-12-07.

[**Althaus et al. 2009**] Althaus, H.J., Haan, P. de & Scholz, R.W. 2009. Traffic noise in LCA. *The International Journal of Life Cycle Assessment* 14, 7, 676–686. doi:10.1007/s11367-009-0117-1.

[**Althaus & Gauch 2010**] Althaus, H.J. & Gauch, M. 2010. *Vergleichende Ökobilanz individueller Mobilität: Elektromobilität versus konventionelle Mobilität mit Bio- und fossilen Treibstoffen.* Dübendorf: EMPA.
http://www.empa.ch/plugin/template/empa/*/104369/---/l=1 (Stand 2013-03-11).

[**Amatayakul & Ramnäs 2001**] Amatayakul, W. & Ramnäs, O. 2001. Life cycle assessment of a catalytic converter for passenger cars. *Journal of Cleaner Production* 9, 5, 395–403. doi:10.1016/S0959-6526(00)00082-2.

[**Amprion Gmbh et al. 2012**] Amprion Gmbh, 50hertz, EnBW Transportnetze & TenneT TSO 2012. *Szenariorahmen für den Netzentwicklungsplan 2012 - Eingangsdaten der Konsultation.* Entwurf für den Szenariorahmen zum Netzentwicklungsplan (NEP) 2012 gemäß § 12a EnWG Bonn.
http://www.netzausbau.de/SharedDocs/Downloads/DE/Szenariorahmen/Eingereichter%20Szenariorah men%20zum%20NEP%202012.pdf?_blob=publicationFile (Stand 2013-03-12).

[**AMS 2010**] AMS 2010. *Opel Zafira: Gas-Varianten günstiger als Diesel.* http://www.auto-motor-und-sport.de/autokauf/artikel/opel-zafira-gas-varianten-guenstiger-als-diesel-1703664.html (Stand 2011-08-2).

[**André 2010**] André, M. 2010. Re: The common ARTEMIS driving cycle - time-speed-data. Persönliche Kommunikation.

[**André 2004**] André, M. 2004. The ARTEMIS European driving cycles for measuring car pollutant emissions. *Science of The Total Environment* 334-335, 73–84. doi:10.1016/j.scitotenv.2004.04.070.

[**Autobudget.de 2011**] Autobudget.de 2011. *Autobewertung, Kosten, Neuwagen & Gebrauchtwagen.*
http://www.autobudget.de/ (Stand 2013-03-11).

[**Autogaszentrum Anhalt Dessau 2011**] Autogaszentrum Anhalt Dessau 2011. *Erdgastanks.*
http://www.autogascentrum-anhalt-dessau.de/erdgastanks.html (Stand 2013-03-12).

[**Bach & Lienin 2007**] Bach, C. & Lienin, S. 2007. *Emissionsvergleich verschiedener Antriebsarten in aktuellen Personenwagen.* Dübendorf: EMPA. http://www.empa.ch/plugin/template/empa/*/65546 (Stand 2013-03-12).

[**BAFA 2011**] BAFA 2011. *Aufkommen und Export von Erdgas sowie die Entwicklung der Grenzübergangspreise ab 1991.* Bundesamt für Wirtschaft und Ausfuhrkontrolle.
http://www.bafa.de/bafa/de/energie/erdgas/ausgewaehlte_statistiken/egasmon_xls.xls (Stand 2011-08-23).

[Baka & Roland-Holst 2009] Baka, J. & Roland-Holst, D. 2009. Food or fuel? What European farmers can contribute to Europe's transport energy requirements and the Doha Round. *Energy Policy* 37, 7, 2505–2513. doi:10.1016/j.enpol.2008.09.050.

[Bandivadekar et al. 2008] Bandivadekar, A., Bodek, K., Cheah, L., Evans, C., Groode, T., et al. 2008. *On the Road in 2035: Reducing Transportation's Petroleum Consumption and GHG Emissions.* Report Cambridge: MIT Laboratory for Energy and the Environment. http://web.mit.edu/sloan-auto-lab/research/beforeh2/otr2035/ (Stand 2010-03-30).

[Bauder 2012] Bauder, R. 2012. Quo Vadis Diesel – Ist der Pkw-Dieselmotor auch ein Antrieb für morgen? In Der Antrieb von morgen. Wolfsburg: ATZ.

[Bauer 2008] Bauer, C. 2008. *Life cycle assessment of fossil and biomass power generation chains.* Villingen, Schweiz: Paul Scherrer Institut. http://ventdumoulin.org/sites/default/files/PSI-Bericht.pdf (Stand 2013-01-23).

[Bauer Kompressoren 2012] Bauer Kompressoren 2012. *Kompressoren - Erdgas - Technische Beschreibungen - Outdoor - Compact-Fuel-Station DUO groß.* http://www.bauer-kompressoren.de/de/produkte/erdgas_cng/beschreibungen/outdoor/cfs_gross.php (Stand 2012-07-13).

[Baumann et al. 2012] Baumann, M., Simon, B., Dura, H. & Weil, M. 2012. The contribution of electric vehicles to the changes of airborne emissions. In *Energy Conference and Exhibition (ENERGYCON), 2012 IEEE International.* Florence, Italien, 1049 –1054.

[Bengtsson et al. 2010] Bengtsson, J., Howard, N. & Kneppers, B. 2010. *Weighting of environmental impacts in Australia.* BPIC. www.bpic.asn.au/_literature_79927/BP_LCI_Weightings (Stand 2012-11-23).

[Bengtsson & Steen 2000] Bengtsson, M. & Steen, B. 2000. Weighting in LCA – approaches and applications. *Environmental Progress* 19, 2, 101–109. doi:10.1002/ep.670190208.

[Berenberg Bank & HWWI 2005] Berenberg Bank & HWWI 2005. *Strategie 2030 - Energierohstoffe.* Hamburg. http://www.hwwi.org/fileadmin/hwwi/Publikationen/Partnerpublikationen/Berenberg/Strategie_2030_Energierohstoffe.pdf (Stand 2012-02-28).

[Berggren & Magnusson 2012] Berggren, C. & Magnusson, T. 2012. Reducing automotive emissions—The potentials of combustion engine technologies and the power of policy. *Energy Policy* 41, 636–643. doi:10.1016/j.enpol.2011.11.025.

[Berliner Morgenpost 2010] Berliner Morgenpost 2010. Versicherung eines E-Autos. *Berliner Morgenpost* A2.

[BImSchG 1974] *Gesetz zum Schutz vor schädlichen Umwelteinwirkungen durch Luftverunreinigungen, Geräusche, Erschütterungen und ähnlichen Vorgängen, Fassung vom 24.02.2012.* http://www.gesetze-im-internet.de/bundesrecht/bimschg/gesamt.pdf (Stand 2012-04-27).

[Bishop et al. 2012] Bishop, J.D.K., Axon, C.J., Tran, M., Bonilla, D., Banister, D., et al. 2012. Identifying the fuels and energy conversion technologies necessary to meet European passenger car emissions legislation to 2020. *Fuel* 99, 88–105. doi:10.1016/j.fuel.2012.04.045.

[Black 2000] Black 2000. Socio-economic barriers to sustainable transport. *Journal of Transport Geography* 8, 2, 141–147. doi:http://dx.doi.org/10.1016/j.bbr.2011.03.031.

[BMWi & BMU 2010] BMWi & BMU 2010. *Energiekonzept für eine umweltschonende, zuverlässige und bezahlbare Energieversorgung.* Berlin: BMWi, BMU. http://www.bmu.de/files/pdfs/allgemein/application/pdf/energiekonzept_bundesregierung.pdf (Stand 2012-04-25).

[Bordelanne et al. 2011] Bordelanne, O., Montero, M., Bravin, F., Prieur-Vernat, A., Oliveti-Selmi, O., et al. 2011. Biomethane CNG hybrid: A reduction by more than 80% of the greenhouse gases emissions compared to gasoline. *Journal of Natural Gas Science and Engineering* 3, 5, 617–624. doi:10.1016/j.jngse.2011.07.007.

[Boston Consulting Group 2010] Boston Consulting Group 2010. *Batteries for Electric Cars: Challenges, Opportunities and the Outlook to 2020.* http://www.bcg.com/documents/file36615.pdf (Stand 2011-12-13).

[Boston Consulting Group 1968] Boston Consulting Group 1968. *Perspectives on experience.* Boston.

[Brodd 2005] Brodd, R.J. 2005. *Factors Affecting US Production Decisions: Why are There No Volume Lithium-Ion Battery Manufacturers in the United States?* ATP Working Paper Gaithersburg, MD: Economic Assessment Office Advanced Technology Program National Institute of Standards and Technology. http://www.atp.nist.gov/eao/wp05-01/wp05-01.pdf (Stand 2012-04-30).

[Bundesregierung 2009] Bundesregierung 2009. Nationaler Entwicklungsplan Elektromobilität der Bundesregierung. http://www.bmvbs.de/cae/servlet/contentblob/27976/publicationFile/4372/nationaler-entwicklungsplan-elektromobilitaet.pdf (Stand 2013-01-13).

[Burkink & Marquardt 2009] Burkink, T.J. & Marquardt, R. 2009. Food or Fuel? An Analysis of Systems in Conflict. *Journal of Macromarketing* 29, 4, 374 –383. doi:10.1177/0276146709345622.

[Carlsson & Johansson-Stenman 2003] Carlsson & Johansson-Stenman 2003. Costs and Benefits of Electric Vehicles. *Journal of Transport Economics and Policy* 37, 1, 1–28.

[Cavalett et al. 2012] Cavalett, O., Chagas, M., Seabra, J. & Bonomi, A. 2012. Comparative LCA of ethanol versus gasoline in Brazil using different LCIA methods. *The International Journal of Life Cycle Assessment* 1–12. doi:10.1007/s11367-012-0465-0.

[**Cherubini et al. 2011**] Cherubini, F., Peters, G.P., Berntsen, T., Strømman, A.H. & Hertwich, E. 2011. CO2 emissions from biomass combustion for bioenergy: atmospheric decay and contribution to global warming. *GCB Bioenergy* 3, 5, 413–426. doi:10.1111/j.1757-1707.2011.01102.x.

[**Chlond 2012**] Chlond, B. 2012. Mobilitätsverhalten und - gewohnheiten versus neue Antriebskonzepte: Wie passt das zusammen? Alternative Antriebskonzepte bei sich wandelnden Mobilitätsstilen, Karlsruhe, 2012-03-09.

[**Competence E 2011**] Competence E 2011. *Projekt Competence E.* http://www.competence-e.kit.edu/index.php (Stand 2012-02-3).

[**Continental 2011**] Continental 2011. *Reifengrundlagen Pkw 2012.* http://www.continental.at/www/download/reifen_de_de/allgemein/downloadbereich/download/reifeng rundlagen_de.pdf (Stand 2013-03-12).

[**Delorme et al. 2009**] Delorme, A., Pagerit, S., Sharer, P. & Rousseau, A. 2009. Cost Benefit Analysis of Advanced Powertrains from 2010 to 2045. In EVS24. Stavanger, Norway. http://www.transportation.anl.gov/pdfs/HV/566.pdf (Stand 2013-03-12).

[**Delucchi 2005**] Delucchi, M. 2005. *A multi-country analysis of lifecycle emissions from transportation fuels and motor vehicles.* UC Davis. http://www.its.ucdavis.edu/publications/2005/UCD-ITS-RR-05-10.pdf (Stand 2010-08-5).

[**Delucchi et al. 2000**] Delucchi, Burke, Lipman & Miller 2000. *Electric and gasoline vehicle lifecycle cost and energy-use model.* Davis, California: Institute of Transportation Studies University of California. http://escholarship.org/uc/item/1np1h2zp (Stand 2013-03-12).

[**Demìrbas 2005**] Demìrbas, A. 2005. Bioethanol from Cellulosic Materials: A Renewable Motor Fuel from Biomass. *Energy Sources* 27, 4, 327–337. doi:10.1080/00908310390266643.

[**dena 2011**] dena 2011. Wirtschaft ergreift Initiative für Erdgasmobilität. Presseerklärung vom 14.09.2011. http://www.dena.de/presse-medien/pressemitteilungen/wirtschaft-ergreift-initiative-fuer-erdgasmobilitaet.html (Stand 2012-04-26).

[**Densing et al. 2012**] Densing, M., Turton, H. & Bäuml, G. 2012. Conditions for the successful deployment of electric vehicles – A global energy system perspective. *Energy* 47, 1, 137–149. doi:10.1016/j.energy.2012.09.011.

[**Deutscher Bundestag 2010**] Deutscher Bundestag 2010. *Antwort der Bundesregierung auf die Große Anfrage der Abgeordneten Ute Kumpf, Ingrid Arndt-Brauer, Doris Barnett, weiterer Abgeordneter und der Fraktion der SPD.* http://dip21.bundestag.de/dip21/btd/17/031/1703106.pdf (Stand 2013-03-12).

[**Duffy & Crawford 2013**] Duffy, A. & Crawford, R. 2013. The effects of physical activity on greenhouse gas emissions for common transport modes in European countries. *Transportation Research Part D: Transport and Environment* 19, 13–19. doi:10.1016/j.trd.2012.09.005.

[**Dutton & Thomas 1984**] Dutton, J.M. & Thomas, A. 1984. Treating Progress Functions as a Managerial Opportunity. *The Academy of Management Review* 9, 2, 235–247. doi:10.2307/258437.

[**DVGW 2008**] DVGW 2008. Arbeitsblatt G 260: Gasbeschaffenheit, 7. Überarbeitung.

[**Eberle 2000**] Eberle, R. 2000. *Methodik zur ganzheitlichen Bilanzierung im Automobilbau.* Dissertation an der Technische Universität Berlin, Berlin. http://opus.kobv.de/tuberlin/volltexte/2000/57/pdf/eberle_reinhard.pdf (Stand 2012-01-12).

[**Eckstein et al. 2010a**] Eckstein, L., Schmitt, F. & Hartmann, B. 2010. Kosteneinsparpotenzial durch Leichtbau bei Elektrofahrzeugen. *lightweight-design* 3, 5, 36–43. doi:10.1007/BF03223623.

[**Eckstein et al. 2010b**] Eckstein, L., Schmitt, F. & Hartmann, B. 2010. Leichtbau bei Elektrofahrzeugen. *ATZ Automobiltechnische Zeitschrift* 112, 11, 788–795. doi:10.1007/BF03222207.

[**Ecmt & IEA 2005**] Ecmt & IEA 2005. *Making Cars More Fuel Efficient: Technology for Real Improvements on the Road.* Paris: IEA. http://www.iea.org/textbase/nppdf/free/2005/fuel_efficient.pdf (Stand 2010-08-6).

[**EEG 2012**] *Gesetz für den Vorrang Erneuerbarer Energien (Erneuerbare-Energien-Gesetz – EEG), Fassung vom 1.1.2012.* http://www.erneuerbare-energien.de/files/pdfs/allgemein/application/pdf/eeg_2012_bf.pdf (Stand 2012-07-24).

[**EIA 2011**] EIA 2011. *Annual Energy Outlook 2011.* Report Washington: EIA. http://www.eia.gov/oiaf/aeo/tablebrowser/ (Stand 2013-03-7).

[**Electric Cars Report 2011**] Electric Cars Report 2011. *Smart Fortwo Electric Drive Priced at €16,000 in Germany.* http://electriccarsreport.com/2011/09/smart-fortwo-electric-drive-priced-at-e16000-in-germany/ (Stand 2011-11-10).

[**Elgowainy et al. 2010**] Elgowainy, A., Han, J., Poch, L., Wang, M., Vyas, A., et al. 2010. *Well-to-Wheels Analysis of Energy Use and Greenhouse Gas Emissions of Plug-In Hybrid Electric Vehicles.* Argonne, USA & Oak Ridge, TN: Argonne National Laboratory. http://www.transportation.anl.gov/pdfs/TA/629.PDF (Stand 2010-08-2).

[**El-Houjeiri & Field 2012**] El-Houjeiri, H.M. & Field, R.W. 2012. A standardized well-to-wheel model for the assessment of bioethanol and hydrogen from cellulosic biomass. *Energy Policy* 48, 487–497. doi:10.1016/j.enpol.2012.05.048.

[**EnBW AG 2010**] EnBW AG 2010. *EnBW Bioerdgas 100.* http://www.enbw.com/content/de/privatkunden/produkte/gas/Cluster_3_Umwelttarife/03_bioerdgas10 0/index.jsp (Stand 2013-03-11).

L Verzeichnisse

[**Energie Informationsdienst 2012**] Energie Informationsdienst 2012. Gute Diesel-, auskömmliche Benzin-Tankstellenmarge. *EID* 22/2012. http://www.eid-aktuell.de/inhalt/2012/eid-22-2012/page/3/ (Stand 2012-06-29).

[**Envia Systems 2012**] Envia Systems 2012. *Yes, the world record energy density of 400Wh/kg in Li-ion rechargeable batteries has been achieved by Envia*. http://enviasystems.com/announcement/ (Stand 2013-03-11).

[**Europäische Kommission 2010**] Europäische Kommission 2010. *EU energy trends to 2030*. Luxembourg: Europäische Union. dx.doi.org/10.2833/21664 (Stand 2012-04-25).

[**Europäische Union 2008**] *Mitteilung über die Anwendung und die künftige Entwicklung der gemeinschaftlichen Rechtsvorschriften über Emissionen von Fahrzeugen für den Leichtverkehr und über den Zugang zu Reparatur- und Wartungsinformationen (Euro 5 und Euro 6)*. http://eur-lex.europa.eu/LexUriServ/LexUriServ.do?uri=OJ:C:2008:182:0017:0020:de:PDF (Stand 2010-05-28).

[**Europäisches Zentrum für erneuerbare Energie Güssing GmbH et al. 2008**] Europäisches Zentrum für erneuerbare Energie Güssing GmbH, Daimler Chryler AG, Volkswagen AG, Volvo Technologies, Institute for Energy and Environment, et al. 2008. *RENEW: Renewable fuels for advanced powertrains - WP 5.4 Technical Assessment, Scientific report*. http://www.renew-fuel.com/download.php?dl=5-renew-scientific_report_wp5.4_eee.pdf&kat=15 (Stand 2012-11-26).

[**EWI & EEFA 2008**] EWI & EEFA 2008. *Energiewirtschaftliches Gesamtkonzept 2030*. Berlin, Potsdam und Frankfurt am Main: Bundesverband der Energie- und Wasserwirtschaft. http://www.braunkohle.de/tools/download.php?filedata=1219409107.pdf&filename=Studie%202030%20Endbericht_22.08.08_Final.pdf&mimetype=application/pdf (Stand 2012-02-28).

[**Ewing & Sarigöllü 2000**] Ewing & Sarigöllü 2000. Assessing Consumer Preferences for Clean-Fuel Vehicles: A Discrete Choice Experiment. *Journal of Public Policy & Marketing* 19, 1, 106–118.

[**ExternE 2005**] ExternE 2005. *ExternE Serie (Vol 1-10, NewExt, ExternE-Pol und ExternE)*. Europäische Komission. http://www.externe.info/ (Stand 2011-12-2).

[**Fargione et al. 2008**] Fargione, J., Hill, J., Tilman, D., Polasky, S. & Hawthorne, P. 2008. Land Clearing and the Biofuel Carbon Debt. *Science* 319, 5867, 1235–1238. doi:10.1126/science.1152747.

[**Faria et al. 2012**] Faria, R., Moura, P., Delgado, J. & de Almeida, A.T. 2012. A sustainability assessment of electric vehicles as a personal mobility system. *Energy Conversion and Management* 61, 19–30. doi:10.1016/j.enconman.2012.02.023.

[**Felder 2007**] Felder, R. 2007. *Well-to-wheel analysis of renewable transport fuels*. Dissertation an der ETH Zürich, Zürich. http://e-collection.library.ethz.ch/view/eth:30096 (Stand 2013-01-7).

[**Fiat 2011**] Fiat 2011. Punto - Preise, Ausstattung und Technik. http://configurator.fiat.de/download/preislisten/Fiat_Punto_199G_PL.pdf (Stand 2011-08-2).

[**Finn et al. 2012**] Finn, P., Fitzpatrick, C. & Connolly, D. 2012. Demand side management of electric car charging: Benefits for consumer and grid. *Energy* 42, 358–363. doi:10.1016/j.energy.2012.03.042.

[**Flamm & Agrawal 2012**] Flamm, B.J. & Agrawal, A.W. 2012. Constraints to green vehicle ownership: A focus group study. *Transportation Research Part D: Transport and Environment* 17, 2, 108–115. doi:10.1016/j.trd.2011.09.013.

[**FNR 2009**] FNR 2009. *Biokraftstoffe: Basisdaten Deutschland*. Fachagentur Nachwachsende Rohstoffe e.V. (FNR). http://www.fnr-server.de/ftp/pdf/literatur/pdf_174-basisdaten_biokraftstoff.pdf (Stand 2010-02-12).

[**Franke & Krems 2013**] Franke, T. & Krems, J.F. 2013. Interacting with limited mobility resources: Psychological range levels in electric vehicle use. *Transportation Research Part A: Policy and Practice* 48, 109–122. doi:10.1016/j.tra.2012.10.010.

[**Fraunhofer IAO 2010**] Fraunhofer IAO 2010. *Systemanalyse BWemobil: IKT- und Energieinfrastruktur für innovative Mobilitätslösungen in Baden-Württemberg*. http://www.e-mobilbw.de/Resources/Systemanalyse_BWemobil_IKT_Energie.pdf (Stand 2012-03-14).

[**Frischknecht 1998**] Frischknecht, R. 1998. *Life Cycle Inventory Analysis For Decision-Making*. Dissertation an der ETH Zürich, Zürich. http://e-collection.library.ethz.ch/eserv/eth:41089/eth-41089-02.pdf (Stand 2012-08-28).

[**Fritsche et al. 2004**] Fritsche, U., Dehoust, G., Jenseit, W., Hünecke, K., Rausch, L., et al. 2004. *Stoffstromanalyse zur nachhaltigen energetischen Nutzung von Biomasse*. Endbericht Darmstadt: Verbundprojekt BMU im Rahmen des ZIP, Projektträger: FZ Jülich. http://www.oeko.de/service/bio/dateien/de/bio-final.pdf (Stand 2011-12-7).

[**Gaines et al. 2008**] Gaines, L., Burnham, A., Rousseau, A. & Santini, D. 2008. Sorting Through the Many Total-Energy-Cycle Pathways Possible with Early Plug-In Hybrids. *World Electric Vehicle Journal* 2, 1, 74–96.

[**Gassner & Maréchal 2012**] Gassner, M. & Maréchal, F. 2012. Thermo-economic optimisation of the polygeneration of synthetic natural gas (SNG), power and heat from lignocellulosic biomass by gasification and methanation. *Energy & Environmental Science* 5, 2, 5768–5789. doi:10.1039/c1ee02867g.

[**Geldermann 2006**] Geldermann, J. 2006. *Mehrzielentscheidungen in der industriellen Produktion*. Karlsruhe: Kit Scientific Publishing. Gleichzeitig Habilitation an der Universität Karlsruhe. http://www.uvka.de/univerlag/volltexte/2006/121/ (Stand 2012-01-19).

[**Gerbio 2010**] Gerbio 2010. *National report on the state of CNG/biomethane filling station - Germany.* WP3-deliverables Kirchberg: Gerbio. www.gashighway.net/GetItem.asp?item=digistorefile;232163;1197¶ms=open;gallery (Stand 2013-01-8).

[**Gerssen-Gondelach & Faaij 2012**] Gerssen-Gondelach, S.J. & Faaij, A.P.C. 2012. Performance of batteries for electric vehicles on short and longer term. *Journal of Power Sources* 212, 111–129. doi:10.1016/j.jpowsour.2012.03.085.

[**gibgas 2011**] gibgas 2011. *Statistik.* http://www.gibgas.de/Tankstellen/Service/Statistik (Stand 2013-03-11).

[**Gidarakos et al. 2012**] Gidarakos, E., Basu, S., Rajeshwari, K.V., Dimitrakakis, E. & Johri, C.R. 2012. E-waste recycling environmental contamination: Mandoli, India. *Proceedings of Institution of Civil Engineers: Waste and Resource Management* 165, 1, 45–52.

[**Gielen & Unander 2005**] Gielen, D. & Unander, F. 2005. *Alternative fuels: An Energy Technology Perspective.* IEA/ETO Working Paper http://s3.amazonaws.com/zanran_storage/www.iea.org/ContentPages/26160780.pdf (Stand 2013-03-12).

[**GM & ANL 2001**] GM & ANL 2001. *Well-to-wheel energy use and greenhouse gas emissions of advanced fuel/vehicle systems - North American analysis.* General Motors, Argonne National Laboratory. http://www.ipd.anl.gov/anlpubs/2001/04/39097.pdf (Stand 2010-07-29).

[**Goede et al. 2008**] Goede, M., Stehlin, M., Rafflenbeul, L., Kopp, G. & Beeh, E. 2008. Super Light Car — lightweight construction thanks to a multi-material design and function integration. *European Transport Research Review* 1, 5–10. doi:10.1007/s12544-008-0001-2.

[**Goedkoop et al. 2009**] Goedkoop, M., Heijungs, R., Huijbregts, M., De Schryver, A., Struijs, J., et al. 2009. *ReCiPe 2008: A life cycle impact assessment method which comprises harmonised category indicators at the midpoint and the endpoint level.: Report I: Characterisation.* Den Haag: Ministerie van VROM. www.pre-sustainability.com/download/misc/ReCiPe_main_report_final_27-02-2009_web.pdf (Stand 2011-12-7).

[**Götz et al. 2011**] Götz, K., Sunderer, G., Birzle-Harder, B. & Deffner, J. 2011. *Attraktivität und Akzeptanz von Elektroautos, Arbeitspaket 1 des Projekts OPTUM: Optimierung der Umweltentlastungspotenziale von Elektrofahrzeugen.* Frankfurt am Main: ISOE – Institut für sozial-ökologische Forschung. http://www.oeko.de/oekodoc/1337/2011-001-de.pdf (Stand 2013-01-25).

[**Götze 2008**] Götze, U. 2008. *Investitionsrechnung: Modelle und Analysen zur Beurteilung von Investitionsvorhaben.* Chemnitz: Springer.

[**Graebig et al. 2010**] Graebig, M., Bringezu, S. & Fenner, R. 2010. Comparative analysis of environmental impacts of maize–biogas and photovoltaics on a land use basis. *Solar Energy* 84, 7, 1255–1263. doi:10.1016/j.solener.2010.04.002.

[**Grahn et al. 2009**] Grahn, M., Azar, C., Williander, M.I., Anderson, J.E., Mueller, S.A., et al. 2009. Fuel and Vehicle Technology Choices for Passenger Vehicles in Achieving Stringent CO2 Targets: Connections between Transportation and Other Energy Sectors. *Environ. Sci. Technol.* 43, 9, 3365–3371. doi:10.1021/es802651r.

[**Grazer Energieagentur et al. 2011**] Grazer Energieagentur, Joanneum Research Forschungsgesellschaft, Universität für Bodenkultur & IFZ – Interuniversitäres Forschungszentrum für Technik, Arbeit und Kultur 2011. *Biogas Gesamtbewertung - Agrarische, ökologische, ökonomische und sozialwissenschaftliche Gesamtbewertung von Biomethan aus dem Gasnetz als Kraftstoff und in stationären Anwendungen.* http://www.grazer-ea.at/cms/upload/biogas/biogasgesamtbewertung_endbericht.pdf (Stand 2013-03-12).

[**Gromzik et al. 2010**] Gromzik, J., Müller, E. & Reich, C. 2010. *Dr. Oetker Backbuch.* Augsburg: Weltbild.

[**Grunwald 2011**] Grunwald, A. 2011. Der kollektive Selbstbetrug. Warum es ein Irrglaube ist, dass bewusste Konsumenten Nachhaltigkeit erzwingen können. *GEO Magazin* 6, 106–107.

[**Guerrero-Lemus et al. 2012**] Guerrero-Lemus, R., Marrero, G.A. & Puch, L.A. 2012. Costs for conventional and renewable fuels and electricity in the worldwide transport sector: A mean–variance portfolio approach. *Energy* 44, 1, 178–188. doi:10.1016/j.energy.2012.06.047.

[**Guinée et al. 2002**] Guinée, J.B., Gorrée, M., Heijungs, R., Huppes, G., Kleijn, R., et al. 2002. *Handbook on life cycle assessment. Operational guide to the ISO standards.* Bd. 7, New York, Boston, Dordrecht, London, Moscow: Kluwer Academic Publishers.

[**Günther 2001**] Günther, A. 2001. *Kalkulation der Netznutzungsentgelte für elektrische Energie nach der Verbändevereinbarung II vom 13.12.1999 - Bayrischer Kommunaler Prüfungsverband - Geschäftsbericht 2001.* http://www.bkpv.de/ver/pdf/gb2001/guenther.pdf (Stand 2012-07-5).

[**Hamelinck & Faaij 2006**] Hamelinck, C.N. & Faaij, A.P.C. 2006. Outlook for advanced biofuels. *Energy Policy* 34, 17, 3268–3283. doi:10.1016/j.enpol.2005.06.012.

[**Harrington & McConnel 2003**] Harrington, W. & McConnel, V. 2003. *Motor vehicles and the Environment.* Washington, D.C.: Resources for the future. http://www.rff.org/rff/documents/rff-rpt-carsenviron.pdf (Stand 2011-08-18).

[**Hausberger 2010**] Hausberger, S. 2010. *Fuel Consumption and Emissions of Modern Passenger Cars.* Graz: TU Graz, Bundesministerium für Land- und Forstwirtschaft, Umwelt und Wasserwirtschaft.

https://www.sinanet.isprambiente.it/it/inventaria/Gruppo%20inventari%20locali/Riunione%2015_02_1 1/Trasporti%20- %20Copert%20IV%20v8.0/Fuel%20Consumption%20and%20Emissions%20of%20Modern%20Passenge r%20Cars (Stand 2011-07-12).

[**Hauschild & Potting 2004**] Hauschild, M. & Potting, J. 2004. *Spatial differentiation in life cycle impact assessment-the EDIP-2003 methodology. Guidelines from the Danish EPA*. Copenhagen: Danish Environmental Protection Agency. http://www2.mst.dk/udgiv/publications/2005/87-7614-579-4/pdf/87-7614-580-8.pdf (Stand 2011-12-2).

[**Hawkins et al. 2012**] Hawkins, T., Gausen, O. & Strømman, A. 2012. Environmental impacts of hybrid and electric vehicles—a review. *The International Journal of Life Cycle Assessment* 17, 8, 997–1014. doi:10.1007/s11367-012-0440-9.

[**Heijungs et al. 2003**] Heijungs, R., Goedkoop, M., Struijs, J., Effting, S., Sevenster, M., et al. 2003. *Towards a life cycle impact assessment method which comprises category indicators at the midpoint and the endpoint level - Report of the first project phase: Design of the new method*. The Hague, The Netherlands: Netherlands Ministry of Housing, Spatial Planning and the Environment (VROM). http://www.leidenuniv.nl/cml/ssp/publications/recipe_phase1.pdf (Stand 2012-11-23).

[**Held 2011**] Held, M. 2011. LCA E-Mobility: Current results of the Fraunhofer System Research for Electromobility (FSEM) and need for further research. 43th LCA Discussion Forum, Zürich, 2011-04-06. http://www.lcaforum.ch/portals/0/df43/DF43-01%20Michael%20Held.pdf (Stand 2011-04-28).

[**Herdin 2000**] Herdin, G. 2000. Incresasing Gas Engine Efficiency. In World Energy Engineering Congress. Atlanta. http://images.energieportal24.de/dateien/downloads/gasmotor-eta-anhebung.pdf (Stand 2012-08-29).

[**Hesterberg et al. 2008**] Hesterberg, T.W., Lapin, C.A. & Bunn, W.B. 2008. A Comparison of Emissions from Vehicles Fueled with Diesel or Compressed Natural Gas. *Environmental Science & Technology* 42, 17, 6437–6445. doi:10.1021/es071718i.

[**Hill et al. 2012**] Hill, D., Agarwal, A.S. & Ayello, F. 2012. Fleet operator risks for using fleets for V2G regulation. *Energy Policy* 41, 221–231. doi:10.1016/j.enpol.2011.10.040.

[**Hill et al. 2006**] Hill, J., Nelson, E., Tilman, D., Polasky, S. & Tiffany, D. 2006. Environmental, economic, and energetic costs and benefits of biodiesel and ethanol biofuels. *Proceedings of the National Academy of Sciences* 103, 30, 11206–11210. doi:10.1073/pnas.0604600103.

[**Hischier et al. 2010**] Hischier, R., Weidema, B., Althaus, H.J., Bauer, C., Doka, G., et al. 2010. *Implementation of Life Cycle Impact Assessment Methods*. Ecoinvent report No. 3, v2. 2, Swiss Centre for Life Cycle Inventories, Dübendorf, CH. http://www.ecoinvent.org/fileadmin/documents/en/03_LCIA-Implementation-v2.2.pdf (Stand 2011-08-2).

[**Holmberg et al. 2012**] Holmberg, K., Andersson, P. & Erdemir, A. 2012. Global energy consumption due to friction in passenger cars. *Tribology International* 47, 221–234. doi:10.1016/j.triboint.2011.11.022.

[**Hrach & Cifrain 2011**] Hrach, D. & Cifrain, M. 2011. Batterietechnik und -management im Elektrofahrzeug. *e & i Elektrotechnik und Informationstechnik* 128, 1, 16–21. doi:10.1007/s00502-011-0798-6.

[**Humpenöder et al. 2011**] Humpenöder, F., Schaldach, R., Shayeghi, Y. & Schebek, L. 2011. Analysing land-use effects on the carbon balance of biofuels by coupling a spatial model to LCA. In *Innovations in sharing environmental observations and information*. EnviroInfo Ispra 2011. Ispra.

[**IANGV 2010**] IANGV 2010. *Natural Gas Vehicle Statistics*. http://www.iangv.org/current-ngv-stats/ (Stand 2013-03-12).

[**IEA 2011a**] IEA 2011. *Technology Roadmap: Electric and plug-in hybrid electric vehicles*. Paris. http://www.iea.org/publications/freepublications/publication/name,3850,en.html (Stand 2013-03-11).

[**IEA 2011b**] IEA 2011. *World Energy Outlook 2011*. Paris. http://www.oecd-ilibrary.org/energy/world-energy-outlook_20725302 (Stand 2012-09-13).

[**IEA 2010**] IEA 2010. *World Energy Outlook 2010*. Paris. http://www.oecd-ili-brary.org/docserver/download/fulltext/6110151e.pdf?expires=1314629379&id=id&accname=ocid43023 314&checksum=E682C92ACF3F6B7BCDB1C490A9CAEC68 (Stand 2011-08-29).

[**IEA 2006**] IEA 2006. *World Energy Outlook 2006*. Paris: International Energy Agency.

[**IEA 1999**] IEA 1999. *Automotive Fuels For The Future - The Search For Alternatives*. Paris: IEA.

[**IFEU 2011**] IFEU 2011. *UMBReLA: Wissenschaftlicher Grundlagenbericht*. Heidelberg.

[**IFEU 2004**] IFEU 2004. *CO2 Mitigation through Biofuels in the Transport Sector - Status and Perspectives*. Heidelberg. http://www.ifeu.de/landwirtschaft/pdf/co2mitigation.pdf (Stand 2013-03-1).

[**infas & DLR 2010a**] infas & DLR 2010. *Mobilität in Deutschland 2008 - Datensätze*. Bonn und Berlin. http://www.mobilitaet-in-deutschland.de/pdf/MiD2008_Abschlussbericht_I.pdf (Stand 2011-08-2).

[**infas & DLR 2010b**] infas & DLR 2010. *Mobilität in Deutschland 2008 - Ergebnisbericht*. Bonn und Berlin. http://www.mobilitaet-in-deutschland.de/pdf/MiD2008_Abschlussbericht_I.pdf (Stand 2011-08-2).

[**infas & DLR 2010c**] infas & DLR 2010. *Mobilität in Deutschland 2008 - Tabellenband*. Bonn und Berlin. http://www.mobilitaet-in-deutschland.de/pdf/MiD2008_Abschlussbericht_I.pdf (Stand 2010-05-27).

[**infras 2010**] infras 2010. *Handbuch Emissionsfaktoren des Straßenverkehrs (HBEFA), Version 3.1.* Umweltbundesamt Berlin.

[**Inprocil 2005**] Inprocil 2005. *Planes and Measures.* http://www.inprocil.com.ar/index_archivos/Page373.htm (Stand 2013-03-11).

[**Institut für Mobilitätsforschung 2010**] Institut für Mobilitätsforschung 2010. *Zukunft der Mobilität - Szenarien für das Jahr 2030.* 1. Aufl. München: Ifmo. http://www.ifmo.de/basif/pdf/publikationen/2010/100531_Szenarien_2030.pdf (Stand 2013-03-11).

[**IPCC 2007**] IPCC 2007. *Fourth Assessment Report: Climate Change 2007 (AR4).* New York: Intergovernmental Panel on Climate Change (IPCC), Cambridge University Press. https://www.ipcc.ch/publications_and_data/publications_and_data_reports.shtml (Stand 2011-12-7).

[**JEC et al. 2011**] JEC, Joint Research Centre, EUCAR & CONCAWE 2011. *Well-to-Wheels study Version 3c.* http://iet.jrc.ec.europa.eu/about-jec/downloads (Stand 2013-03-12).

[**JEC et al. 2007**] JEC, Joint Research Centre, EUCAR & CONCAWE 2007. *Well-to-Wheels study Version 3.* http://iet.jrc.ec.europa.eu/about-jec/downloads (Stand 2013-03-12).

[**JEC et al. 2003**] JEC, Joint Research Centre, EUCAR & CONCAWE 2003. *Well-to-Wheels study Version 1.* http://iet.jrc.ec.europa.eu/about-jec/downloads (Stand 2013-03-12).

[**Johansson 2003**] Johansson, H. 2003. Test approval based on real world driving. JRC Euro-5 Conference, Milan, Italy, 2003-

[**JRC 2011**] JRC 2011. *Recommendations for Life Cycle Impact Assessment in the European context.* Luxemburg: Publication Office of the European Union: European Commission-Joint Research Centre - Institute for Environment and Sustainability. http://lct.jrc.ec.europa.eu/assessment/pdf-directory/Recommendation-of-methods-for-LCIA-def.pdf (Stand 2012-07-11).

[**Käbisch 2012**] Käbisch, M. 2012. Einsatz von Brennstoffzellensystemen zur Bordnetzversorgung von Fahrzeugen. In Der Antrieb von morgen. Wolfsburg: ATZ.

[**Kahn Ribeiro et al. 2007**] Kahn Ribeiro, S., Kobayashi, S., Beuthe, M., Gasca, J., Greene, D., et al. 2007. Transport and its infrastructure. In M. Betz, O. R. Davidson, P. R. Bosch, R. Dave, & L. A. Meyer *Climate Change 2007: Mitigation. Contribution of Working Group III to the Fourth Assessment Report of the Intergovernmental Panel on Climate Change.* Cambridge, United Kingdom and New York, NY, USA: Cambridge University Press. http://www.ipcc.ch/publications_and_data/ar4/wg3/en/ch5.html (Stand 2012-12-20).

[**Kalhammer et al. 2007**] Kalhammer, F.R., Kopf, B.M., Swan, D., Roan, V.P. & Walsh, M.P. 2007. *Status and Prospects for Zero Emissions Vehicle Technology.* Report of the ARB Independent Expert Panel Sacramento, California: State of California Air Resources Board. http://www.arb.ca.gov/msprog/zevprog/zevreview/zev_panel_report.pdf (Stand 2013-03-12).

[**Kanter 2011**] Kanter, J. 2011. Fancy Batteries in Electric Cars Pose Recycling Challenges. *The New York Times.* https://www.nytimes.com/2011/08/31/business/energy-environment/fancy-batteries-in-electric-cars-pose-recycling-challenges.html (Stand 2013-03-11).

[**Kappler et al. 2012**] Kappler, G., Hurtig, O., Kälber, S. & Leible, L. 2012. Perspektiven für Bio-Erdgas. Teil II: Bereitstellung von Wärme, Strom und Kraftstoff. *BWK- Energie-Fachmagazin* 2012, 6, 25–31.

[**Kappler 2008**] Kappler, G. 2008. *Systemanalytische Untersuchung zum Aufkommen und zur Bereitstellung von energetisch nutzbarem Reststroh und Waldrestholz in Baden-Württemberg : eine auf das Karlsruher bioliq-Konzept ausgerichtete Standortanalyse.* Dissertation an der Uni Freiburg, Karlsruhe. http://bibliothek.fzk.de/zb/berichte/FZKA7416.pdf (Stand 2013-03-12).

[**KBA 2013**] KBA 2013. *Bestand - Fahrzeugklassen und Aufbauarten - Deutschland und seine Länder am 1. Januar 2013.* http://www.kba.de/cln_031/nn_191172/DE/Statistik/Fahrzeuge/Bestand/FahrzeugklassenAufbauarten/2013_b_fzkl_eckdaten_absolut.html (Stand 2013-03-11).

[**KBA 2012**] KBA 2012. *Neuzulassungen: Emissionen, Kraftstoffe - Zeitreihe 2005 bis 2011.* http://www.kba.de/cln_030/nn_191064/DE/Statistik/Fahrzeuge/Neuzulassungen/EmissionenKraftstoffe/n_emi_z_teil_2.html (Stand 2012-11-14).

[**KBA 2011a**] KBA 2011. *Alter der Fahrzeuge.* http://www.kba.de/nn_1169728/DE/Statistik/Fahrzeuge/Publikationen/Fachartikel/alter_20110415,templateId=raw,property=publicationFile.pdf/alter_20110415.pdf (Stand 2013-03-12).

[**KBA 2011b**] KBA 2011. *Segmente.* http://www.kba.de/cln_031/nn_330292/DE/Statistik/Fahrzeuge/Neuzulassungen/Segmente/segmente_node.html?_nnn=true (Stand 2013-03-12).

[**KBA 2009**] KBA 2009. *Segmente - Kleine Autos sind gefragt.* http://www.kba.de/cln_031/nn_330292/DE/Statistik/Fahrzeuge/Neuzulassungen/Segmente/2008_n_kleine_autos_diagramm.html (Stand 2013-03-12).

[**KBA 2008**] KBA 2008. *Fahrzeugzulassungen - Neuzulassungen Emissionen, Kraftstoffe.* http://www.kbashop.de/wcsstore/KBA/Attachment/Kostenlose_Produkte/n_emissionen_kraftstoffe_2008.pdf (Stand 2010-05-13).

[**Kettering 1915**] Kettering, C. 1915. United States Patent: 1150523. http://patft.uspto.gov/netacgi/nph-Par-ser?Sect1=PTO1&Sect2=HITOFF&d=PALL&p=1&u=%2Fnetahtml%2FPTO%2Fsrchnum.htm&r=1&f=G&l=50&s1=1150523.PN.&OS=PN/1150523&RS=PN/1150523 (Stand 2012-08-10).

[**Klerk 2011**] Klerk, A. de 2011. Fischer–Tropsch fuels refinery design. *Energy & Environmental Science* 4, 4, 1177. doi:10.1039/c0ee00692k.

[**Kloess et al. 2009**] Kloess, M., Weichbold, A. & Könighofer, K. 2009. Technical, Ecological and Economic Assessment of Electrified Powertrain Systems for Passenger Cars in a Dynamic Context (2010 to 2050). In 24th International Electric Vehicle Symposium and Exposition (EVS24). Stavanger, Norway. http://www.eeg.tuwien.ac.at/eeg.tuwien.ac.at_pages/publications/pdf/KLO_PAP_2009_1.pdf (Stand 2013-03-12).

[**Köhler et al. 2009**] Köhler, J., Whitmarsh, L., Nykvist, B., Schilperoord, M., Bergman, N., et al. 2009. A transitions model for sustainable mobility. *Ecological Economics* 68, 12, 2985–2995. doi:10.1016/j.ecolecon.2009.06.027.

[**Kok et al. 2011**] Kok, R., Annema, J.A. & van Wee, B. 2011. Cost-effectiveness of greenhouse gas mitigation in transport: A review of methodological approaches and their impact. *Energy Policy* 39, 12, 7776–7793. doi:10.1016/j.enpol.2011.09.023.

[**Kolke 2004**] Kolke, R. 2004. *Vergleich der Umweltverträglichkeit neuer Technologien im Strassenverkehr*. Dissertation an der Otto-von-Guericke-Universität Magdeburg, Universitätsbibliothek, . http://diglib.uni-magdeburg.de/Dissertationen/2004/reikolke.pdf (Stand 2013-03-12).

[**Kosow & Gaßner 2008**] Kosow, H. & Gaßner, R. 2008. *Methoden der Zukunfts- und Szenarioanalyse. Überblick, Bewertung und Auswahlkriterien*. WerkstattBericht Berlin: IZT. http://www.izt.de/fileadmin/downloads/pdf/IZT_WB103.pdf (Stand 2013-03-12).

[**KraftStG 2010**] *Kraftfahrzeugsteuergesetz, Fassung vom 27.5.2010*. http://www.gesetze-im-internet.de/bundesrecht/kraftstg/gesamt.pdf (Stand 2011-11-11).

[**Krause 2009**] Krause, H. 2009. Entschwefelung von Erdgas und anderen gasförmigen Energieträgern für den Einsatz in Reformer-Brennstoffzellensystemen. Fortschritte der Gasprozesstechnik für die Wasserstofferzeugung in Brennstoffzellenanwendungen, Duisburg, 2009-12-08. http://www.zbt-duisburg.de/fileadmin/user_upload/01-aktuell/06-veranstaltungen/Gasprozesstechnik_2009/02_Krause.pdf (Stand 2012-08-7).

[**Kromer & Heywood 2007**] Kromer, M. & Heywood, J. 2007. *Electric Powertrains: Opportunities and Challenges in the U.S. Light-Duty Vehicle Fleet*. Cambridge: Sloan Automotive Laboratory, MIT. http://web.mit.edu/sloan-auto-lab/research/beforeh2/files/kromer_electric_powertrains.pdf (Stand 2013-03-12).

[**Kubacki et al. 2012**] Kubacki, M.L., Ross, A.B., Jones, J.M. & Williams, A. 2012. Small-scale co-utilisation of coal and biomass. *Fuel* 101, 84–89. doi:10.1016/j.fuel.2011.06.034.

[**Kuder 2004**] Kuder, M. 2004. *Kundengruppen und Produktlebenszyklus: Dynamische Zielgruppenbildung am Beispiel der Automobilindustrie*. Dissertation an der TU Chemnitz, .

[**Kushnir & Sandén 2011**] Kushnir, D. & Sandén, B.A. 2011. Multi-level energy analysis of emerging technologies: a case study in new materials for lithium ion batteries. *Journal of Cleaner Production* 19, 13, 1405–1416. doi:10.1016/j.jclepro.2011.05.006.

[**LaMonica 2012**] LaMonica, M. 2012. Startup Envia battery promises to slash EV costs. *CNET*. http://news.cnet.com/8301-11386_3-57384864-76/startup-envia-battery-promises-to-slash-ev-costs/ (Stand 2013-03-12).

[**Lange 2007**] Lange, S. 2007. *Systemanalytische Untersuchung zur Schnellpyrolyse als Prozessschritt bei der Produktion von Synthesekraftstoffen aus Stroh und Waldrestholz*. Dissertation an der KIT Scientific Publishing, . http://www.itas.fzk.de/deu/lit/2008/lang08a.pdf (Stand 2011-05-16).

[**Larsson & Hansson 2011**] Larsson, G. & Hansson, P.-A. 2011. Environmental impact of catalytic converters and particle filters for agricultural tractors determined by life cycle assessment. *Biosystems Engineering* 109, 1, 15–21. doi:10.1016/j.biosystemseng.2011.01.010.

[**Laurent, Lautier, et al. 2011**] Laurent, A., Lautier, A., Rosenbaum, R.K., Olsen, S.I. & Hauschild, M. 2011. Normalization references for Europe and North America for application with USEtox™ characterization factors. *The International Journal of Life Cycle Assessment* 16, 728–738. doi:10.1007/s11367-011-0285-7.

[**Laurent, Olsen, et al. 2011**] Laurent, A., Olsen, S.I. & Hauschild, M. 2011. Normalization in EDIP97 and EDIP2003: updated European inventory for 2004 and guidance towards a consistent use in practice. *The International Journal of Life Cycle Assessment* 16, 401–409. doi:10.1007/s11367-011-0278-6.

[**Lave et al. 2000**] Lave, L., MacLean, H., Hendrickson, C. & Lankey, R. 2000. Life-Cycle Analysis of Alternative Automobile Fuel/Propulsion Technologies. *Environmental Science & Technology* 34, 17, 3598–3605. doi:10.1021/es991322+.

[**LBST & GM 2002**] LBST & GM 2002. *GM Well-to-Wheel Analysis of Energy Use and Greenhouse Gas Emissions of Advanced Fuel/ Vehicle Systems - A European Study*. Ottobrunn: L-B Systemtechnik GmbH, General Motors. http://www.lbst.de/ressources/docs2002/TheReport_Euro-WTW_27092002.pdf (Stand 2010-02-24).

[**Lechon et al. 2011**] Lechon, Y., Cabal, H. & Sáez, R. 2011. Life cycle greenhouse gas emissions impacts of the adoption of the EU Directive on biofuels in Spain. Effect of the import of raw materials and land use changes. *Biomass and Bioenergy* 35, 6, 2374–2384. doi:10.1016/j.biombioe.2011.01.036.

[**Leible et al. 2012**] Leible, L., Kälber, S., Kappler, G., Eltrop, L., Stenull, M., et al. 2012. Perspektiven für Bio-Erdgas. Teil I: Bereitstellung aus nasser und trockener Biomasse. *BWK* 64, 5, 21–27.

[**Leible et al. 2008**] Leible, L., Kälber, S. & Kappler, G. 2008. Energiebereitstellung aus Stroh und Waldrestholz. *BWK- Energie-Fachmagazin* 60, 5, 56–62.

[**Leible et al. 2007**] Leible, L., Kälber, S., Kappler, G., Lange, S., Nieke, E., et al. 2007. *Kraftstoff, Strom und Wärme aus Stroh und Waldrestholz: eine systematische Untersuchung.* Karlsruhe: Forschungszentrum Karlsruhe. http://bibliothek.fzk.de/zb/berichte/FZKA7170.pdf (Stand 2013-03-12).

[**LEMnet 2010**] LEMnet 2010. *LEMnet - Internationales Verzeichnis der Stromtankstellen.* www.lemnet.org (Stand 2013-03-12).

[**Lenz & Jochem 2012**] Lenz, B. & Jochem, P. 2012. Anforderungen, Erwartungen und Bedürfnisse. Alternative Antriebskonzepte bei sich wandelnden Mobilitätsstilen, Karlsruhe, 2012-03-08.

[**Linssen et al. 2012**] Linssen, J., Bickert, S., Hennings, W., Schulz, A., Marker, S., et al. 2012. *Netzintegration von Fahrzeugen mit elektrifizierten Antriebssystemen in bestehende und zukünftige Energieversorgungsstrukturen.* Jülich: Forschungszentrum Jülich. http://hdl.handle.net/2128/4695 (Stand 2013-03-13).

[**Loremo 2011**] Loremo 2011. *Varianten.* http://www.loremo.com/02der02_varianten.htm (Stand 2011-11-10).

[**Lucas, Alexandra Silva, et al. 2012**] Lucas, A., Alexandra Silva, C. & Costa Neto, R. 2012. Life cycle analysis of energy supply infrastructure for conventional and electric vehicles. *Energy Policy* 41, 537–547. doi:10.1016/j.enpol.2011.11.015.

[**Lucas, Neto, et al. 2012**] Lucas, A., Neto, R.C. & Silva, C.A. 2012. Impact of energy supply infrastructure in life cycle analysis of hydrogen and electric systems applied to the Portuguese transportation sector. *International Journal of Hydrogen Energy* 37, 15, 10973–10985. doi:10.1016/j.ijhydene.2012.04.127.

[**Lukic & Emado 2003**] Lukic, S.M. & Emado, A. 2003. Modeling of electric machines for automotive applications using efficiency maps. In *Electrical Insulation Conference and Electrical Manufacturing Coil Winding Technology Conference, 2003. Proceedings.* Electrical Insulation Conference and Electrical Manufacturing Coil Winding Technology Conference, 2003. Proceedings. 543 – 550.

[**Lund & Kempton 2008**] Lund, H. & Kempton, W. 2008. Integration of renewable energy into the transport and electricity sectors through V2G. *Energy Policy* 36, 9, 3578–3587. doi:10.1016/j.enpol.2008.06.007.

[**Ma et al. 2012**] Ma, H., Balthasar, F., Tait, N., Riera-Palou, X. & Harrison, A. 2012. A new comparison between the life cycle greenhouse gas emissions of battery electric vehicles and internal combustion vehicles. *Energy Policy* 44, 160–173. doi:10.1016/j.enpol.2012.01.034.

[**MacLean & Lave 2003a**] MacLean, H. & Lave, L. 2003. Life Cycle Assessment of Automobile/Fuel Options. *Environmental Science & Technology* 37, 23, 5445–5452. doi:10.1021/es034574q.

[**MacLean & Lave 2003b**] MacLean, H. & Lave, L. 2003. Evaluating automobile fuel/propulsion system technologies. *Progress in Energy and Combustion Science* 29, 1, 1–69. doi:10.1016/S0360-1285(02)00032-1.

[**MacLean & Lave 2000**] MacLean, H. & Lave, L. 2000. Environmental Implications of Alternative-Fueled Automobiles: Air Quality and Greenhouse Gas Tradeoffs. *Environmental Science & Technology* 34, 2, 225–231. doi:10.1021/es9905290.

[**Mahr et al. 2012**] Mahr, B., Taylor, J. & Bassett, M. 2012. Kraftstoffverbrauchsvorteile im realen Fahrbetrieb durch Abgasrückführung bei modernen Downsizing-Motoren. In Der Antrieb von morgen. Wolfsburg: ATZ.

[**Majeau-Bettez et al. 2011**] Majeau-Bettez, G., Hawkins, T.R. & Strømman, A.H. 2011. Life Cycle Environmental Assessment of Lithium-Ion and Nickel Metal Hydride Batteries for Plug-In Hybrid and Battery Electric Vehicles. *Environ. Sci. Technol.* 45, 10, 4548–4554. doi:10.1021/es103607c.

[**Manganaro & Lawal 2012**] Manganaro, J.L. & Lawal, A. 2012. Economics of Thermochemical Conversion of Crop Residue to Liquid Transportation Fuel. *Energy & Fuels* 26, 4, 2442–2453. doi:10.1021/ef3001967.

[**Marano & Ciferno 2001**] Marano, J. & Ciferno, J. 2001. *Life-Cycle Greenhouse-Gas Emissions Inventory For Fischer-Tropsch Fuels.* U.S. Department of Energy National Energy Technology Laboratory, Energy and Environmental Solutions, LLC. http://rentechinc.com/pdfs/NETL%20Sequestration%20Study.pdf (Stand 2012-07-27).

[**Matthes 2010**] Matthes, F.C. 2010. *Energiepreise für aktuelle Modellierungsarbeiten. Regressionsanalytisch basierte Projektionen. Teil 1: Preise für Importenergien und Kraftwerksbrennstoffe.* Berlin: Öko-Institut. http://www.oeko.de/oekodoc/984/2010-004-de.pdf (Stand 2012-02-28).

[**Maxwell 2011**] Maxwell, C.T. 2011. Whatever Happens in Egypt, Oil Will Hit $300 by 2020. Interviewen von L.C. Strauss in Barron's. http://online.barrons.com/article/SB50001424052970204098404576130370708044708.html#articleTabs_article%3D1 (Stand 2012-02-28).

[**Mayer et al. 2012**] Mayer, T., Kreyenberg, D., Wind, J. & Braun, F. 2012. Feasibility study of 2020 target costs for PEM fuel cells and lithium-ion batteries: A two-factor experience curve approach. *International Journal of Hydrogen Energy* 37, 19, 14463–14474. doi:10.1016/j.ijhydene.2012.07.022.

[**McKinsey 2011**] McKinsey 2011. *Boost! Transforming the powertrain value chain – a portfolio challenge.*
http://www.cars21.com/assets/link/McKinsey%20-
%20Boost!%20Tranśforming%20the%20powertrain%20value%20chain%20-
%20a%20portfolio%20challenge.pdf (Stand 2013-03-13).

[**McKinsey 2010**] McKinsey 2010. *A portfolio of power-trains for Europe: a fact-based analysis.*
http://ec.europa.eu/research/fch/pdf/a_portfolio_of_power_trains_for_europe_a_fact_based_analysis.pdf
(Stand 2013-03-13).

[**McKinsey 2009**] McKinsey 2009. *Roads toward a low-carbon future: Reducing CO2 emissions from passenger vehicles in the global road transportation system.* New York.
http://www.mckinsey.com/~/media/mckinsey/dotcom/client_service/Sustainability/PDFs/roads_towar
d_low_carbon_future_new.aspx (Stand 2013-03-13).

[**McManus 2012**] McManus, M.C. 2012. Environmental consequences of the use of batteries in low carbon systems:
The impact of battery production. *Applied Energy* 93, 288–295. doi:10.1016/j.apenergy.2011.12.062.

[**MeinAuto.de 2011**] MeinAuto.de 2011. *Neuwagenkauf: Steigende Ölpreise machen Erdgasautos zur günstigen Alternative - MeinAuto.de.* http://www.meinauto.de/presse/pressemitteilungen/26-steigende-oelpreise-
machen-erdgasautos-zu-guenstigen-alternativen (Stand 2013-03-13).

[**Ménard et al. 1998**] Ménard, M., Dones, R. & Gantner, U. 1998. *Strommix in Ökobilanzen.* Villingen: Paul Scherrer
Institut. http://gabe.web.psi.ch/pdfs/infel/Strommix_in_Oekobilanzen_1998.pdf (Stand 2013-03-13).

[**Mertens 2010**] Mertens, F. 2010. «E-Autos dürfen nur zehn Prozent teurer sein». *autogazette.de.*
http://www.autogazette.de/eco/elektro/E-Autos-duerfen-nur-zehn-Prozent-teurer-sein/281461 (Stand
2013-03-13).

[**METI Japan 2006**] METI Japan 2006. Recommendations for the Future of Next-Generation Vehicle Batteries. 2006-
http://www.meti.go.jp/english/information/downloadfiles/PressRelease/060828VehicleBatteries.pdf
(Stand 2013-03-13).

[**Michel et al. 2011**] Michel, W., Jaxtheimer, U. & Trede, S. 2011. DAT Report 2011. *kfz-betrieb.*
http://www.dat.de/products/products_printed/DATReport.page (Stand 2013-03-13).

[**Mitsubishi 2011**] Mitsubishi 2011. *Der neue Mitsubishi i-MiEV - Daten.* http://www.imiev.de/daten.html (inzwischen http://www.imiev.de/docs/iMiEV-daten.pdf) (Stand 2011-11-10).

[**MMI 2010**] MMI 2010. *Typologie der Wünsche 2010 III „Menschen & Märkte."* München: Media Market Insights
GmbH (Hubert Burda Media). http://online.mds-
mediaplanung.de/tdw/42dc714fe7a41b62d5ea68c9eb25f47d/client#start (Stand 2011-08-2).

[**mobility2.0 2012**] mobility2.0 2012. EU-Parlament stärkt Erdgas. *mobility2.0week* 10.05.2012.
http://www.mobility20.net/pi/media/pdf/m20/m20week/2012/mobility2.0week%2010.05.2012.pdf
(Stand 2013-03-13).

[**Mock 2011**] Mock, P. 2011. *Entwicklung eines Szenariomodells zur Simulation der zukünftigen Marktanteile und
CO2-Emissionen von Kraftfahrzeugen (VECTOR21).* Dissertation an der Universität Stuttgart, Stuttgart.
http://elib.uni-stuttgart.de/opus/volltexte/2011/5845/# (Stand 2013-03-13).

[**Mönch 2013**] Mönch, L. 2013. Energiewende im Verkehr. In Der Antrieb von morgen. Wolfsburg: ATZ.

[**Mueller & Besant 1999**] Mueller, K. & Besant, C. 1999. Streamlining life cycle analysis: a method. In Environmentally Conscious Design and Inverse Manufacturing, 1999. Proceedings. EcoDesign '99: First International
Symposium On. IEEE, 114–119.

[**Müller et al. 2007**] Müller, D., Cao, J., Kongar, E., Altonji, M., Weiner, P.-H., et al. 2007. *Service Lifetimes of Mineral End Uses.* Final Report U.S. Geological Sur vey (USGS), Department of the Interior.

[**Nationale Plattform Elektromobilität 2011**] Nationale Plattform Elektromobilität 2011. *Zweiter Bericht der Nationalen Plattform Elektromobilität - Anhang.* Berlin.
http://www.bmu.de/files/pdfs/allgemein/application/pdf/bericht_emob_2_anhang_bf.pdf (Stand 2013-
03-13).

[**Nationale Plattform Elektromobilität 2010**] Nationale Plattform Elektromobilität 2010. *Zwischenbericht der
Arbeitsgruppe 3: Lade-Infrastruktur und Netzintegration.*
http://www.bmbf.de/pubRD/agdrei_lade_infrastruktur_netzintegration.pdf (Stand 2013-03-13).

[**Nemet 2006**] Nemet, G.F. 2006. Beyond the learning curve: factors influencing cost reductions in photovoltaics.
Energy Policy 34, 17, 3218–3232. doi:10.1016/j.enpol.2005.06.020.

[**Neubauer & Pesaran 2011**] Neubauer, J. & Pesaran, A. 2011. The ability of battery second use strategies to impact
plug-in electric vehicle prices and serve utility energy storage applications. *Journal of Power Sources* 196,
23, 10351–10358. doi:10.1016/j.jpowsour.2011.06.053.

[**Norm DIN 1340 1990**] *Gasförmige Brennstoffe und sonstige Gase; Arten, Bestandteile, Verwendung.*

[**Norm DIN 1871 1999**] *Gasförmige Brennstoffe und sonstige Gase - Dichte und andere volumetrische Größen.*

[**Norm DIN 51624 2008**] *Kraftstoffe für Kraftfahrzeuge - Erdgas - Anforderungen und Prüfverfahren.*

[**Norm DIN EN 590 2010**] *Kraftstoffe für Kraftfahrzeuge - Dieselkraftstoff - Anforderungen und Prüfverfahren; Deutsche Fassung EN 590:2009+A1:2010.*

[**Norm DIN EN ISO 14040 2009**] *Umweltmanagement – Ökobilanz – Grundsätze und Rahmenbedingungen.*

[**Notter et al. 2010**] Notter, D.A., Gauch, M., Widmer, R., Wäger, P., Stamp, A., et al. 2010. Contribution of Li-Ion Batteries to the Environmental Impact of Electric Vehicles. *Environ. Sci. Technol.* 44, 17, 6550–6556. doi:10.1021/es903729a.

[**Offer et al. 2011**] Offer, G.J., Contestabile, M., Howey, D.A., Clague, R. & Brandon, N.P. 2011. Techno-economic and behavioural analysis of battery electric, hydrogen fuel cell and hybrid vehicles in a future sustainable road transport system in the UK. *Energy Policy* 39, 4, 1939–1950. doi:10.1016/j.enpol.2011.01.006.

[**OICA 2013**] OICA 2013. *statistics.* http://oica.net/category/production-statistics/ (Stand 2013-07-30).

[**Öko-Institut et al. 2011**] Öko-Institut, Daimler, TU Clausthal & Umicore 2011. *OPTUM: Ressourceneffizienz und ressourcenpolitische Aspekte des Systems Elektromobilität.* Arbeitspaket 7 des Forschungsvorhabens OPTUM: Optimierung der Umweltentlastungspotenziale von Elektrofahrzeugen Darmstadt. http://www.oeko.de/oekodoc/1334/2011-449-de.pdf (Stand 2013-03-13).

[**Öko-Institut & DLR 2009**] Öko-Institut & DLR 2009. *RENEWBILITY „Stoffstromanalyse nachhaltige Mobilität im Kontext erneuerbarer Energien bis 2030."* Endbericht Berlin. http://renewbility.de/fileadmin/download/endbericht_renewbility_teil1.pdf (Stand 2013-03-13).

[**Öko-Institut & ISOE 2011**] Öko-Institut & ISOE 2011. *OPTUM: Optimierung der Umweltentlastungspotenziale von Elektrofahrzeugen - Integrierte Betrachtung von Fahrzeugnutzung und Energiewirtschaft.* Schlussbericht im Rahmen der Förderung von Forschung und Entwicklung im Bereich der Elektromobilität des Bundesministeriums für Umwelt, Naturschutz und Reaktorsicherheit Berlin: Öko-Institut, Institut für sozial-ökologische Forschung. http://www.oeko.de/oekodoc/1342/2011-004-de.pdf (Stand 2013-03-13).

[**Opel 2011**] Opel 2011. Opel Zafira - Preise, Ausstattungen & technische Daten. http://www.opel.de/content/dam/Opel/Europe/germany/nscwebsite/de/01_Vehicles/01_PassengerCars /Zafira/02_Auss_Techn_Daten/01_Modelle/Opel-Zafira-Preisliste-12_V2.pdf (Stand 2011-11-16).

[**ÖVK 2010**] ÖVK 2010. *Ökologische Bewertung alternativer Kraftstoffe und Aktualisierung der Studie 2006: Sind erdgasbetriebene Fahrzeuge umweltfreundlicher als benzin- bzw. dieselbetriebene Fahrzeuge?* Wien: Österreichischer Verein für Kraftfahrzeugtechnik. http://www.övk.at/publikationen/publik_rest_de.htm# (Stand 2013-03-13).

[**Parker 2010**] Parker 2010. Electric and Hybrid Electric Drivetrain Solutions. http://www.parkermotion.com/mobile/ParkerTractionMotBroch_WEB_4.20.10.pdf (Stand 2013-03-13).

[**Passarini et al. 2012**] Passarini, F., Ciacci, L., Santini, A., Vassura, I. & Morselli, L. 2012. Auto shredder residue LCA: implications of ASR composition evolution. *Journal of Cleaner Production* 23, 1, 28–36. doi:10.1016/j.jclepro.2011.10.028.

[**Perlwitz 2007**] Perlwitz, H. 2007. *Der Erdgasmarkt für den Kraftwerkssektor unter CO2-Minderungsverpflichtungen: eine modellgestützte Analyse des europäischen Energiemarktes.* Dissertation an der Universität Karlsruhe, Karlsruhe. http://digbib.ubka.uni-karlsruhe.de/volltexte/documents/2781 (Stand 2013-03-13).

[**Peters & de Haan 2006**] Peters, A. & de Haan, P. 2006. *Der Autokäufer – seine Charakteristika und Präferenzen.* Ergebnisbericht im Rahmen des Projekts „Entscheidungsfaktoren beim Kauf treibstoff-effizienter Neuwagen" ETH Zurich, IED-NSSI. http://www.nssi.ethz.ch/res/emdm/ (Stand 2012-12-20).

[**Pfahl 2012**] Pfahl, S. 2012. Die Sicht der Automobilindustrie. Alternative Antriebskonzepte bei sich wandelnden Mobilitätsstilen, Karlsruhe, 2012-03-09.

[**PIK & IIRM 2011**] PIK & IIRM 2011. *Der Einstieg in den Ausstieg: Energiepolitische Szenarien für einen Atomausstieg in Deutschland.* Potsdam: PIK. http://www.fes.de/aktuell/documents2011/110610_Studie_Atomausstieg.pdf (Stand 2013-03-13).

[**Pirelli 2010**] Pirelli 2010. *Annual Sustainability Report 2010, Volume 3.* Milan, Italy. http://www.pirelli.com/en_IT/browser/attachments/pdf/Pirelli_C_SpA_Annual_Financial_Report_2010_V olume3.pdf (Stand 2013-03-13).

[**Pischinger 2011**] Pischinger, S. 2011. Antriebsentwicklung der Zukunft. *ATZ Automobiltechnische Zeitschrift* 125 Jahre Automobil (Ausgabe Nr.: 2011-03), 136–141.

[**Poganietz 2012**] Poganietz, W.-R. 2012. Ligno-ethanol in competition with food-based ethanol in Germany. *Biomass and Bioenergy* 38, 49–57. doi:10.1016/j.biombioe.2011.06.035.

[**Poganietz 2009**] Poganietz, W.-R. 2009. Consequential LCA - eine notwendige Weiterentwicklung des LCA? Eine Diskussion am Beispiel des lignozellulosebasierten Bioethanols. In D. Möst, W. Fichtner, & A. Grunwald *Energiesystemanalyse : Tagungsband des Workshops „Energiesystemanalyse" vom 27. November 2008 am KIT Zentrum Energie, Karlsruhe.* http://digbib.ubka.uni-karlsruhe.de/volltexte/1000011891 (Stand 2013-03-13).

[**Power & Murphy 2009**] Power, N.M. & Murphy, J.D. 2009. Which is the preferable transport fuel on a greenhouse gas basis; biomethane or ethanol? *Biomass and Bioenergy* 33, 10, 1403–1412. doi:10.1016/j.biombioe.2009.06.004.

[**Prognos AG et al. 2010**] Prognos AG, EWI & GWS 2010. *Energieszenarien für ein Energiekonzept der Bundesregierung.* Projekt Basel/Köln/Osnabrück: Prognos AG. http://www.bmu.de/files/pdfs/allgemein/application/pdf/energieszenarien_2010.pdf (Stand 2013-03-13).

[Querini et al. 2011] Querini, F., Morel, S., Boch, V. & Rousseaux, P. 2011. USEtox relevance as an impact indicator for automotive fuels. Application on diesel fuel, gasoline and hard coal electricity. *The International Journal of Life Cycle Assessment* 16, 829–840. doi:10.1007/s11367-011-0319-1.

[Randelhoff 2012] Randelhoff, M. 2012. Die wahren Kosten eines Kilometers Autofahrt Zukunft Mobilität. http://www.zukunft-mobilitaet.net/2487/strassenverkehr/die-wahren-kosten-eines-kilometers-autofahrt/#fn-2487-4 (Stand 2013-03-13).

[Reif 2011] Reif, K. 2011. *Bosch Autoelektrik und Autoelektronik: Bordnetze, Sensoren und elektronische Systeme.* Springer. http://link.springer.com/book/10.1007/978-3-8348-9902-6 (Stand 2013-03-13).

[Rettig 2010] Rettig, T. 2010. *Drehstromnetz.* http://www.drehstromnetz.de (Stand 2013-03-13).

[Rhodes et al. 1995] Rhodes, C., Hutchings, G.J. & Ward, A.M. 1995. Water-gas shift reaction: finding the mechanistic boundary. *Catalysis Today* 23, 1, 43–58. doi:10.1016/0920-5861(94)00135-O.

[Richardson 2013] Richardson, D.B. 2013. Electric vehicles and the electric grid: A review of modeling approaches, Impacts, and renewable energy integration. *Renewable and Sustainable Energy Reviews* 19, 247–254. doi:10.1016/j.rser.2012.11.042.

[Riederer von Paar 2011] Riederer von Paar, A. 2011. *Größendegressionen und Lernkurven in der Pkw-Produktion: mögliche Kostenentwicklungen von Elektrofahrzeugen.* Seminararbeit Karlsruhe.

[RL 2009/28/EG 2009] *Richtlinie 2009/28/EG des Europäischen Parlaments und des Rates vom 23. April 2009 zur Förderung der Nutzung von Energie aus erneuerbaren Quellen und zur Änderung und anschließenden Aufhebung der Richtlinien 2001/77/EG und 2003/30/EG.*

[RL 70/220/EWG 1970] *Richtlinie 70/220/EWG des Rates vom 20. März 1970 zur Angleichung der Rechtsvorschriften der Mitgliedstaaten über Maßnahmen gegen die Verunreinigung der Luft durch Abgase von Kraftfahrzeugmotoren mit Fremdzündung.*

[Rönsch et al. 2009] Rönsch, S., Müller-Langer, F. & Kaltschmitt, M. 2009. Produktion des Erdgassubstitutes Bio-SNG im Leistungsbereich um 30 MWBWL - Eine techno-ökonomische Analyse und Bewertung. *Chemie Ingenieur Technik* 81, 9, 1417–1428. doi:10.1002/cite.200900041.

[Rosenbaum et al. 2008] Rosenbaum, R.K., Bachmann, T.M., Gold, L.S., Huijbregts, M.A.J., Jolliet, O., et al. 2008. USEtox—the UNEP-SETAC toxicity model: recommended characterisation factors for human toxicity and freshwater ecotoxicity in life cycle impact assessment. *The International Journal of Life Cycle Assessment* 13, 532–546. doi:10.1007/s11367-008-0038-4.

[Sala et al. 2010] Sala, S., Brandao, M., Pant, R. & Pennington, D. 2010. Recommendations based on existing environmental impact assessment models and factors for Life Cycle Assessment in a European context. http://lct.jrc.ec.europa.eu/pdf-directory/ILCD-public-consultation-third-part.pdf (Stand 2013-03-13).

[Sarkar et al. 2012] Sarkar, N., Ghosh, S.K., Bannerjee, S. & Aikat, K. 2012. Bioethanol production from agricultural wastes: An overview. *Renewable Energy* 37, 1, 19–27. doi:10.1016/j.renene.2011.06.045.

[Sartorius 2012] Sartorius, K. 2012. *Systemanalytische Untersuchung von Potentialen neuartiger Konzepte für kleine und mittelgroße Kraftwerke für schwierige Brennstoffe. Stoffstrommodell.* Karlsruhe: TU Darmstadt.

[Schade et al. 2008] Schade, W., Fiorello, D., Köhler, J., Krail, M., Martino, A., et al. 2008. *Final Report of the TRIAS Project: SIA of Strategies Integrating Transport, Technology and Energy Scenarios.* Deliverable 5 of TRIAS (Sustainability Impact Assessment of Strategies Integrating Transport, Technology and Energy Scenarios). Funded by European Commission 6th RTD Programme. Karlsruhe. http://isi-projekt.de/wissprojekt-de/trias/download/TRIAS_D5_Final_Report.pdf (Stand 2013-03-13).

[Schade & Wiesenthal 2011] Schade, B. & Wiesenthal, T. 2011. Biofuels: A model based assessment under uncertainty applying the Monte Carlo method. *Journal of Policy Modeling* 33, 1, 92–126. doi:10.1016/j.jpolmod.2010.10.008.

[Schmid 2012] Schmid, S. 2012. Marktperspektiven zukünftiger Fahrzeugkonzepte - Wettbewerb technischer Lösungen, der Kunde und die Rahmenbedingungen. DLR Energiespeichersymposium Stuttgart, Stuttgart, 2012-03-07. http://www.dlr.de/tt/Portaldata/41/Resources/dokumente/ess_2012/Schmid_Marktperspektiven_Fahrzeugkonzepte.pdf (Stand 2013-03-13).

[Schmidt-Sandte & Hammer 2012] Schmidt-Sandte, T. & Hammer, J. 2012. Der Antrieb von morgen – auf der Suche nach dem optimalen Powertrain. In Der Antrieb von morgen. Wolfsburg: ATZ.

[Schmuck-Soldan et al. 2012] Schmuck-Soldan, S., Cloos, L.K., Cleary, D.J. & Santoso, H. 2012. Aufladekonzepte für den Ottomotor der Zukunft. In Der Antrieb von morgen. Wolfsburg: ATZ.

[Schwanen et al. 2011] Schwanen, T., Banister, D. & Anable, J. 2011. Scientific research about climate change mitigation in transport: A critical review. *Transportation Research Part A: Policy and Practice* 45, 10, 993–1006. doi:10.1016/j.tra.2011.09.005.

[Searcy & Flynn 2010] Searcy, E. & Flynn, P.C. 2010. Should straw/stover be turned into syndiesel or ethanol? *Biomass and Bioenergy* 34, 12, 1978–1981. doi:10.1016/j.biombioe.2010.07.029.

[Seyfried et al. 2008] Seyfried, F., Volkswagen, SYNCOM F&E Beratung & et al. 2008. *RENEW final report.* Ganderkesee. http://www.renew-fuel.com/fs_documents.php (Stand 2013-03-13).

[Sharma et al. 2012] Sharma, R., Manzie, C., Bessede, M., Brear, M.J. & Crawford, R.H. 2012. Conventional, hybrid and electric vehicles for Australian driving conditions – Part 1: Technical and financial analysis. *Transportation Research Part C: Emerging Technologies* 25, 238–249. doi:10.1016/j.trc.2012.06.003.

[Simon et al. 2012] Simon, B., Zimmermann, B., Dura, H., Baumann, M., Ziemann, S., et al. 2012. Environmental Meta-Analysis of the Life Cycle Assessment of Production of Different Lithium-Ion Traction Batteries. In 13th UECT Conference. Ulm.

[Simon 2012] Simon, B. 2012. Persönliche Kommunikation zum Vergleich verschiedener LCA-Studien einer Elektroauto-Traktionsbatterie.

[Sleeswijk et al. 2008] Sleeswijk, A.W., van Oers, L.F.C.M., Guinée, J.B., Struijs, J. & Huijbregts, M.A.J. 2008. Normalisation in product life cycle assessment: An LCA of the global and European economic systems in the year 2000. *Science of the total environment* 390, 1, 227–240.

[smart 2011a] smart 2011. Die Preise 2011. http://www.smart.de/is-bin/intershop.static/WFS/mpc-de-Site/-/Editions/Root%20Edition/units/mpc-de/default/Media/images/MPCGallery/(1)Preise_2010_smart_fortwo_inkl_BRABUS.pdf (Stand 2013-03-13).

[smart 2011b] smart 2011. *Technische Daten.* http://www.smart.de/produkte-fortwo-coup%C3%A9-technik-motoren/e0a1fb03-d93b-5af7-80ab-7c81f0ff63f2 (Stand 2013-03-13).

[Sokratherm GmbH 2013] Sokratherm GmbH 2013. EEX Auktionsmarkt Statistik (basierend auf EEX Phelix Baseload). http://www.sokratherm.de/htcms/get_file.php5?did=15&tid=79 (Stand 2013-03-13).

[Sorrell 2007] Sorrell, S. 2007. *The Rebound Effect: an assessment of the evidence for economy-wide energy savings from improved energy efficiency.* London: UK Energy Research Centre. http://www.ukerc.ac.uk/Downloads/PDF/07/0710ReboundEffect/0710ReboundEffectReport.pdf (Stand 2013-03-13).

[Spicher 2012a] Spicher, U. 2012. Analyse der Effizienz zukünftiger Antriebssysteme für die individuelle Mobilität. *MTZ Motortechnische Zeitschrift* 02/2012, 98–105.

[Spicher 2012b] Spicher, U. 2012. Analyse der Effizienz zukünftiger Antriebssysteme für die individuelle Mobilität - Vergleich und Grenzen. Der Antrieb von morgen, 7. MTZ-Fachtagung, Wolfsburg, 2012-01-25.

[Spicher & 21 Mitautoren 2007] Spicher, U. & 21 Mitautoren 2007. *Ottomotoren mit Direkteinspritzung. Verfahren, Systeme, Entwicklung, Potenzial.* 2007. Auflage. R. van Basshuysen Vieweg+Teubner Verlag.

[Spritmonitor.de 2013] Spritmonitor.de 2013. *Spritmonitor.de - Verbrauchswerte real erfahren.* http://www.spritmonitor.de/ (Stand 2013-07-29).

[Stadtwerke Schorndorf 2012] Stadtwerke Schorndorf 2012. Preise für die Netznutzung. http://www.stadtwerke-schorndorf.de/media/Netze/Preisblaetter_NN_ab01012012.pdf (Stand 2013-03-13).

[Stanton 2008] Stanton, S. 2008. Simulation Based Performance Characterization of an Electric Drive Train System. Inspiring Engineering, Application Workshops for High-Performance Electronic Design, 2008- http://www.ansoft.com/ie/Track3/Simulation-Based%20Performance%20Characterization%20of%20an%20Electric.pdf (Stand 2012-07-27).

[Statistik der Kohlenwirtschaft e.V. 2013] Statistik der Kohlenwirtschaft e.V. 2013. *Entwicklung ausgewählter Energiepreise.* Köln. http://www.kohlenstatistik.de/files/enpr_1.xlsx (Stand 2013-03-13).

[Statistisches Bundesamt 2012] Statistisches Bundesamt 2012. *Daten zur Energiepreisentwicklung - Lange Reihen Dezember 2011.* Wiesbaden. http://www.destatis.de/jetspeed/portal/cms/Sites/destatis/Internet/DE/Content/Publikationen/Fachveroeffentlichungen/Preise/Energiepreise/Energiepreisentwicklung,templateId=renderPrint.psml (inzwischen https://www.destatis.de/DE/Publikationen/Thematisch/Preise/Energiepreise/Energiepreisentwicklung.html) (Stand 2012-02-27).

[Statistisches Bundesamt 2009] Statistisches Bundesamt 2009. Der Weg zur Arbeit wird weiter und dauert länger. *STATMagazin.* https://www.destatis.de/DE/Publikationen/STATmagazin/Arbeitsmarkt/2009_10/2009_10Pendler.html (Stand 2013-06-5).

[Statistisches Bundesamt 2007] Statistisches Bundesamt 2007. *Pendler Jahresvergleich.* http://www.destatis.de/jetspeed/portal/cms/Sites/destatis/Internet/DE/Grafiken/Publikationen/STATmagazin/Arbeitsmarkt/PendlerJahresvergleich,templateId=renderLarge.psml (inzwischen https://www.destatis.de/DE/Publikationen/STATmagazin/Arbeitsmarkt/2009_10/2009_10Pendler.html) (Stand 2011-08-2).

[Stenull 2010] Stenull, M. 2010. Treibhausgaspotenzial des Energiepflanzenanbaus für Biogasanlagen. In S. Feifel, W. Walk, S. Wursthorn, & L. Schebek *Ökobilanzierung 2009: Ansätze und Weiterentwicklungen zur Operationalisierung von Nachhaltigkeit; Tagungsband der fünften Ökobilanz-Werkstatt, Campus Weihenstephan, Freising, 5. bis 7. Oktober 2009.* 245.

[Steubing et al. 2012] Steubing, B., Ballmer, I., Gassner, M., Gerber, L., Pampuri, L., et al. 2012. Identifying environmentally and economically optimal bioenergy plant sizes and locations: A spatial model of wood-based

SNG value chains. *Renewable Energy* 0. doi:10.1016/j.renene.2012.08.018. http://www.sciencedirect.com/science/article/pii/S0960148112004880 (Stand 2012-09-20).

[Sunde et al. 2011] Sunde, K., Brekke, A. & Solberg, B. 2011. Environmental Impacts and Costs of Hydrotreated Vegetable Oils, Transesterified Lipids and Woody BTL—A Review. *Energies* 4, 6, 845–877. doi:10.3390/en4060845.

[Svensson et al. 2007] Svensson, A.M., Møller-Holst, S., Glöckner, R. & Maurstad, O. 2007. Well-to-wheel study of passenger vehicles in the Norwegian energy system. *Energy* 32, 4, 437–445. doi:10.1016/j.energy.2006.07.029.

[Szczechowicz 2011] Szczechowicz, E. 2011. Ökologische Bewertung der Nutzungsphase von Elektrofahrzeugen basierend auf einer Kraftwerkseinsatzplanung. Ökobilanzwerkstatt, Darmstadt, 2011-09-22. http://www.netzwerk-lebenszyklusda-ten.de/cms/webdav/site/lca/shared/Veranstaltungen/2011LcaWerkstatt/Vortr%C3%A4ge/4.2_Eva_Szcz echowicz_Nutzungsphase%20Elektrofahrzeuge_IFHT_RWTH%20Aachen.pdf (Stand 2013-03-13).

[Tazzari 2013] Tazzari 2013. *Made in Italy - Tazzari ZERO - Elektro-Fahrzeug - Made in Italy.* http://www.tazzari-zero.com/ (Stand 2013-03-13).

[Tazzari 2009] Tazzari 2009. Zero - Broschüre. http://www.tazzari-zero.com/public/pdf/Zero%202009_DEU.pdf (Stand 2011-08-2).

[Tesla Motors 2011a] Tesla Motors 2011. *Buy a Tesla Roadster or Reserve a Tesla Model S.* https://www.teslamotors.com/de_DE/own (Stand 2013-03-13).

[Tesla Motors 2011b] Tesla Motors 2011. *Roadster Leistungsmerkmale und Spezifikationen.* http://www.teslamotors.com/de_DE/roadster/specs (Stand 2013-03-13).

[ThyssenKrupp 2003] ThyssenKrupp 2003. *NSB New Steel Body - For a lighter automotive future.* Duisburg. http://www.thyssenkrupp-steel-europe.com/tiny/Ji1/download.pdf (Stand 2013-03-13).

[Tilagone et al. 2006] Tilagone, R., Venturi, S. & Monnier, G. 2006. Natural gas - An environmentally friendly fuel for urban vehicles: The smart demonstrator approach. *Oil and Gas Science and Technology* 61, 1, 155–164.

[TNO et al. 2006] TNO, IEEP & LAT 2006. *Review and analysis of the reduction potential and costs of technological and other measures to reduce CO2-emissions from passenger cars.* Final Report Delft: TNO. http://ec.europa.eu/enterprise/sectors/automotive/files/projects/report_co2_reduction_en.pdf (Stand 2013-03-13).

[Toro & Jain 2010] Toro, F.A. & Jain, S. 2010. *State of the art for alternative fuels and alternative automotive technologies.* Karlsruhe: Intelligent Energy for Europe. http://www.alter-motive.org/index.php/deliverables-documents/doc_download/361-state-of-the-art-for-af-a-aamt (Stand 2013-03-13).

[Trippe et al. 2013] Trippe, F., Fröhling, M., Schultmann, F., Stahl, R., Henrich, E., et al. 2013. Comprehensive techno-economic assessment of dimethyl ether (DME) synthesis and Fischer–Tropsch synthesis as alternative process steps within biomass-to-liquid production. *Fuel Processing Technology* 106, 577–586. doi:10.1016/j.fuproc.2012.09.029.

[Tsai et al. 2012] Tsai, J.-H., Chang, S.-Y. & Chiang, H.-L. 2012. Volatile organic compounds from the exhaust of light-duty diesel vehicles. *Atmospheric Environment* 61, 499–506. doi:10.1016/j.atmosenv.2012.07.078.

[TU Braunschweig et al. 2012] TU Braunschweig, I+ME ACTIA GmbH, Audi AG, Electrocycling GmbH, H.C. Starck GmbH, et al. 2012. *Recycling von Lithium-Ionen-Batterien.* Abschlussbericht zum Verbundvorhaben Recycling von Lithium-Ionen-Batterien im Rahmen des FuE-Programms „Förderung von Forschung und Entwicklung im Bereich der Elektromobilität" Braunschweig. http://www.pt-elektromobilitaet.de/projekte/batterierecycling/abschlussberichte-recycling/abschlussbericht-lithorec.pdf (Stand 2013-03-13).

[Tuomisto et al. 2012] Tuomisto, H.L., Hodge, I.D., Riordan, P. & Macdonald, D.W. 2012. Exploring a safe operating approach to weighting in life cycle impact assessment – a case study of organic, conventional and integrated farming systems. *Journal of Cleaner Production* 37, 147–153. doi:10.1016/j.jclepro.2012.06.025.

[U.S. Department of Transportation, Bureau of Transportation Statistics 2011] U.S. Department of Transportation, Bureau of Transportation Statistics 2011. *National Transportation Statistics.* Research and Innovative Technology Administration. http://www.rita.dot.gov/bts/sites/rita.dot.gov.bts/files/publications/national_transportation_statistics/in dex.html (Stand 2013-03-13).

[Umweltbundesamt 2012] Umweltbundesamt 2012. *Emissionsbilanz erneuerbarer Energieträger - Durch Einsatz erneuerbarer Energien vermiedene Emissionen im Jahr 2011.* aktualisierter Anhang 2 und 4 Dessau-Roßlau. http://www.umweltdaten.de/publikationen/weitere_infos/3761-1.pdf (Stand 2013-03-13).

[Umweltbundesamt 2010] Umweltbundesamt 2010. VerdichterCNG-DE-2010. *ProBas.* http://www.probas.umweltbundesamt.de/php/procid.php?&id=1&step=1&search=Erdgas&b=1&prozessi d={6ADF0DB9-6730-4C24-A7E1-CDAAD98FD332}&style=procid (Stand 2013-03-13).

[Van den Brink & Van Wee 2001] Van den Brink, R.M.. & Van Wee, B. 2001. Why has car-fleet specific fuel consumption not shown any decrease since 1990? Quantitative analysis of Dutch passenger car-fleet specific fuel consumption. *Transportation Research Part D: Transport and Environment* 6, 2, 75–93. doi:10.1016/S1361-9209(00)00014-6.

[VO 715/2007/EG 2007] *Verordnung (EG) 715/2007/EG über die Typgenehmigung von Kraftfahrzeugen hinsichtlich der Emissionen von leichten Personenkraftwagen und Nutzfahrzeugen (Euro 5 und Euro 6) und über den Zugang zu Reparatur- und Wartungsinformationen für Fahrzeuge.*

[Vogt 2008] Vogt, R. 2008. *Basisdaten zu THG-Bilanzen für Biogas-Prozessketten und Erstellung neuer THG-Bilanzen.* Kurzdokumentation, im Auftrag der E. ON Ruhrgas AG, Altenessen. Heidelberg: Institut für Energie und Umwelt (IFEU). http://www.ifeu.de/oekobilanzen/pdf/THG_Bilanzen_Bio_Erdgas.pdf (Stand 2013-03-13).

[VW 2012] VW 2012. *Die Service Intervalle.* http://www.volkswagen.de/de/servicezubehoer/VolkswagenService/pflege_und_wartung/inspektion/die _service_intervalle.html (Stand 2013-03-13).

[VW 2011a] VW 2011. Der neue Passat und Passat Variant - Technik und Preise. http://www.volkswagen.de/content/medialib/vwd4/de/dialog/pdf/passat/passat_tup_20110127/_jcr_co ntent/renditions/rendition.file/passat_tup_20110127.pdf (Stand 2013-03-13).

[VW 2011b] VW 2011. *Polo Trendline.* http://www.volkswagen.de/de/models/polo/trimlevel_overview.s9_trimlevel_detail.suffix.html/der_polo ~2Ftrendline.html#/tab=1de10d2b5f290d26042cd135bf304f83|trimlevel=226b3532889eef9853f89ba61 b8ebeae (Stand 2013-03-13).

[VW 2011c] VW 2011. *Volkswagen Classic - Golf III Limousine/GTI - Steckbrief.* http://www.volkswagen-classic.de/modelle/golf-3-limousine-gti (Stand 2013-03-13).

[VW 2010] VW 2010. *Der Golf 2010: Umweltprädikat - Hintergrundbericht.* Wolfsburg: Volkswagen. http://www.volkswagen.de/content/medialib/vwd4/de/Volkswagen/Nachhaltigkeit/service/download/ umweltpraedika- te/Hintergrundbericht_Golf_2010/_jcr_content/renditions/rendition.file/101129_vw_hb_golf_d.pdf (Stand 2013-03-13).

[VW 2008] VW 2008. Multi-material Lightweight Vehicle Structure. 2008- http://www.superlightcar.com/public/docs/20080710_SLC_Final_Concept_PUBLISHABLE.pdf (Stand 2013-03-13).

[Wallentowitz et al. 2008] Wallentowitz, H., Freialdenhoven, A. & Olschewski, I. 2008. *Strategien in der Automobilindustrie: Technologietrends und Marktentwicklungen.* Wiesbaden: Vieweg+Teubner.

[Wallentowitz & Freialdenhoven 2010] Wallentowitz, H. & Freialdenhoven, A. 2010. *Strategien zur Elektrifizierung des Antriebstranges: Technologien, Märkte und Implikationen.* Wiesbaden: Vieweg+Teubner.

[Wang 1997] Wang, M.Q. 1997. Mobile source emission control cost-effectiveness: Issues, uncertainties, and results. *Transportation Research Part D: Transport and Environment* 2, 1, 43–56. doi:10.1016/S1361-9209(96)00017-X.

[WBCSD 2004] WBCSD 2004. *Mobility 2030: Meeting the Challenges to Sustainability.* WBCSD. http://www.wbcsd.org/Pages/EDocument/EDocumentDetails.aspx?ID=69 (Stand 2013-03-13).

[Weiss, Bonnel, et al. 2012] Weiss, M., Bonnel, P., Kühlwein, J., Provenza, A., Lambrecht, U., et al. 2012. Will Euro 6 reduce the NOx emissions of new diesel cars? – Insights from on-road tests with Portable Emissions Measurement Systems (PEMS). *Atmospheric Environment* 62, 657–665. doi:10.1016/j.atmosenv.2012.08.056.

[Weiss, Patel, et al. 2012] Weiss, M., Patel, M.K., Junginger, M., Perujo, A., Bonnel, P., et al. 2012. On the electrification of road transport - Learning rates and price forecasts for hybrid-electric and battery-electric vehicles. *Energy Policy* 48, 374–393. doi:10.1016/j.enpol.2012.05.038.

[Weiss et al. 2000] Weiss, M., Heywood, J., Drake, E., Schafer, A. & Auyeung, F. 2000. *On The Road In 2020 - A lifecycle analysis of new automobile technologies.* Report Cambridge: MIT Laboratory for Energy and the Environment. http://web.mit.edu/sloan-auto-lab/research/beforeh2/files/weiss_otr2020.pdf (Stand 2013-03-13).

[Wietschel et al. 2010] Wietschel, M., Bünger, U. & Weindorf, W. 2010. *Vergleich von Strom und Wasserstoff als CO2-freie Endenergieträger.* Endbericht Karlsruhe: Fraunhofer ISI, LBST. http://www.isi.fraunhofer.de/isi-media/docs/e/de/publikationen/Endbericht_H2_vs_Strom-final.pdf (Stand 2013-03-7).

[Wilms 2006] Wilms, F.E.P. 2006. *Szenariotechnik: vom Umgang mit der Zukunft.* Bern: Haupt.

[Worthington Cylinders 2009] Worthington Cylinders 2009. *Composite Cylinders - SCI Alternative Fuel.* http://www.worthingtoncylinders.com/Products/composite-cylinders/SCI-Alternative-Fuel.aspx (Stand 2013-03-13).

[Wright 1936] Wright, T.P. 1936. Factors Affecting the Cost of Airplanes. *Journal of the Aeronautical Sciences* 3, 4, 122–128.

[Xperion 2010] Xperion 2010. Effizienz durch intelligenten Leichtbau. http://www.xperion.highend-composites.de/pdf/Xperion_XStore_WEB_deu.pdf (Stand 2010-09-6).

[Zabler 2011] Zabler, R. 2011. Versicherungskosten Tesla Roadster. in Telefon.

[Ziemann et al. 2013] Ziemann, S., Grunwald, A., Schebek, L., Müller, D.B. & Weil, M. 2013. The future of mobility and its critical raw materials. *Revue de Métallurgie* 110, 1, 47–54. doi:10.1051/metal/2013052.

DANKSAGUNG

Ich danke Herrn Prof. Dr.-Ing. Ulrich Spicher für die Möglichkeit, diese Dissertation zu einem spannenden Thema verfassen zu können, sowie für die stets vorhandene Unterstützung und die fachlichen Anregungen. Für die Aufnahme im Institut, die Übernahme der Rolle als Zweitbetreuer und die aufmerksame Verfolgung des Fortschritts der Arbeit danke ich Prof. Dr. Armin Grunwald. Prof. Dr.-Ing. Peter Gratzfeld war so nett, sich recht kurzfristig bereitzuerklären, als zweiter Korreferent zur Verfügung zu stehen – danke hierfür.

Ein sehr großer Dank geht an Dr. Ludwig Leible für die Unterstützung, das unermüdliche (und notwendige) Korrekturlesen, die fachlichen und organisatorischen Diskussionen und viele gute Ideen. Ohne ihn wäre diese Arbeit sicher nicht das geworden, was sie ist.

Ebenballs großer Dank geht an Stefan Kälber und Dr. Gunnar Kappler, die als Arbeitsgruppenmitglieder neben fachlichen Anregungen und Informationen zur Kraftstoffbereitstellung auch eine große Hilfe durch ihr Korrekturlesen waren.

Zusätzlich haben Annika Weiss, Hanna Dura, Melanie Oertel, Nahéma Bendjeddou und Tobias Bückle beim Ausbügeln der Fehler und sprachlichen Optimierungen harte und gute Arbeit geleistet, und ich möchte ihnen dafür herzlich danken. *Thanks to Rebecca Klady just as much for proofreading the abstract.*

Für die Bereitstellung seines Biomassekraftwerk-Modells geht ein großes Dankeschön an Kai Sartorius, für die Bereitstellung der Modellierung der Lithium-Ionen-Batterieherstellung ein weiteres an Bálint Simon.

Für zahlreiche fachliche Diskussionen und Anregungen im Bereich Programmierung gebührt Dank – zusätzlich zu den genannten Personen – Benedikt Zimmermann, Bernardo Cienfuegos, Eva Zschieschang, Jens Buchgeister, Manuel Baumann und zahlreichen anderen ITAS-Kollegen.

Für die moralische Unterstützung und den Rückhalt bedanke ich mich ganz herzlich bei Ulrike, Florian und Friederike und natürlich noch einmal bei Nahéma.

Alle meine Karlsruher Freunde sind mitverantwortlich, dass ich diese Arbeit bis zum Ende durchgehalten habe, dafür gebührt ihnen – und insbesondere dem Kochkreis – Dank.